Hoimar v. Ditfurth

Die Sterne leuchten, auch wenn wir sie nicht sehen

Hoimar v. Ditfurth

Die Sterne leuchten, auch wenn wir sie nicht sehen

Über Wissenschaft, Politik und Religion

Mit einem Vorwort von Ernst Peter Fischer

Kiepenheuer & Witsch

Umschlaggestaltung: Kalle Giese, Overath
Umschlagfoto: teutopress, Bielefeld
Satz: Fotosatz Froitzheim, Bonn
Druck und Bindearbeiten: Mohndruck, Gütersloh
ISBN 3-462-02342-X

Inhalt

BIOLOGIE

GEOLOGIE · PHYSIK · ASTRONOMIE

MEDIZIN

POLITIK · ÖKONOMIE · ÖKOLOGIE

Die Welt, die wir verloren haben

Vorwort von Ernst Peter Fischer

»Die Hochzeitsreise ist zu Ende!« So hat sich Max Delbrück, der deutsch-amerikanische Nobelpreisträger für Medizin des Jahres 1969 in seinem letzten Interview ausgedrückt, das er im Jahr 1980 kurz vor seinem Tod gegeben hat, und er meinte damit die Ehe zwischen den Forschern und ihrer Wissenschaft, die damals nach einer jahrzehntelang traumhaften und sorglosen Anfangsschwärmerei hart auf dem Boden der alltäglichen Tatsachen gelandet war, sich plötzlich vielen ethischen Bedenken gegenübersah und auf einmal im Gegenwind der öffentlichen Kritik stand.

Delbrück gehörte in den vierziger Jahren zu den Wegbereitern der frisch etablierten Molekularbiologie. Diese damals noch neue Art der Wissenschaft hatte etwa zur Zeit des Zweiten Weltkriegs als die zugleich romantisch verklärte wie intellektuell reizvolle Suche nach dem Geheimnis des Lebens begonnen, das in der Vererbung zu stecken schien. Nachdem dann in den fünfziger Jahren die Struktur des Erbmaterials als Doppelhelix geklärt und in den sechziger Jahren der genetische Code entschlüsselt worden war, wurde die frühe Genetik, die zunächst nur eine Spielwiese für wenige Glückliche war, zu einem Tummelplatz für viele Tüchtige. Als schließlich in den siebziger Jahren die Möglichkeit entdeckt wurde, das Erbmaterial im Reagenzglas zuerst zu zerlegen und anschließend neu zusammenzusetzen – ein Verfahren, das inzwischen als Gentechnik mehr als genügend bekannt geworden ist, ganz neue Industriezweige schafft und nun auch unseren privaten Alltag umzukrempeln beginnt –, war die Zeit endgültig vorbei, in der man verspielt und verliebt seinen Forschungsinteressen nachhängen und ohne besonderen Gedanken an die Konsequenzen der gefundenen Ergebnisse weitermachen konnte, immer nur in dem Gefühl, dem offenbar wohlbehüteten Geheimnis des Lebens auf die Spur kommen zu können.

Als Ende der siebziger Jahre die ersten Unternehmen gegründet wurden, die mit Hilfe der Gentechnik Gewinne machen wollten – inzwischen gibt es immer mehr davon, die dies immer kräftiger tun und Milliardenumsätze anpeilen –, war die Hochzeitsreise tatsächlich zu Ende, wie Delbrück bald darauf in dem erwähnten Interview nicht ohne Bedauern konstatierte. Die Welt, in der er wissenschaftlich aufgewachsen und zu Ruhm gekommen war, die Welt, in der es eine Zeit der glücklichen Versponnenheit in der Forschung gab und in der die einzige Verantwortung eines Wissenschaftlers darin bestand, seine Gedanken mit anderen zu teilen und im Wettstreit mit ihnen zu schärfen, diese Welt war verlorengegangen, und zwar endgültig.
Teil dieser Welt war auch die Bewunderung, die das Publikum noch bis zum Beginn der siebziger Jahre für die Wissenschaft hatte, und die Hochachtung, mit der die Laien den Experten damals gegenübertraten. In diesem Klima konnte auch die öffentliche Vermittlung von Wissenschaft gedeihen, und Hoimar v. Ditfurth führte sie dabei mit großer Gefolgschaft auf ihrem Weg voran. Viele Texte dieses Bandes stammen aus den fortschrittsorientierten sechziger Jahren, als die Amerikaner zum Mond aufbrachen, die Antibabypille allgemein verfügbar wurde und der Wissenschaftsjournalismus damit beschäftigt war, die intellektuelle Qualität der etwa in Astronomie, Biologie und Physik gewonnenen Einsichten und die Spannung des Abenteuers Forschung deutlich zu machen. Eine Formulierung Hoimar v. Ditfurths aus diesen Tagen (1964) macht im Angesicht der heute rasant zunehmenden Kommerzialisierung aller Wissenschaft deutlich, welche unschuldige und harmlose Welt wir inzwischen verloren haben: »Hinter dieser Bewunderung (des Publikums für die Wissenschaft; d. Verf.) steht auch immer das ahnungsvolle Gefühl, im Angesicht einer Sphäre menschlichen Wirkens zu stehen, die als einzige frei ist von persönlichen und materiellen Organismen, frei von ökonomischen und politischen Interessen und Tendenzen.«
An anderer Stelle im selben Beitrag wird aus der Zustandsbeschreibung eine Forderung, so als ahnte Hoimar v. Ditfurth künftige Entwicklungen voraus: »Wissenschaftliche Forschung ist die ›menschlichste‹ aller Möglichkeiten menschlichen Tuns.

Sie muß (...) frei von politischen und wirtschaftlichen Interessen sein, um existieren zu können.«
Diese Freiheit hat sie heute natürlich längst verloren, und die Frage ist, in welcher Lage sich die Wissenschaft in einer Zeit befindet, in der wir auch die zerstörerischen Folgen des Fortschritts zu verzeichnen lernen. Es gibt einige vage Ahnungen zu diesem Thema in dem zitierten Manuskript von Hoimar v. Ditfurth, wenn er davon schreibt, daß Wissenschaft nicht nur frei ist, sondern auch Folgen hat, nämlich eine aus ihr »resultierende Manipulierbarkeit immer größerer und neuer Bezirke der menschlichen Umwelt«. Sehen konnte man also bereits damals, was wir heute die ökologische Perspektive nennen, aber wirklich ernst genommen hat man dies erst viele Jahre später.

Die Kunst, es verstanden zu haben

Bevor wir auf die heutige Situation der Wissenschaft und die Rolle der Öffentlichkeit eingehen, seien dem Biophysiker, der die Texte aus der guten alten Zeit liest, gestattet, einige Anmerkungen zu ihren Inhalten zu machen, erlaubt doch die heutige Lektüre die Frage zu prüfen, welche von den vorgetragenen Behauptungen und Vermutungen Bestand hatten und welche sich mehr oder weniger als gegenstandslos erwiesen haben. Ohne den Versuch einer vollständigen Analyse zu unternehmen, sollen einige Punkte herausgegriffen werden, um sie in einem neuen Licht zu zeigen, wobei insgesamt zu empfehlen ist, die einzelnen Texte vor dem Hintergrund der Zeit zu sehen, in denen sie verfaßt worden sind.
In einem der sehr frühen Aufsätze, die der noch nicht dreißigjährige Hoimar v. Ditfurth kurz nach dem Zweiten Weltkrieg geschrieben hat – »Die universale Krise« –, findet sich eine wunderbare Passage zu der Frage, wieso wissenschaftliche Erkenntnis überhaupt möglich ist. Wir lesen dort mit höchster Bewunderung: »Wissenschaft, und das heißt die allgemeingültige Erkenntnis der Welt, ist überhaupt nur möglich, weil aus irgendeinem geheimnisvollen Grunde die Methodik des menschlichen Geistes der dinglichen Wirklichkeit entspricht. Dieser ›geheimnisvolle Grund‹ ist ein erkenntnistheoretisches Problem und wird hier bloß erwähnt.«
Hätte Hoimar v. Ditfurth diesen Grund nicht nur erwähnt, son-

dern auch zu betreten versucht, wäre ihm wahrscheinlich das historische Verdienst zugefallen, der Urheber der Evolutionären Erkenntnislehre zu sein, die heute vollkommen zu Recht vor allem Konrad Lorenz und Gerhard Vollmer angerechnet wird. Der oben zitierte ahnungsvolle Satz macht dem Verehrer der späteren Schriften Hoimar v. Ditfurths aber deutlich, warum er zu dem großen Vermittler dieser großen neuen Idee in der Philosophie werden konnte und warum er sie von allem Anfang an so umfassend und klar verstanden hat. Sie war längst seine eigene Idee, bevor er sie bei anderen ausgeführt fand. Wir konnten uns als seine Leser seinen späteren Darstellungen der Evolutionären Erkenntnislehre (»Der Geist fiel nicht vom Himmel«) deshalb so bedenkenlos anvertrauen, weil Hoimar v. Ditfurth das angesprochene Rätsel der Erkenntnis schon sehr früh verstanden hatte, das Konrad Lorenz dann als erster umfassend gelöst hat.

Während diese erste Passage die erstaunliche Über- und Einsicht des sich von den Wirren und Leiden des Weltkriegs frei schreibenden Twens Hoimar beweist, findet sich noch auf derselben Seite weiter unten ein weitverbreiteter Irrtum, der bis heute nicht ausgerottet ist. Wir lesen dort in einem knappen Satz die Zusammenfassung des von Karl Popper aufgestellten berühmten Prinzips der Falsifizierung: »Die schönste Theorie wird sogleich verlassen, sobald ihr ein einziges experimentelles Ergebnis widerspricht.«

Hoimar v. Ditfurth ist stolz auf dieses Vorgehen der Forscher, weil es ihm als das Verfahren erscheint, die ersehnte Exaktheit zu erreichen, die seine geliebten Naturwissenschaften allen anderen menschlichen Bemühungen mit ähnlichen Bezeichnungen – wie zum Beispiel Literatur- oder Geisteswissenschaft – überlegen zu machen scheint. Allerdings, die Sache mit Theorie und Experiment ist nicht ganz so leicht, und was richtig und was falsch ist, bestimmt nicht gnadenlos der quantifizierende Experimentator, wie zum Beispiel schon Jahrzehnte zuvor der junge Albert Einstein deutlich betont, als er einem Kollegen 1911 vorhält: »Aber es ist nun so gut wie sicher, daß in der Theorie ein weiterer Fehler nicht mehr vorhanden ist, so daß ich es für wahrscheinlich halten muß, daß auch noch auf der Seite des Experiments ein Fehler steckt.« Und als im März 1914 seine Allgemeine Relativitätstheorie vor dem Abschluß steht, teilt Einstein einem Freund mit, daß es gar keine Rolle spiele, ob seine Theorie durch irgendwelche Beobachtungen bestätigt wird oder nicht. Er, Einstein, jedenfalls zweifelt »nicht mehr an der Richtigkeit des ganzen Systems«, denn »die Vernunft der Sache ist zu evident«.*

Was nun konkrete Ergebnisse von Einzelwissenschaften angeht, so stellt Hoimar v. Ditfurth zum Beispiel überzeugend und in seinem unnachahmlichen Stil vor, welche Überraschungen die Fortschritte bedeuteten, die in den sechziger Jahren bezüglich des Farbensehens gelungen waren. Um so mehr bedauert deshalb auch der Leser, daß er uns nicht auch noch in die neueren Ergebnisse einweihen kann, die die Erforschung des Sehapparates in den achtziger und neunziger Jahren herausgebracht hat. Vor allem ist die genetische Grundlage der erwähnten drei Farbrezeptoren im Auge mittlerweile gut bekannt, was auch zu Einsichten in die Evolution des Farbensehens überhaupt geführt hat, und es gibt erste Ansätze, die grundlegende Leistung zu verstehen, die das Gehirn bei alledem vollbringt und die als Konstanz der Farben bekannt ist.

Wir führen dies an, um den Leser der hier versammelten Texte von Hoimar v. Ditfurth an die an sich selbstverständliche Tatsache zu erinnern, daß die Wissenschaft weiterläuft und zum Beispiel die Frage »Warum wir Farben sehen« heute völlig anders beantwortet würde (und natürlich in weiteren dreißig Jahren wieder ganz anders). Ähnliches gilt zum Beispiel auch, was das Rätsel des Vogelzugs angeht, aber der interessierte Leser wird sich zu informieren wissen.

Die Welt, die wir seit den sechziger Jahren verloren haben und in der auch Hoimar v. Ditfurth lebte, macht sich in manchen optimistischen Prophezeiungen bemerkbar, so zum Beispiel, wenn es heißt: »Es ist jedoch kein Zweifel mehr möglich daran, daß die künstliche Erzeugung lebender Strukturen im biologischen Laboratorium in greifbare Nähe gerückt ist. Voraussichtlich wird es noch mehrere Jahre dauern, bis die Nachricht vom ersten ›vollsynthetischen‹ Erfolg eintrifft. Überraschungen sind jedoch jeden Tag möglich.«

So dachte man in den sechziger Jahren, während es den Leser der

* Albert Einstein, gesammelte Schriften, Bd. 5, Princeton University Press, 1993, S. 271 und 604

neunziger Jahre nicht mehr wundert, daß das Rätsel vom Ursprung des Lebens weiter denn je von einer Lösung entfernt zu sein scheint. Ein Grund dafür steckt in der Tatsache, daß die sich entwickelnde Molekularbiologie nicht nur immer neue Einsichten in die Grundprozesse möglich machte, die zum Leben beziehungsweise zu seiner Vermehrung gehören, sondern daß die damit befaßten Wissenschaftler auch immer deutlicher vor Augen geführt bekommen haben, wie komplex selbst die einfachste lebende Zelle ist. Die Komplexität der Strukturen nahm sehr viel schneller zu als die Einfachheit beziehungsweise Raffinesse der Konzepte ihrer Herkunft, und wenn heute überhaupt noch von einer »künstlichen Erzeugung von Leben« im Laboratorium die Rede ist, dann mehr von einer »Erzeugung von künstlichem Leben«, und diese Arbeiten machen keine Biologen mehr, die Reagenzgläser oder Kulturschalen benutzen, diese Arbeiten machen Computerexperten, die ihren PC dazu verwenden und entsprechend programmieren. Künstliches Leben wird heute am Rechner erzeugt, und die dabei erzeugte virtuelle Realität produziert eine der neuen Welten, die wir gewonnen haben.
Wie wohl wir uns darin fühlen, soll an dieser Stelle nicht weiter beurteilt werden. Wir wollen überhaupt mit der Kritik aufhören und zu unserem Ausgangsthema zurückkehren.

Die Kunst, es nicht gewesen zu sein

Daß wir in den siebziger Jahren immer mehr zu gebrannten Kindern des auch von ihm selbst zunächst rückhaltlos gefeierten Fortschritts geworden sind, ist natürlich auch Hoimar v. Ditfurth klar gewesen. Sein Vortrag über »Die Wissenschaft als Hure« aus dem Jahr 1981 sagt es gleich zu Beginn: »Mit welchen Argumenten läßt sich, so fragen denn auch viele, heute eigentlich noch zugunsten weiteren wissenschaftlichen Fortschritts plädieren? Oder für die Bedeutung des sogenannten Sachbuchs als seines publizistischen Multiplikators?«
Seine Antwort hat mit seinen philosophischen Neigungen zu tun, die ihn im übrigen wahrscheinlich überhaupt erst zum Schreiben gebracht haben, wie die ersten beiden Texte des noch jungen Autors dem heutigen Liebhaber seiner Texte verraten. Hoimar v.

Ditfurth konstatiert nämlich, daß wir die Naturwissenschaft im Grunde überhaupt noch nicht zur Kenntnis genommen haben, trotz aller Weltbilder, die sie beeinflußt und schafft. Wir haben sie vielmehr, so schreibt er geradezu zornig, »fast ausschließlich als Hure zur Befriedigung unserer Lebensansprüche (...) benutzt«.
Anders ausgedrückt, die Wissenschaft hat durch unsere Gesellschaft immer noch kein Zimmer in dem Gebäude angeboten bekommen, das man als Haus der Kultur bezeichnen könnte. Die Wissenschaft haust bestenfalls im Keller, während sich die Dichter und Denker in der Beletage zuprosten und die Häppchen verspeisen, die die Magd namens Wissenschaft ihnen bereitet hat.
Ohne Heim kann die Wissenschaft nur unheimlich werden, aber dies kann man ihr nicht allein anlasten. Das Grunddilemma steckt meiner Ansicht nach in der Tatsache, daß hierzulande – trotz aller Bemühungen zum Beispiel von Hoimar v. Ditfurth – in den Köpfen der meisten Menschen Wissenschaft und Gesellschaft nicht freundschaftlich zusammengehören, sondern sich feindlich gegenüberstehen. Die Wissenschaft auf der einen und die Öffentlichkeit auf der anderen Seite – das klingt heute immer mehr wie ein Wettbewerb, bei dem es darauf ankommt, dem anderen die Schuld in die Schuhe zu schieben, und zwar für den Zustand der Natur, die wir inzwischen nur noch als Umwelt kennen. (Vielleicht halten viele deshalb nicht mehr soviel von den Naturwissenschaften, die Hoimar v. Ditfurth so liebte.)
Wenn jemand feierlich erklärt, daß die Wissenschaft für ihre Folgen verantwortlich ist, kann er sich des Beifalls seines Publikums sicher sein, denn dann hat man selbst nichts damit zu tun. Das Ozonloch, der verstärkte Treibhauseffekt, die Luftverschmutzung, das Artensterben – daran ist angeblich allein die Wissenschaft schuld, denn wer stellt denn die FCKWs her, wer konstruiert denn die Motoren, die Kohlendioxid und mehr ausstoßen, wer hat denn das DDT und all die anderen chemischen Keulen hergestellt?
Wir haben die Wissenschaft noch immer nicht akzeptiert, wir haben immer noch nicht verstanden, daß die Wissenschaft ein untrennbarer Teil unserer Geschichte ist, daß es ihre Folgen sind, die unsere Geschichte ergeben, und daß wir alle zusammen dafür verantwortlich sind. Natürlich ist die Wissenschaft in vielen Teilen

kommerzieller geworden, natürlich spielen längst nicht mehr nur weltanschauliche Motive des Erkennens und Verstehens eine Rolle, natürlich greift auch die Politik inzwischen verstärkt in den Ablauf der Forschung ein – aber wenn wir die Wissenschaft ablehnen oder ihr überdrüssig sind, dann vergessen wir, daß es niemanden sonst gibt, der auf unsere Probleme mit Lösungen antwortet und daher Ver*antwort*ung übernimmt.
Schlimmer noch als der oft und zu Recht beklagte Wandel der Wissenschaft scheint mir die Tendenz zu sein – wie es der Philosoph Odo Marquard einmal ausgedrückt hat –, daß wir die Wissenschaft und ihre Vertreter heute unentwegt vor ein öffentliches Tribunal stellen. Wir schätzen heute nicht mehr die Menschen als Experten, die Antworten geben, bei uns gilt nur noch als Experte, wer die Wissenschaft anklagt. Wer dies tut, praktiziert allerdings nur die billige Kunst, es nicht gewesen zu sein. Er vergißt, daß wir alle in einem Boot sitzen, das nur einen Motor hat, den der Wissenschaft nämlich. Noch besteht die Gelegenheit, den richtigen Umgang mit ihr zu lernen. Vielleicht hilft der Blick in die vorliegenden Texte, die Welt, in der wir leben, ebenso schön zu finden wie die, die wir verloren haben. Warum kann denn nur die Hochzeitsreise Spaß machen? Ist man dafür bei der Silberhochzeit zu alt? Hoimar v. Ditfurths Leser werden die richtige Antwort geben können.

P. S. Am Ende seiner Ausführungen über die Wirbelbildung läßt Hoimar v. Ditfurth seine Leser mit dem sogenannten Teetassenphänomen allein. Sie sollen selbst herausfinden, wie es kommt, daß sich Teeblätter am Boden einer Tasse nach dem Umrühren in der Mitte versammeln. Wer sich an dieser »harten Nuß« versucht, sollte wissen, daß mindestens ein Nobelpreisträger für Physik daran gescheitert ist (Erwin Schrödinger). Die Lösung hat Albert Einstein in der Zeitschrift »Naturwissenschaften« beschrieben, und zwar auf Seite 222 von Band 14, der 1926 erschienen ist. Wer nachvollzieht, was Einstein dort vorführt, wird verstehen, warum Hoimar v. Ditfurth uns mit dem Tee allein gelassen hat.

PHILOSOPHIE · RELIGION

Das Zeitquant

Versuch der philosophischen Untersuchung eines physikalischen Begriffes

Die Schwerpunkte der naturwissenschaftlichen Forschung finden sich immer an den Stellen des bestehenden Weltbildes, an denen sich aus den jeweiligen Vorstellungen Paradoxien ableiten. So lückenlos alles übrige gefügt sein mag, an diesen Stellen wird die Inkongruenz zwischen dem Gewußten und dem Wissensmöglichen so offenbar, daß sie geradezu den Locus minoris resistentiae innerhalb des Systems bilden, von dem aus die Grenzen des Erkennens und Denkens am leichtesten weiter ins Unbekannte hinein vorgeschoben werden können. So erscheint es selbstverständlich, daß seit dem Anfang wissenschaftlicher Naturerforschung die Hauptfragen um Probleme kreisen, die schon für die naive Anschauung Paradoxien darstellen. Man braucht nur an die Frage der Unendlichkeit des Weltraums zu denken, dessen Endlichkeit ebenso wenig vorstellbar ist, um ein Beispiel für dieses Prinzip vor sich zu haben.

Ein weiteres Beispiel stellt die Frage einer kleinsten Einheit der Zeit dar. Die erste berühmt gewordene Auseinandersetzung mit diesem Problem wird dem Griechen Zenon, dem Schüler des Parmenides, zugeschrieben und ist unter dem Namen »Der fliegende Pfeil des Zenon« bekannt. Der Gedankengang sei hier kurz wiederholt:

Ein abgeschossener Pfeil fliegt durch die Luft. In einer bestimmten Zeit legt er eine bestimmte Strecke zurück. Je kürzer die Zeitspanne ist, die ich betrachte, um so kürzer ist auch die Strecke, die er in dieser Zeitspanne zurücklegt. Die entscheidende Frage heißt nun: Kann ich, indem ich immer kürzere Zeitspannen betrachte, an eine kleinstmögliche Zeitspanne kommen, innerhalb deren der Pfeil stillsteht? Die Antwort heißt »nein«. In der Begründung führt Zenon an, daß man, wenn man die Frage bejahte, sich die Gesamtbewegung des Pfeiles aus nichtbewegten Einzelmomenten zusammengesetzt vorstellen müßte, was offenbar unmöglich ist, da noch so viele Augenblicke des Stillstandes zusammen nie Bewegung ergäben.

Die erwähnte Paradoxie des Problems beruht darin, daß nach dieser Antwort nur noch ein Regressus ad infinitum in bezug auf die Unterteilung der fraglichen Zeitspanne übrigbleibt, eine Situation, welche, wenn auch nicht ganz so augenscheinlich, das menschliche Denken doch vor die gleichen Probleme stellt wie die völlig analoge Frage der Unendlichkeit des Weltraums.

Unter den Voraussetzungen, die in dem von Zenon gewählten Gedankenexperiment enthalten sind, ist das Problem hiermit abgeschlossen. Wie stellt sich nun der Sachverhalt dar, wenn er vom modernen naturwissenschaftlichen Aspekt aus einer Kritik unterzogen wird?

Der Genauigkeit halber sei die Feststellung eingeschoben, daß es hier selbstverständlich nicht um eine Kritik der logisch einwandfreien Schlußfolgerung Zenons gehen kann, dessen Gedankenexperiment hier außerdem völlig aus dem Zusammenhang der eleatischen Philosophie herausgenommen ist. In diesem Aufsatz geht es um den Versuch, philosophisch die Möglichkeit einer kleinsten Einheit der Zeit, also gleichsam des »Zeitquants«, zu prüfen. Und da ist das griechische Problem als Ausgangspunkt insofern geeignet, als das augenfälligste Gegenargument gegen die Vorstellung eines Zeitquants eben die Dauerlosigkeit innerhalb desselben darstellt und damit die vorstellungsmäßige Unmöglichkeit, aus ihm Zeit »zusammenzusetzen«.

Um im natürlichen Geschehen einer Erscheinung auf die Spur zu kommen, untersucht man dieselbe zweckmäßig in einem Spezialfall ihres möglichen Auftretens, der unter Umständen im Experiment erst künstlich hergestellt wird. Von diesem Spezialfall ausgehend, wird die Erscheinung dann im modernen naturwissenschaftlichen Sinne »erklärt«, indem ihre Qualitäten in die nächst niedrigeren Elemente aufgelöst werden, welche die zu »erklärenden« Qualitäten bedingen und eben darum selbst von ihnen frei sein müssen.* Die »Erklärung« besteht dann in einer Definition, deren

* Vgl. hierzu die Ausführungen Werner Heisenbergs in seinem Aufsatz: »Die Goethesche und die Newtonsche Farbenlehre im Lichte der modernen Physik«.

Faktoren die zu erklärende Qualität als Ergebnis haben, ohne daß, wie bei jeder Definition, die Qualität selbst in irgendeiner Form als Koeffizient auftreten darf. So muß zum Beispiel, wenn ich die Temperatur als durchschnittliche Molekulargeschwindigkeit definiere, das einzelne Molekül temperaturlos sein. Oder, um ein anderes Beispiel für die Anwendung dieses Prinzips zu geben: Unter den erhaltenen Briefen Pascals findet sich einer, in dem er einen naturforschenden Abbé schonungslos angreift und ihm Unwissenschaftlichkeit (!) vorwirft, weil dieser es unternommen hatte, das Licht als »schnelle Bewegung leuchtender Teilchen« zu definieren. Zusammengefaßt bedeutet also »Erklärung« einer Erscheinung für die moderne Wissenschaft die Beschreibung derselben nicht in der natürlichen Weise ihres Auftretens, sondern als Phänomen, welches vollständig aus Elementen abgeleitet werden kann, die aus der Erscheinung durch gedankliche Analyse herausgelöst worden sind und eben die Qualitäten nicht selbst enthalten dürfen, die als erklärt gelten sollen.

Die Nutzanwendung dieses Prinzips für unser Gedankenexperiment liegt auf der Hand. Denn eben das, was von vornherein als Hauptargument gegen die Annahme einer kleinsten Zeiteinheit zu sprechen schien, nämlich die »Dauerlosigkeit« des einzelnen Zeitquants selbst, erscheint nun als Conditio sine qua non seiner gültigen Definition. Um eben kleinste Einheit der Erscheinung Zeit sein zu können, muß es der charakteristischen Qualität der Zeit entkleidet sein.

Jetzt fällt es auch leicht, die Ursache der Paradoxie der Zenonschen Folgerungen zu erkennen. Denn immer noch erscheint es ja der Vorstellung unmöglich, aus diesen dauerlosen Zeitquanten Dauer zusammengesetzt zu denken. Die entscheidende Voraussetzung, an der das Problem hier hängt, ist das Verlangen nach Vorstellbarkeit des Ergebnisses, der gedanklichen Analyse. Oder, wie der Naturwissenschaftler sagt, nach Anschaulichkeit. Sobald wir uns aber nun auf den Standpunkt der modernen Wissenschaft stellen, die eine Voraussetzung der Anschaulichkeit nicht mehr als Denknotwendigkeit anerkennt, sondern ihr als Denkgewohnheit ihren unbedingten Charakter genommen hat, erkennen wir die Paradoxie als nur scheinbar. Dadurch nämlich sind wir in der Lage, die Möglichkeit zuzugeben, daß sich die Zeit aus kleinsten

Einheiten zusammensetzt, obwohl dieses Verhalten infolge einer bestimmten Eigenschaft dieser Einheiten nicht vorstellbar ist. Wir können sogar so weit gehen zu behaupten, daß die Unanschaulichkeit hier ebenso notwendig sein muß wie die sie bedingende Eigenschaft der Dauerlosigkeit der bewußten Einheiten.

Vergleichen wir einmal die Situation mit der völlig analogen bei der Entwicklung der Atomtheorie. Demokrit und Leukipp waren zur Atomvorstellung ebenfalls aufgrund des oben erwähnten Prinzips gekommen. Folgerichtig sprachen sie den Atomen jede sinnliche Qualität ab (da sie ja die Qualitäten des Makrokosmos erklären sollten) – außer ihrer Körperlichkeit und ihrer ausdifferenzierten Form. Indem man hier ebenfalls von der Voraussetzung der Anschaulichkeit ausging, mußte man den kleinsten Einheiten der Materie diese Qualitäten belassen. Nach dem Vorangegangenen müssen wir hierin vom heutigen Standpunkt aus gewissermaßen eine Inkonsequenz der gedanklichen Analyse erblicken. Das Atom Demokrits entspricht nun dem chemischen Atom der modernen Wissenschaft. Und da zeigt sich (in unserem Zusammenhang als Folge der erwähnten Inkonsequenz), daß dieses chemische Atom einmal durchaus nicht so eigenschaftslos ist, wie es der antiken Vorstellung nach sein müßte. (Es emittiert und absorbiert Licht, es hat charakteristische chemische Eigenschaften usw.) Aber vor allem: Es ist nicht unteilbar. Es ist erstaunlich, zu sehen, wie über 2000 Jahre später die experimentelle Erfahrung den Menschen unausweichlich auf den Punkt führt, an dem nicht konsequent analysiert worden war. Wieder war eine Paradoxie entstanden: Es ist weder vorstellbar, daß die Materie ad infinitum teilbar ist, noch ist aber auch einzusehen, warum das antike Atom als körperliches Gebilde nicht weiter teilbar sein sollte. Der Mensch hatte bis vor kurzer Zeit diese Paradoxie als unaufhebbar stehengelassen. Die Wissenschaft gab die Antwort der Natur: Wenn man als kleinste Einheit der Materie ein Gebilde annehmen will, welches der charakteristischen Eigenschaften der Materie (Raumerfüllung, Lokalisierbarkeit) nicht entkleidet ist, so stößt man lediglich auf das kleinste noch eben teilbare Element, eben das Atom der Chemie.

Wesentlich ist in unserem Zusammenhange, daß dies die empiri-

sche Korrektur (aber zugleich auch die Bestätigung) einer rein gedanklichen Analyse bedeutet. Prinzipiell hätte es möglich sein müssen, die Tatsache rein gedanklich zu entwickeln, daß bei der Atomvorstellung das Belassen körperlicher Qualitäten chemische Elementareigenschaften als Attribut des so beschaffenen »Atoms« notwendig impliziert.
Der eigentlichen Idee des Demokrit dürften die Elementarteilchen der modernen Physik bedeutend näher stehen. Sie sind, wie ihr Name sagt, wirklich die elementaren Teile der Materie. *Müssen* diese Protonen, Elektronen, Positronen usw. demnach nicht einfach unanschaulich, amateriell und im Einzelfall sogar unlokalisierbar sein?
Wesentlich ist für unser Thema hier ferner die Feststellung, daß es ebenso unmöglich ist, sich Materie als zusammengesetzt aus amateriellen Einheiten vorzustellen, wie es unmöglich war, anschaulich Zeit aus dauerlosen Zeitquanten zu komponieren.
Damit stellt die Annahme eines Zeitquants die einzige Möglichkeit dar, der Paradoxie der Vorstellung »Zeit« (z.B. im Zenonschen Experiment) zu entgehen. Es ist als Faktor das Ergebnis der in diesem Fall am konsequentesten durchgeführten Analyse der Denknotwendigkeit »Zeit«. Und damit ist die Zweckmäßigkeit dieses Faktors für das naturphilosophische Denken erwiesen.
Es ergibt sich an dieser Stelle als Fortsetzung des Gedankenganges die Frage, ob die Möglichkeit besteht, hieraus die Wahrscheinlichkeit abzuleiten, mit welcher der Begriff einer Elementareinheit der Zeit in der empirischen Naturwissenschaft selbst als Faktor auftauchen könnte. Diese Frage berührt erneut das Problem, das bereits bei den Sätzen über die Geschichte der Atomvorstellung und Atomforschung und ihre eigentümliche metaphysisch anmutende Beziehung gestreift wurde.
Die Naturwissenschaft verifizierte bisher stets die Ergebnisse logischen Denkens, soweit es sich um echte Denknotwendigkeiten handelte. Man kann die Physik definieren als System, bestehend aus denknotwendigen Elementen, deren Analyse in bezug auf echte Denknotwendigkeit (im Gegensatz zur bloßen Denkgewohnheit) laufend durch das Experiment der empirischen Wissenschaft überprüft wird. Die überwiegende Bedeutung des Experiments in der Physik ergäbe sich demnach lediglich durch die

praktische Unmöglichkeit, bei rein geistiger Deduktion stets innerhalb echter Denknotwendigkeit zu bleiben. Das hiermit verknüpfte Problem stellt einen Spezialfall der Erkenntnistheorie dar und soll an anderer Stelle ausführlich behandelt werden. Hier sei nur noch an die Feststellung Kants erinnert, daß Physik Wissenschaft sei nicht durch Erfahrung, sondern für Erfahrung. Dieser Satz wird nicht berührt durch die Frage, wie weit Kant selbst innerhalb des Denknotwendigen geblieben ist.
Eine Anerkennung der angeführten Definition für »Physik« impliziert die Annahme einer sehr großen Wahrscheinlichkeit dafür, daß der Begriff einer kleinsten Einheit der Zeit auch in den Experimentalwissenschaften auftauchen wird.
Für diese Annahme sprechen ferner Überlegungen, die an das mögliche Gegenargument anschließen, es sei wegen des abstrakten Charakters des Sachverhaltes »Zeit« unsinnig, mit ihm Operationen etwa in Analogie zur Materie vorzunehmen. Man kann hier den Spieß gänzlich umkehren und tatsächlich behaupten, daß die durch Einführung des Zeitquants vollzogene Analogie sogar ein wesentliches Moment für die Berechtigung dieser Annahme bedeutet, indem im modernen naturwissenschaftlichen Weltbild die Phänomene Zeit, Raum und Materie per definitionem als sich gegenseitig bedingend wechselseitig verknüpft auftreten. Und entscheidend für die Existenzfähigkeit eines physikalischen Begriffs »Zeitquant« wäre allein seine Zweckmäßigkeit und Fruchtbarkeit als neue Denkmöglichkeit unter den übrigen Begriffen der Physik. Um Mißverständnissen und daraus entspringenden Gegenargumenten vorzubeugen, sei betont (was sich aus dem Bisherigen eigentlich schon ergibt), daß die Frage, was die Existenz des physikalischen Zeitquants »bedeuten« würde, jedenfalls für die Physik sinnlos ist. Also etwa die Frage, ob dasselbe »wirklich existiert«.
Damit erscheint uns das gesagt, was zu diesem Problem ohne die Hilfsmittel der Physik gesagt werden kann. Ihren Ursprung verdankt diese Untersuchung dem außerordentlichen Reiz der Vorstellung, entgegengesetzt dem üblichen Prinzip physikalische Probleme einmal deduktiv zu untersuchen, ein Versuch, der auf ganz bestimmten philosophischen Überlegungen basiert, die hier nur gestreift werden konnten.
Die Entscheidung über die Lebensfähigkeit des Begriffes »Zeit-

quant« in der Naturwissenschaft hat selbstverständlich die Physik, deren experimentelle und mathematische Hilfsmittel eben allein feststellen könnten, inwieweit diesem Begriffe Denknotwendigkeit innewohnt, das heißt, in der Sprache der Physik ausgedrückt, ob sich derselbe mathematisch dem übrigen System in einer Weise eingliedern läßt, daß nicht nur keine neuen Probleme entstehen, sondern nachträglich festgestellt werden muß, daß offenbar bisher bestehende Lücken durch ihn ausgefüllt werden können.
Abschließend sei noch bemerkt, daß alles Gesagte in gleichem Sinne für die mit diesem Problem sowohl als auch mit dem des Atombegriffes eng verknüpfte Frage einer kleinsten Längeneinheit (Elementareinheit des Raumes) gilt.

(1947)

Die universale Krise

Ein Appell an die Vernunft

Im Anfang dieses Jahrhunderts befand sich die physikalische Wissenschaft in einer Krise. Diese bestand darin, daß neue Experimente einwandfrei eine Weise des Verhaltens der Elementarteilchen ergaben, die mit der damaligen Methode der Physik nicht begreifbar war. Die euklidische Mathematik war nicht in der Lage, das zu erfassen, was die experimentellen Ergebnisse als physikalische Wirklichkeit eindeutig aussagten. Es ist das Wesen der Krise, daß Wirklichkeit und Methode einander nicht entsprechen.
Die Lösung bestand damals in der überraschenden Entdeckung, daß ein deutscher Mathematiker, Riemann, bereits vor längerer Zeit ohne jeden Anlaß oder den Gedanken der möglichen Anwendbarkeit, anscheinend aus reiner Freude am mathematisch Möglichen, eine sogenannte nichteuklidische Mathematik entwikkelt hatte, die dem Verhalten der neu entdeckten Atombestandteile gerecht wurde. In wissenschaftlicher Sachlichkeit opferte man die alte Methode der experimentellen Wirklichkeit und führte die nichteuklidische Vorstellungsweise in die Physik ein. Damit war die Krise gelöst. Man hatte die Wirklichkeit wieder in der Hand, darum, weil die eigene Methode ihr entsprach. Das Ergebnis war eine sich überstürzende Folge aufsehenerregender Entdeckungen.
Diese Episode aus der Geschichte der Naturwissenschaften ist außerordentlich lehrreich und veranlaßt zu einigen grundlegenden Überlegungen.
Zuerst einmal scheint es ein geradezu verblüffender Zufall zu sein, daß lange vor den erwähnten Experimenten, also mit Sicherheit völlig unabhängig von ihnen, eine mathematische Methode bestand, die ihren unvorhersehbaren Ergebnissen absolut entsprach. Wäre ein derartiger Zufall an sich schon im höchsten Grade unwahrscheinlich, völlig ausgeschlossen erschiene einem nun noch eine Wiederholung eines solchen Ereignisses. Und dennoch ist die

ganze Geschichte der Naturwissenschaften eine einzige Kette solcher »Zufälle«. Wissenschaft, und das heißt allgemeingültige Erkenntnis der Welt, ist überhaupt nur möglich, weil aus irgendeinem geheimnisvollen Grunde die Methodik des menschlichen Geistes der dinglichen Wirklichkeit entspricht. Dieser »geheimnisvolle Grund« ist ein erkenntnistheoretisches Problem und wird hier bloß erwähnt. Als Tatsache jedoch können wir aus der oben beschriebenen Geschichte lernen, daß zwischen dem menschlichen Verstand und der Außenwelt eine Art prästabilierter Harmonie besteht, die es uns ermöglicht, durch »Erkenntnis« kraft unseres Verstandes die Welt zu beeinflussen.

Diese Macht, durch den Verstand dem Menschen gegeben, kann sich jedoch nur entfalten, wenn sie sich einer Methode bedient, die der Erkenntnis der Welt entspricht. Wo immer im Leben des Menschen Methode und Erfordernis des Tatsächlichen einander widersprechen, steht der Mensch machtlos der Wirklichkeit gegenüber und ist trotz aller Anstrengung den Ereignissen ohnmächtig ausgeliefert. Wir bezeichnen diesen Zustand als »Krise«. Diese wird gelöst durch die Einführung einer neuen Methode, die geeigneter ist. Die Wahl der Methode richtet sich hierbei naturgemäß nach den Tatsachen der Wirklichkeit. Dies ist die zweite Lehre, die wir aus unserer wissenschaftsgeschichtlichen Episode ziehen können.

Wenn wir jetzt untersuchen wollen, inwieweit die eben entwickelten Grundsätze auch für andere Bereiche unseres Lebens gelten, so gehen wir am besten von der Überlegung aus, wodurch sich eigentlich die »Naturwissenschaft« genannte Disziplin von diesen anderen Bereichen unterscheidet. Wir können dann feststellen, es sei das Charakteristikum aller Wissenschaft, daß sie »exakt« ist. Das heißt aber nichts anderes, als daß ihre Voraussetzung der Grundsatz ist, stets die Methode als veränderlich zu betrachten und sie in jedem Falle der – in unserem Beispiele physikalischen – Wirklichkeit unterzuordnen. Die schönste Theorie wird sogleich verlassen, sobald ihr ein einziges experimentelles Ergebnis widerspricht. Dies geschieht auch dann, wenn – wie in unserem Beispiel besonders kraß – die gesamte bisherige Anschauung, mag sie mit noch soviel Schweiß und Zeitaufwand erworben sein, hierbei eine völlige Umstürzung erfährt. Es ist dieser Grundsatz tatsächlich die eine, nie versiegende Quelle der immer neuen und unaufhörlichen

Errungenschaften aller wirklichen Wissenschaft. Dieser Grundsatz trennt nun auch, und das ist der Unterschied, nach dem wir fragten, »Wissenschaft« in ganz charakteristischer Weise von allen übrigen Bezirken des menschlichen Lebens. Immer ist »Leben« – im Sinne von »Zusammenleben« – das Ergebnis von menschlicher Methode und menschlicher Wirklichkeit. Die mannigfaltigen Erscheinungsformen menschlichen Daseins auf der Erde sind das Produkt der uns auferlegten, unumgänglichen Daseinsbedingungen und unserer, im Gegensatz zu diesen Notwendigkeiten, variablen Methoden, dieser Wirklichkeit am günstigsten gerecht zu werden.

Jedoch – und hier finden wir den Unterschied zur Wissenschaft von der anderen Seite aus wieder – erfolgt die Wahl der »Methode« hier nach völlig anderen Gesichtspunkten. Einmal ist diese Wahl dadurch erheblich kompliziert, daß es unmöglich ist, die Bedingungen unserer Existenz, auch wenn sie unveränderlich sind, aus der Erscheinungswelt wirklich exakt und endgültig herauszuschälen. Diesen Versuch unternimmt zum Beispiel die wissenschaftliche Anthropologie. Jedoch ist stets menschlicher Einfluß und objektive Wirklichkeit (sobald wir eben Leben und Welt als Gesamtkomplex betrachten) derart unentwirrbar miteinander verquickt, außerdem noch der jeweilige Standpunkt des Untersuchers so willkürlich und daher stets durch Relativierung entwertbar, daß die endgültige Lösung schon dieser Teilaufgabe ein Ding der Unmöglichkeit ist.

Hinzu kommt nun noch eine weitere Schwierigkeit: das menschliche Vorurteil. Dieses zweite Problem hat immerhin gegenüber dem ersten (gegenüber also der Unmöglichkeit, ein objektives Bild der menschlichen Welt zu entwerfen) den Vorteil, daß es wenigstens nicht grundsätzlich unlösbar ist. In praxi aber spielt es eine ungeheure und gefährliche Rolle. Die »Methoden«, von denen wir jetzt sprechen, sind ja die Versuche, die der Mensch während seiner Geschichte unternommen hat, um die günstigste Haltung zur Erfüllung seiner Bestimmung auf der Erde zu finden und die zweckmäßigste Lebensweise zur gemeinsamen Existenz. Solche »Versuche« sind, um nur einige Beispiele zu nennen, das Christentum, der Humanismus oder der Kommunismus. Der Einzelmensch neigt nun immer dazu, den Versuch, den er selber jeweils

»erlebt«, als einzige Möglichkeit zu betrachten. Ob dies nun daran liegt, daß derartige Strömungen viele Menschenalter überdauern, daß also viele Generationen nur jeweils eine Variation kennenlernen, ohne auf den Gedanken einer anderen Möglichkeit kommen zu können, oder ob es an einem gewissen menschlichen Fanatismus liegt, der – für einen wenn auch nur vorübergehenden Erfolg an sich unerläßlich – den einzelnen veranlaßt, sich gleichsam blind für alles andere mit seiner ganzen Initiative in dieses eine Unternehmen zu stürzen, das sei dahingestellt. Tatsache ist, daß der einzelne den unwiderstehlichen Hang hat, jeweils eine bestimmte »Methode« des Lebens als einzig mögliche, also als invariable Größe zu betrachten, obwohl die Geschichte ebenso wie jede theoretische Überlegung zeigt, daß dieser Hang einem in nichts begründeten Vorurteil entspringt und sachlich keine Begründung finden kann.

Dieser Faktor ist von folgenschwerer Bedeutung. Solange die jeweilige Weltanschauung – im eigentlichen Sinne des Wortes – »funktioniert«, das heißt, solange die aus ihr als aus der für selbstverständlich vorausgesetzten Anschauung folgenden Handlungen und Verhaltensweisen der Wirklichkeit einigermaßen gerecht werden, ist alles in bester Ordnung. Während dieser Zeit ist der Glaube an die Endgültigkeit der jeweiligen Anschauung sogar ein positiver Faktor, der das ganze System stabilisiert. Eben weil jedoch jede Weltanschauung (jeder Glaube, jede Ideologie) mit logischer Notwendigkeit nur eine Annäherungslösung darstellt, kommt immer einmal der Zeitpunkt, an dem die Entsprechung von Haltung und Wirklichkeit in Frage gestellt ist. Eines Tages, früher oder später, ist die Krise da.

In diesem Augenblick wird der Glaube an die eigene Haltung (als an die einzig mögliche Haltung) zur gar nicht zu überschätzenden Gefahr. Er nimmt dem Menschen die stärkste Waffe aus der Hand: die Anpassungsfähigkeit an die Erfordernisse seiner Umwelt. Immer wieder sehen wir den Menschen in der Geschichte während der immer wieder eintretenden Krisen unendlich leiden und sich mit blindwütigem Eifer selbst immer neue Leiden verursachen. Immer wieder sucht er die Ursache zuletzt erst in der Unangemessenheit des eigenen Verhaltens. Tradition und Gewohnheit werden zum Grab seines Glückes und seiner Geborgenheit. Ohnmächtig sieht er sich dem chaotischen Wirbel der Geschehnisse ausgeliefert, denen er plötzlich aus einem ihm unfaßlichen Grunde nicht mehr zweckmäßig begegnen kann. Erst wenn alle Stadien der Verzweiflung durchlebt sind, wenn schließlich seine Erschütterung so groß geworden ist, daß er abläßt vom Eifer der vermeintlichen Selbstverteidigung gegen das Geschehen, erst wenn er zur Ruhe kommt durch die Einsicht der Aussichtslosigkeit seines Verhaltens, dann erst fällt es ihm wie Schuppen von den Augen. Auch dieser Ausgang ist gewiß. Immer wird der Mensch am Ende kapitulieren, denn die Wirklichkeit ist das einzig Gegebene und hat die wahre Priorität vor der menschlichen Meinung. Aber bis Gewohnheit und Anschauung verlassen werden, ist ein Meer an Leid auszubaden, so tief sitzt der Glaube an die Zweckmäßigkeit der gewohnten Haltung.

Es wäre theoretisch möglich und durchaus vorzustellen, diesen Leidensweg dadurch abzukürzen, daß man den Menschen zur Einsicht in die Unzweckmäßigkeit seines Verhaltens bringt, sobald die Krise erkennbar wird. Das hieße die Frage stellen, ob es möglich ist, einen stärkeren Einfluß auszuüben und rascher und tiefgreifender zum Nachdenken zu zwingen, als dies furchtbarste Katastrophen vermögen. Die Aufgabe dürfte nicht leicht sein.

Was ist aus all diesen Überlegungen für uns hic et nunc zu folgern? Es hat durchaus den Anschein, daß wir mitten in einer Krise leben. Sprechen wir nur einmal vom Problem des Zusammenlebens der Völker als dem krassesten Symptom. Jeder auf der Welt (von verschwindenden Ausnahmen abgesehen) will nichts sehnlicher als den endgültigen Frieden. Jeder auf der Welt hat vor nichts mehr Angst als vor einem neuen Krieg. Mit dieser Sachlage sollte an sich das ganze Problem schon gelöst sein. Ein Hindernis zu friedlicher Entwicklung ist an sich nicht mehr denkbar. Nun ist es eine ebenso unbestreitbare Tatsache, daß seit mehr als drei Jahren eine Handvoll auserlesener, also als hierfür am geeignetsten angesehener Menschen einfach nicht imstande ist, dieses theoretisch bereits gelöste Problem auch tatsächlich zu lösen.

In einer Welt, in der alle den Frieden wollen, ist der Krieg *das* Gespenst, das die Ruhe von Millionen stört, ihre Energie und ihre Tatkraft lähmt. Eine größere Paradoxie ist nicht denkbar. Was geht hier vor? Da es Experten der uns geläufigen Methode sind (wir wollen uns der bisherigen Terminologie weiter bedienen), die mit der Lösung des Friedensproblems beschäftigt sind, kann es nicht an praktischer Unzulänglichkeit liegen. Erleben wir nicht jenes Stadium der Entwicklung, in der die Unzulänglichkeit unserer gewohnten Methode sich in einer Krise erweist? Tatsächlich scheinen es ja nicht mehr wir Menschen zu sein, die die Dinge in der Hand haben und die Geschehnisse beeinflussen. Das ist das Kennzeichen dieses Stadiums. Und wirklich beginnt auch der »Mann auf der Straße« bereits den Krieg in der noch unheimlicheren Gestalt des Schicksalhaften zu sehen mit den zugehörigen Attributen der Unbeeinflußbarkeit und Unentrinnbarkeit. Klarer kann sich die Ohnmacht unserer Methode nicht offenbaren.

Wenn wir versuchen wollten, dem sich als unausweichlich Ankündigenden doch noch zu entgehen, müssen wir es unternehmen, uns und unseren Mitmenschen die Einsicht in die Unzweckmäßigkeit unserer Methode, den Dingen zu begegnen, zu verschaffen, ehe die Ereignisse uns von sich aus zur Umkehr zwingen. Gegen uns stehen zwei Jahrhunderte an Erfolgen dieser Methode, gegen uns stehen sechs Menschenalter an Gewohnheit und Tradition, gegen uns steht die eigene Unfähigkeit, uns von selbst aus diesen Fesseln so weit zu lösen, daß eine neue, zweckmäßigere Haltung klar erkennbar wird. Aber für uns steht die Einsicht, daß wir einer solchen Revolution unserer Anschauung doch nicht entgehen werden und nur die Wahl haben, durch Vernunft zu lernen oder durch Katastrophen belehrt zu werden.

Ehe wir Umschau halten nach einer neuen Art und Weise, müssen wir einmal das, was wir bisher einfach als »unsere Methode« bezeichnet haben, klarer erfassen. Wir können uns dazu der Formel bedienen, die Robespierre gebrauchte, als er die damals neue Methode am 7. Juni 1794 vor seinen Mitbürgern mit der Aufforderung proklamierte: »De fonder sur la terre l'empire de la sagesse, de la justice et de la vertu.« Unter diesem Motto verschrieb sich damals die Menschheit einer neuen Idee. Das Zeitalter des Glaubens an den menschlichen Verstand brach an: l'empire de la sagesse. Es ist die große Entdeckung der Welt als einer dem menschlichen Verstande begreiflichen und erklärlichen Natur. Die bisherige Anschauung war die der Welt als göttlicher Ordnung gewesen, die, dem Menschen im wesentlichen unverständlich, als

wunderbare Schöpfung unerklärbar vom Gläubigen hingenommen wurde. Von jetzt an ist sie in allen ihren Teilen mögliches Objekt für den Verstand.
Seitdem wird das Zusammenleben der Völker nach dem Gesichtspunkt des verstandesmäßig Zweckmäßigen geordnet, wie es der Anschauung des Rationalismus entspricht. Die Familienbande, die Herrscherhäuser verbinden, sind ebenso substanzlos geworden wie die Gebote der Kirche, die einst in der Politik Gewicht hatten. Entscheidend ist allein die Erwägung des augenscheinlich Zweckmäßigen.
In unseren Tagen beginnt dieser Grundsatz, der immer nur zu vorübergehenden Lösungen führte (wir sagten ja bereits, jeder menschliche Versuch dieser Art könne grundsätzlich nur eine Näherungslösung darstellen), Mängel zu zeigen, die eben unserer Zeit den Charakter der Krise geben. Alle Klugheit, alle Zweckmäßigkeit scheinen an der Bedrohung durch das Unerbittliche abzugleiten. Wir ahnen wohl noch, daß wir es waren, die die Dinge irgendwann einmal in Bewegung gesetzt haben, aber wissen nicht mehr, wie wir sie nun, da sie einmal in Bewegung sind, aufhalten könnten. Es droht die Panik der Menschheit. Wir stehen als moderne Zauberlehrlinge vor dem Geschehen der Zukunft und hoffen auf den Meister, der das kommende Unheil bannt. Wir brauchen einen neuen Weg.
»Die Wissenschaft nötigt uns, den Glauben an einfache Kausalitäten gerade dort aufzugeben, wo alles so leicht begreiflich erscheint und wir die Narren des Augenscheins sind«, sagte ein Philosoph im vorigen Jahrhundert. Wenn wir nun, frei vom Vorurteil der Gewohnheit des scheinbar Selbstverständlichen, unsere Lage betrachten, erkennen wir, daß wir heute zu wahren Narren des Augenscheins geworden sind. Wir glauben felsenfest an die Zweckmäßigkeit der ausklügelnden Kalkulation. Verträge und Konferenzen basieren auf dieser Überzeugung. Jeder Schritt in der Welt der Politik stellt die vorherbedachten Möglichkeiten seiner Konsequenzen in Rechnung und genügt damit dieser augenscheinlichen Zweckmäßigkeit. Aber gerade hier liegt der Irrtum.
Ganz abgesehen davon, daß die ungeheure Summe von Bedenken und Vorsicht, die hierbei notwendig mit im Spiele ist, Mißtrauen und Heuchelei geradezu züchtet, ist es andererseits gänzlich ausge-

schlossen, die möglichen Konsequenzen mitsamt ihrem komplizierten Wechselspiel, das jene auslöscht und jene plötzlich in den Vordergrund schiebt, ja, das selbst wieder völlig neue Bedingungen schafft, auch nur annähernd zu übersehen. Verstrickt in einem unentwirrbaren Netz von Bedenken und Befürchtungen, ist der Politiker der augenscheinlichen Zweckmäßigkeit kaum noch in der Lage, einen freien Schritt zu tun, und völlig außer Stande, sich das Geschehen in die Hand zu spielen. Die Vorgänge rollen ab, und wir sind Objekt geworden. Was tun? Wir erinnern uns jetzt unserer einleitenden wissenschaftsgeschichtlichen Betrachtung. Vielleicht gibt es auch für uns eine bereits bekannte Methode, die wir, borniert durch Gewohnheit, bisher übersehen haben. Unsere Lage zwingt uns, zu experimentieren.

Die Wissenschaft hat den einst auch von ihr ernsthaft diskutierten Gedanken an eine völlige rationale Analyse der Welt (Weltformel, Laplacescher Weltgeist) schon vor einem Menschenalter als Utopie erkannt. Theoretisch durchaus richtig, scheitert ein derartiges Unterfangen an der Unzahl der Einzelelemente, an deren vollständige rechnerische Erfassung zu glauben glatter Irrsinn ist. Der Rationalismus ist in der Wissenschaft lange überwunden. Die Wissenschaft – sie hat es leicht, bei ihr gibt es keine Denkgewohnheiten – hat schon einen anderen Weg gefunden, dennoch zu diesen Ergebnissen auf eine andere Weise zu gelangen, nämlich den der statistischen Durchschnittswerte. Gibt es nicht auch für uns eine entsprechende Möglichkeit? Zweifellos ist der Gedanke der Zweckmäßigkeit einer Handlung, die unter Berücksichtigung aller ihrer möglichen Konsequenzen erfolgt, durchaus richtig. Wir müssen aber endlich einsehen, daß auch er in der Wirklichkeit zum Irrsinn wird, da er stets an der Fülle der Möglichkeiten scheitern muß. Wie könnten wir zu diesen Ergebnissen auf andere Weise gelangen?

Wir behaupten, daß wir diese Ergebnisse in den ethischen Geboten fertig vor uns haben! Die Not der Situation rechtfertigt die versuchsweise Annahme des Gedankens, daß das *ideale*, aus praktischen Gründen unvollziehbare Ergebnis der vorhersehenden Vernunft gleichlautend ist mit dem Gebot der Sittlichkeit. Die Identität der idealen Ratio mit der sittlichen Forderung anzunehmen ist der einzige für uns erkennbare Ausweg. Hier ist die höhere

Zweckmäßigkeit. Wer diese Gleichsetzung als absurd von vornherein ablehnt, gebraucht ein Scheinargument, basierend auf Denkgewohnheit. Die ganze Geschichte lehrt, daß die Entscheidungen, denen das günstigste Ergebnis für die längste Zeit folgte, stets diejenigen waren, die der Entscheidung am nächsten kamen, welche das sittliche Gebot verlangt hätte. Die Orientierung nach dem augenscheinlich Zweckmäßigen hat dazu geführt, daß wir heute in Gefahr sind, aneinander zugrunde zu gehen. Die höhere Zweckmäßigkeit, die allein imstande ist, uns davor zu bewahren, ist das ethische Gebot. Es handelt sich um einen Appell an die Vernunft. Noch haben wir in Freiheit die Gelegenheit, als vernunftbegabte Wesen unser Schicksal zu wenden. Versäumen wir das, so werden die Ereignisse uns als Knechte des Geschehens unsere gewohnte Anschauung und mehr noch zerschlagen.

(1948)

Der Tod als Grenzsituation

Die Existenzphilosophie und der Begriff des Wesentlichen

Das Wesen des Menschen, das seine Besonderheit und seine einmalige Würde in der Natur ausmacht, ist sein Drang, über sich selbst und sein Verhalten zu reflektieren. Dieser Drang nährt sich einmal aus dem Bedürfnis nach Erkenntnis des wirklichen Sachverhaltes seiner Situation. Das ist der logische Teil des Menschen. Zum anderen Teil und als Konsequenz aber entspringt er aus der Frage nach dem Sinn und der Aufgabe dieser seiner Situation. Das ist der sittliche Teil des Menschen. Erkenntnis des Seins und Erkenntnis des Sollens sind dem denkenden Menschen die höchsten Fragen des Lebens.

In der Praxis werden Erkenntnisbedürfnis und Sinnerkenntnis als Aufgabe wohl selten als so brennend empfunden, wie es dem Charakter dieser Fragen eigentlich zukäme, da die jeweilige Zeit ihren Zeitgenossen im allgemeinen die Antworten im Gewande von Tradition und Gewohnheit fertig zu präsentieren pflegt. Jedoch ist das nicht immer so. Wenn wir heute unsere Zeit in ihrem Grundgefüge als chaotisch empfinden, so deshalb, weil es Ausnahmen von dieser Regel gibt.

Wir sind eine Generation ohne Erbe. Wir sehen uns dem Leben und der Welt gegenüber ohne jenen hierarchischen Bau der Werte und Maßstäbe, dessen Widerschein erst jede äußere Ordnung ist. Durch die Erfahrung in seiner Autorität erschüttert, vom Zweifel seiner absoluten Gewißheit beraubt, hat das, was uns an Maßstäben überkommen ist, seine verbindliche Kraft verloren. Uns fehlen die Bausteine zu einem neuen Weltbild. In dieser Armut müssen wir mit unserer Erkenntnis durch Philosophie uns eine neue Ordnung zu errichten suchen.

Wir müssen Werte und Bedeutungen der Dinge und Zustände in unserer Welt in einer Weise erkennen, die uns das Wesentliche vom Unwesentlichen zu unterscheiden erlaubt. Denn darum geht es doch: Entscheidung ist nur denkbar aufgrund vorherigen Urteils. Ein Leben, der Würde des mit Geist begabten Menschen angemessen, ist ein Leben in der klaren Unterscheidung zwischen dem, was erstrebt, und dem, was vermieden werden soll, ist ein Leben für das Wesentliche und gegen das Unwesentliche. Nun bleiben diese beiden gegensätzlichen Begriffe bloße Wortspielerei, solange wir nicht ein einwandfreies Kriterium gefunden haben, nach welchem wir sie jeweils auf tatsächliche Gegebenheiten und Situationen unseres Lebens gültig anwenden können. Das Wissen von zweierlei Werten, den positiven und negativen (oder, wie wir es eben nannten, dem Wesentlichen und Unwesentlichen), allein hilft noch zu nichts. Was nun in der Wirklichkeit unseres Lebens jeweils das Positive und was das Negative bedeutet, das gilt es zu erkennen.

Der Mensch hat grundsätzlich zwei Möglichkeiten, auf diese Frage eine Antwort zu erhalten: die Möglichkeit der Religion und die der Philosophie. Dem Gläubigen offenbart seine Religion das Gesetz, welches ihm, als Maßstab an sein Leben gelegt, Orientierung ermöglicht und damit eine feste Ordnung, in der er sich glaubend geborgen sieht. Jedoch ist das Phänomen des Glaubens, auf welches eine geoffenbarte Ordnung angewiesen ist, seinem Wesen nach nicht nach Bedarf zu erzeugen. Wenn uns nun dieser Weg heute versagt ist, bleibt uns nur die Möglichkeit, mit unserer Erkenntnis diesen Maßstab zu suchen. Das ist die Aufgabe der Philosophie.

Die sogenannte Existenzphilosophie ist nun der moderne Zweig dieser geistigen Disziplin, der eben seine Hauptaufgabe darin sieht, einen gültigen Maßstab für menschliche Haltung zu entwickeln. Man kann nun heute noch keineswegs behaupten, diese Arbeit sei abgeschlossen und die Lösung des Problems liege vor. Jedoch ist das Fundament gefunden, und auch die ersten grundlegenden Schritte stehen fest, so daß aus ihrer Richtung das Wesen dieses Lösungsversuches zu erkennen ist.

Der Ausgangspunkt (er gab der ganzen Strömung ihren Namen) ist der Begriff der Existenz. Er umfaßt das Wesen ausschließlich der menschlichen, bewußten Existenz in ihrer ganzen Besonderheit.

Er umfaßt *nicht* die Variationen und Besonderheiten eines bestimmten Seins, zu denen mit der ganzen übrigen »Welt« auch körperliche Veranlagung, Charakter, kurz: überhaupt alles gehört, was inhaltlich über das »nackte Daß« des Existierens hinaus ausgesagt werden kann. Die Variationen dieses Begriffes werden auch mit dem Ausdruck des »Daseins« bezeichnet, und so definiert Heidegger: »Das Sein selbst, zu dem das Dasein sich so oder so verhalten kann und immer irgendwie verhält, nennen wir Existenz.«
Damit ist ein Ausgangspunkt gewonnen, der als innerster Kern menschlichen Wesens absolut gewiß und vor Entwertung durch Relativierung sicher ist. Mit der gleichen Zuversicht auf Gewißheit können wir nun aber auch die näheren Besonderheiten beurteilen, die im Wesen dieses Existenzbegriffs beschlossen sind. Es sind dies die mit unserem Dasein mitbegründeten Grenzen unserer Existenz, die »Grenzsituationen«, wie sie Jaspers nennt. Wir können sie nicht verändern, können sie nur zur Klarheit bringen, hinter ihnen sehen wir nichts anderes mehr. Die schärfste dieser Grenzsituationen ist der Tod als Ausdruck der Endlichkeit unseres zeitlichen Seins.
Der Existenzphilosophie geht es darum, das Wesentliche des Menschen als das von ihm zu Erstrebende erkennbar werden zu lassen. Der erste Schritt dazu ist die »Existenzerhellung«, das heißt also, der Versuch, die wirklichen Bedingungen des menschlichen Seins freizulegen. Der naiven, nichtphilosophischen Anschauung bietet sich en bloc der Gesamtkomplex »Leben«, zusammengesetzt aus den Folgen der gegenseitigen Wechselbeziehung der »Existenz« und ihrer speziellen Variation als »Dasein« mit all dem, was zur »Welt« gehört und der eigentlichen Existenz wesensfremd ist. Der Mensch hat durch seinen Willen einen gewissen Einfluß auf diese Beziehung. Da es ja nun gerade darauf ankommen soll, für diesen Einfluß die sinnvollste Richtung zu ergründen, darf man nicht diesen Komplex »Leben« als Gesamtheit untersuchen, sondern muß eben die noch davorliegenden, die »eigentlichen« Bedingungen der Existenz zu erkennen trachten.
In dieser Fragestellung liegt schon der zweite Schritt einbeschlossen. Das »Eigentliche« der reinen Existenz (die mit ihr selbst uns unausweichlich auferlegten Bedingungen unseres Seins) stellt das

»Wesen« dieses Seins dar. Der Richtpunkt des Menschen, so folgert die Existenzphilosophie weiter, kann allein das Streben sein, sich diesem Wesen gemäß zu verhalten und nicht uneigentlichen Erscheinungen (der »Welt«) zu »verfallen«. Den Bedingungen seines wahren Seins gemäß soll der Mensch zu leben sich bemühen, sich derart selbst zu verwirklichen, sei sein wahrhaftes Ziel. Was heißt das nun?

Es ist, wenn man einmal darauf kommt, darüber nachzudenken, ein wirklich merkwürdiges und auffallendes Phänomen, daß die Tatsache des eigenen Todes im Denken fast aller Menschen überhaupt keinen Raum einnimmt. Zweifellos ist es nicht der Sinn des Lebens allein, sich über den eigenen Tod Gedanken zu machen. Aber ungewöhnlich ist auch dieser umgekehrte Fall, vor allem, wenn man berücksichtigt, daß es sich hier tatsächlich um das einzige Ereignis für jeden Menschen handelt, welches mit absoluter Sicherheit eintreten wird. Bei dieser Überlegung verspüren wir vielleicht schon ein Gefühl, das solche Blindheit gegenüber dieser Grundtatsache des Menschseins als eine gewisse Oberflächlichkeit empfindet. Ein Gefühl dafür, daß es wohl eine größere Reife des Menschen bewirken könnte, wenn das Bewußtsein der eigenen Vergänglichkeit lebendiger wäre.

Dieses zunächst instinktive Gefühl für einen gewissen Wert des Todesbewußtseins kann nun der Existenzphilosoph mühelos aus seiner Anschauung des Menschen als richtig und zutreffend begründen. Es gehört ja, wie wir gesehen haben, der Tod als Grenzsituation wesentlich zu den eigentlichen Bedingungen unseres Seins. Der Mensch allein, der im Bewußtsein dieser Wirklichkeit lebt, lebt auch wahrhaft seinem Wesen gemäß. Der Mensch dagegen, der dieser seiner Bestimmung ausweicht, lebt »uneigentlich«. »Eigentlichkeit« oder »Existenz« wird also erreicht durch das bewußte Erleben der Grenzsituationen. Die Existenzphilosophie formuliert dementsprechend kurz und prägnant: »Existieren heißt im Angesicht des Todes leben.« Dieser Eigentlichkeit, die als wesentliche Haltung des Menschen seine Selbstverwirklichung als höchste Reife seines Wesens in der Form der Existenz ermöglicht, steht als andere Seinsmöglichkeit so die Uneigentlichkeit gegenüber. (Beide Begriffe sind Termini Heideggerscher Philosophie.)

Wie stellt sich nun diese Uneigentlichkeit dar, die ja demnach eine wohldefinierte andere Seinsform bedeutet? Sie entspricht dem, was wir als Massendasein bezeichnen. Der Existenzphilosoph bezeichnet sie als die »Verlorenheit an die Welt des Man«. Hier begibt sich also der Mensch, das ist das gemeinsame Kriterium ihrer so mannigfaltigen Formen, seiner existentiellen Eigentlichkeit und ist, was »man« ist. Er urteilt, wie »man« urteilt, er denkt, wie »man« denkt, er redet, wie »man« redet. Indem er so lebt, wie »man« lebt, bewegt er sich in einer niederen Seinsform. Er ist nicht mehr er selbst, er ist »verloren an die Öffentlichkeit des Man«.

Wir haben so die beiden Begriffe der Eigentlichkeit und Uneigentlichkeit mit konkretem Inhalt erfüllt als die beiden Möglichkeiten menschlicher Haltung in klarem Gegensatz zueinander vor Augen. Auch das gegenseitige Wertverhältnis beider Seinsformen wird von uns eingesehen, ohne daß es dazu näherer Beweisführung bedürfte. Dies sind die beiden Pole, zwischen denen der Mensch frei entscheiden kann, wenn er zum Bewußtsein der Selbstverantwortung gelangt ist, die er seinem Range als Geistwesen entsprechend trägt.

Jedoch erhebt sich damit sofort ein weiteres Problem: Wie kann es denn, so müssen wir uns fragen, dem Menschen möglich sein, sich zu dem Bewußtsein dieser Verantwortung zu erheben, wenn sein natürlicher Ausgangspunkt offenbar die »Welt des öffentlichen Man« ist? Schon die bloße Erkenntnis einer Möglichkeit der Entscheidung setzt ja voraus, daß beide Gegensätze, zwischen denen entschieden werden soll, gesehen werden. Das aber ist bereits eine Leistung, die wir dem in der Welt »verlorenen« Menschen aufgrund eben seines »Verlorenseins« gar nicht zutrauen können. Was weckt den Menschen aus dem hypnotischen Schlaf bloßen Daseins?

Es sei hier, bevor wir die Antwort der Existenzphilosophie betrachten wollen, ein kurzer Hinweis eingeschoben: Es ist ganz außerordentlich interessant, einmal darüber nachzudenken, wie es wohl kommen mag, daß dieses Problem in jeder Ethik auftaucht. Im Christentum, um nur ein Beispiel zu geben, erhebt es sich in genau der gleichen Form bei der Frage, wie denn der sündige Mensch zur Erkenntnis Gottes und so zur Einkehr kommen könne. Die Antwort wechselt zu verschiedenen Zeiten und in den verschiedenen Kirchen durchaus. Man denke nur an die Frage des

Gottesbeweises (Gotteserkenntnis aus bloßer Ratio mit dem Glauben erst als Ergebnis des Beweisganges), an die Illuminationslehre der protestantischen Dogmatik (Gotteserkenntnis primär nur als Akt göttlicher Gnade) oder an die Lehre von der Erbsünde. Schließlich hat auch der Missionsgedanke hier seine eigentliche Wurzel.

Der Mensch hat also den natürlichen Hang, der Welt zu verfallen. Was läßt ihn nun diesem Hang widerstreben? Die Existenzphilosophie antwortet: die Angst. Wieder handelt es sich hier um einen ganz bestimmt verstandenen Terminus dieser Philosophie, den wir zunächst erläutern müssen. Mit Angst ist hier die »existentielle Angst« gemeint im Gegensatz zur Furcht. Furcht hat man vor etwas Bestimmtem. Stets liegt ihr eine Ursache zugrunde, welche sie auslöst und welche sich, sie mag eingebildet sein oder nicht, angeben läßt. Die hier gemeinte eigentliche Angst dagegen ist jene, die uns ohne erkennbare Ursache überfällt und deren einzelne Stufen Langeweile, Schwermut und Verzweiflung sind. Sie ist existentiell deshalb, weil sie ebenfalls zu den eigentlichen Bedingungen unseres Seins gehört. Sie ist nämlich die notwendige Folge der Tatsache, daß wir ohne unser Zutun in die ganze Fragwürdigkeit unseres Daseins »geworfen« sind. Die quälende Langeweile in der Betriebsamkeit, die grundlose Schwermut bei aller Geschäftigkeit und schließlich die »existentielle« Verzweiflung, die mit unerbittlicher Furchtbarkeit den Blick auf die Fragwürdigkeit des Daseins zwingt, sind dem Massenmenschen (und das sind wir alle den weitaus größten Teil unseres Lebens) der Stachel, der seinem Bewußtsein die Augen für die »Grenzsituationen« und ihm selbst damit den Weg zu eigentlicher Existenz eröffnet. So ist diese eigentliche Angst der Existenzphilosophie im Gegensatz zur Furcht als menschlicher Schwäche in all ihrer Unerbittlichkeit eine höchst fruchtbare Kraft, und nun können wir Kierkegaard verstehen (von ihm stammt diese ganze Unterscheidung), wenn er von ihr geradezu als von einem »Ausdruck für die Vollkommenheit der menschlichen Natur« spricht.

Diese Angst also ist es, die jeder erlebt und aufgrund deren also auch jeder die Möglichkeit hat, sich für das Wesentliche oder aber für das Unwesentliche zu entscheiden. Denn damit, daß der Blick freigemacht wird auf die Möglichkeit eigentlicher Existenz, ist es ja

nicht getan. Das ist erst die unterste Stufe. Sich von ihr zu erheben ist eine Leistung, welche die ganze Anspannung eines Menschen verlangt. Immer noch besteht in jedem Augenblick die gefährliche Versuchung, in die »Welt« auszuweichen, vor der Anstrengung in Betriebsamkeit, vor der Erkenntnis der eigenen Unzulänglichkeit und Vergänglichkeit in Vergnügung und Zerstreuung zu flüchten. Immer gibt es die »Masse«, deren Dasein ständig Gefahr ist für den Vollzug wirklicher Existenz, weil sie die stete Möglichkeit anbietet, in ihrem Schoße von der Anstrengung auszuruhen, aus eigener Kraft wirklich zu leben.
Zwischen den Polen der Eigentlichkeit und Uneigentlichkeit liegt das Feld der Bewährung. Hier liegt unser Leben, das wir in diesem Rahmen, in den wir geworfen sind, frei gestalten sollen. Wer entschlossen ist für das Eigentliche und es auf sich nimmt, sein Wesen als Mensch zu verwirklichen, erwirbt durch diese Anstrengung eine Haltung, die ihm den Begebenheiten seines Daseins wesentlich gerecht zu werden ermöglicht. Nicht das Ergebnis, nicht der äußerliche Erfolg entscheiden über den Wert des Menschen. Der hat den Sinn seines Lebens erfüllt, dessen Dasein, gleich, in welcher Situation er steht, ein ständiges Streben ist nach Erkenntnis des Wesentlichen und Verwirklichung des Eigentlichen.
Es ist bemerkenswert, wie sich von dieser Anschauung aus ein Weg des Verständnisses für brennende Fragen unserer Zeit zu öffnen scheint. Das Problem des Verhältnisses zwischen Individuum und Kollektiv (um wieder nur ein Beispiel zu nennen) erscheint in ganz anderem Lichte. Es gibt, so dürfen wir aus der eben dargelegten Anschauung vorsichtig folgern, gar keine endgültige Lösung dieses Problems in Gestalt etwa einer öffentlich anerkannten Beschreibung ihres gegenseitigen Wertes und Verhältnisses. Beide Größen gehören zum Leben des Menschen als praktischer Ausdruck seiner beiden Daseinsmöglichkeiten. Jeder hat das Problem erneut für sich allein zu lösen und findet hier, in welchem äußeren Rahmen auch immer, die Aufgabe seines Lebens. Der Mensch hat die Freiheit, zu versagen oder sich zu bewähren. Er hat die Freiheit, seinen Wert selbst zu bestimmen. Das endgültige Verbleiben in der Masse, das Dasein im Man, ist das Zurückbleiben im Pubertätsalter der Menschwerdung. Die völlige Isolation, die ängstlich jeden Kontakt mit der Welt der anderen zu vermeiden trachtet, ist

ein Leben ohne die Möglichkeit der Bewährung. Beide Wege verfehlen das Ziel.
Wer hingegen nicht ausweicht, nicht vor der Anstrengung flieht, die Eigentlichkeit des Lebens im Angesicht der »Welt« zu erreichen, wer entschlossen ist, dieselbe auszuhalten, dem öffnet sich endgültig der Weg zur eigentlichen Bestimmung des Menschen. Er erreicht auf diesem Wege eine Reife und erwirbt eine Haltung, die ihn die Gefahren seines Daseins gelassen tragen läßt. Sein Leben ordnet sich vor seinen Augen durch einen Maßstab, der allen Erschütterungen durch die Welt gewachsen ist. An ihm kann sich das wunderbare, verheißungsvolle Wort Kierkegaards erfüllen: »Wer hingegen in Wahrheit Angst zu haben gelernt hat, kann wie im Tanz dahingehen, wenn die Ängste der Endlichkeit aufzuspielen beginnen und die Lehrlinge der Endlichkeit Verstand und Mut verlieren.«

(1949/50)

Selbstzerstörerische Instinkte

Die Ambivalenz der Naturwissenschaften

Zum Wesen der Wissenschaft gehört es, daß sie »zweckfrei« ist. Hinter der Bewunderung und heimlichen Verehrung, die die Öffentlichkeit auch für *den* Wissenschaftler bereithält, von dessen Arbeit sie nichts versteht, verbirgt sich mehr als nur die Hochachtung des Laien vor dem Fachmann, dem Experten, der über spezielle Kenntnisse verfügt und über spezielle Probleme mehr weiß als irgendein anderer. Hinter dieser Bewunderung steht auch immer das ahnungsvolle Gefühl, im Angesicht einer Sphäre menschlichen Wirkens zu stehen, die als einzige frei ist von persönlichen oder materiellen Egoismen, frei von ökonomischen und politischen Interessen und Tendenzen. Nicht gänzlich frei, natürlich, wo gäbe es das, auch Wissenschaftler sind Menschen mit ihrem Ehrgeiz und ihren Eitelkeiten, und sie sind darüber hinaus auch Bürger eines Staates, der sie fördert und sich von ihren Entdeckungen zumindest ideelle Vorteile verspricht. Auch die Wissenschaft wäre längst untergegangen in dem Wechselspiel menschlicher Schwächen, wirtschaftlicher Abhängigkeit und staatspolitischer Interessen, wenn, ja wenn das nicht eben den Untergang aller Wissenschaft zur Folge haben würde, wie berühmte und nicht allzu fern liegende Beispiele gezeigt haben.

Die Zweckfreiheit der Wissenschaft ist keine Anmaßung, ist nicht etwa Ausdruck der snobistischen Haltung eines kleinen, esoterischen Kreises akademischer Spitzenkräfte, die »unter sich bleiben« wollen. Wissenschaftliche Arbeit kann nur gedeihen und fruchtbar werden, wenn sie unbeeinflußt bleibt von all den Interessen, die sonst die Beziehungen der Menschen untereinander und vor allem die berufliche Arbeit auf menschlich-allzumenschliche Weise zu lenken pflegen. Ihr einzig legitimes Motiv ist die geistige Neugier, die Beunruhigung durch die Unvollständigkeit menschlicher Erkenntnis und die Rätselhaftigkeit unserer Existenz.

Vorbedingung und erster Schritt zu wissenschaftlicher Arbeit ist die Reflexion, die Fähigkeit, die Dinge der Umgebung und nicht zuletzt sich selbst zum Problem, zum Gegenstand des Nachdenkens machen zu können. Umgang mit den Dingen der Umgebung pflegen auch die Tiere, und jedes von ihnen ist dabei in seinem spezifischen biologischen Milieu unendlich besser angepaßt als der Mensch. Die Biene vermag den Sonnenstand, auch bei wolkenbedecktem Himmel, mit solcher Genauigkeit festzustellen und auf bisher ungeklärte Weise zur Tageszeit in Beziehung zu bringen, daß sie sich auch bei weitesten Flügen in unbekannter Umgebung nicht verirrt. Bestimmte Zugvögel benutzen zur Orientierung Sternbilder des südlichen Himmels, die sie noch nie gesehen haben. Die Beispiele sind beliebig groß an Zahl. Eines aber kann das Tier nicht: Kein Tier kann sich aus diesem, ihm angeborenen Netz instinktiver Beziehungen zu seiner biologischen Umwelt befreien, kann aus diesem Flechtwerk angeborener Erfahrungen gewissermaßen heraustreten und sich dessen bewußt werden, was es tut. Der Mensch ist im Vergleich zum Tier extrem unspezialisiert, er muß den Umgang mit seiner Umwelt erst lernen, um ihr nicht mangels angeborener Erfahrung hilflos ausgeliefert zu sein. Das ermöglicht die Freiheit seines Verhaltens. Aber er wäre in dieser Situation der Freiheit verloren, wenn er nicht gleichzeitig die Fähigkeit besäße, sich seiner selbst und seines Tuns bewußt zu werden, noch nicht vollzogene Handlungsabläufe in seiner Phantasie vorwegzunehmen und zwischen ihnen wählen zu können, bevor er sie in die Tat umsetzt. Durch diesen entscheidenden Schritt wird die tierische Umwelt zur menschlichen Welt, die dem Menschen gegenübersteht und mit der er in Freiheit handelnd sich auseinandersetzt. Dieses Besitzen einer objektiven Welt als Folge der Fähigkeit zur Reflexion ist also das entscheidende, das wesentliche Merkmal des Menschen. Und man kann nun das Wesen wissenschaftlicher Erkenntnis auch so verstehen und deuten, daß man sagt, sie sei die ständig währende Fortsetzung dieses Prozesses der Objektivierung, durch den fortwährend Umwelt in objektive, analysierte Welt vergegenständlicht wird.
So gesehen ist wissenschaftliche Forschung die »menschlichste« aller Möglichkeiten menschlichen Tuns. Sie muß nicht nur frei von politischen oder wirtschaftlichen Interessen sein, um existieren zu

können. Sie ist als einzige menschliche Tätigkeit auch wertfrei. Sie allein bedarf keiner Begründung oder Rechtfertigung. Als Ausdruck der Entfaltung spezifisch menschlicher Wesensart trägt sie ihre Legitimation in sich selbst.

Und doch ist das erst die eine Seite eines Bildes, das auch seine Kehrseite hat. Denn mag Wissenschaft auch frei sein von was immer, von einem ist sie es ganz sicher nicht: Sie ist nicht frei von Folgen. Und wenn sie selbst auch keiner Legitimation bedarf, nur plattester Fortschrittsglaube wird behaupten wollen, daß das mit gleicher Bestimmtheit auch für ihre Folgen gilt. Die Objektivierung unserer vorgefundenen Umwelt als Ergebnis des fortschreitenden Prozesses wissenschaftlichen Erkenntniszuwachses bringt es mit sich, daß immer weitere Bereiche der natürlichen Umwelt in den Bereich menschlichen Zugriffs geraten. Insofern kann diese Objektivierung auch ganz konkret verstanden werden. Die daraus resultierende Manipulierbarkeit immer größerer und neuer Bezirke der menschlichen Umwelt ist fraglos auch ein Gewinn an größerer Freiheit. Neue und bis dahin ungekannte Möglichkeiten und Perspektiven tun sich auf, aber stets nur auf Kosten eines zuvor ebenfalls nie gekannten Ausmaßes an Risiken.

Die durch die Wissenschaft bewirkte Veränderung der natürlichen, vorgefundenen Umwelt hat uns, um zunächst Beispiele für die positive Seite des Bildes anzuführen, eine ungeheure Verbesserung des Lebensstandards beschert. In einem modernen Industriestaat leben heute auch die ärmsten Bevölkerungsschichten in einem zivilisatorischen Milieu, das im Vergleich zu dem wohlhabender Schichten des Mittelalters als relativ luxuriös bezeichnet werden muß. Und während noch vor hundert Jahren eine Blinddarmentzündung oder auch nur ein verlagerter Weisheitszahn das fast sichere Todesurteil bedeuteten – und das Urteil zu einem qualvollen Tode! –, werden heute schon angeborene Herzfehler mit Erfolg operiert. Das durchschnittliche Lebensalter des Menschen ist in dem gleichen Zeitraum von 100 Jahren von etwa 36 auf über 60 Jahre erhöht worden, und diese Menschen werden immer größer – in den letzten 50 Jahren um durchschnittlich etwa 5 Zentimeter – einfach deshalb, weil sie infolge technischer Verbesserungen in der Landwirtschaft und

bei der Zubereitung, Konservierung und dem Transport von Lebensmitteln durchschnittlich besser ernährt werden.
Aber zugleich hat es den Anschein, als ob die warnenden Klagen der Romantiker über den Verlust einer ursprünglicheren Beziehung des Menschen zur Natur doch mehr sind als nur der Ausdruck sentimentaler Regungen träumerisch veranlagter Zeitgenossen. Die gleiche Entwicklung, die uns innerhalb weniger Generationen die Reduzierung der Säuglingssterblichkeit auf einen Bruchteil der »natürlichen« Zahl bescherte, ist es auch, der wir heutigen Tages das stetige Ansteigen der Radioaktivität unserer Atmosphäre verdanken. Und wenn sich der Mond, den einst Matthias Claudius besang, in kommenden Jahren in einen Stützpunkt für Raketenabschußbasen verwandeln sollte, so würden das nicht nur Romantiker bedauern.
Es ist müßig, an die Möglichkeit auch nur zu denken, dieser Entwicklung Einhalt zu gebieten. Sie ist nur die unvermeidbare andere Seite jenes wissenschaftlich-technischen Fortschritts, der das Fundament unserer Zivilisation bildet, die ohne ihn nicht mehr denkbar und nicht mehr lebensfähig ist. Auch sie zählt zu den unausweichlichen Konsequenzen jenes wissenschaftlichen Erkenntnisprozesses, von dem wir bereits feststellten, daß er zum Wesen des Menschen selbst gehört.
Ob erfreulich oder nicht, wissenschaftliche Forschung läßt sich nicht lenken und schon gar nicht aufhalten. Sie selbst ist auch, wir wiederholen es, wertfrei. Ihr Fortschreiten ist jedoch implicite verbunden mit dem Auftauchen immer neuer und differenzierterer Möglichkeiten des Eingriffs in die natürliche Umwelt, und diese Möglichkeiten, die sich mit zunehmender Schnelligkeit vermehren, stehen für beliebige Zwecke zur Verfügung. Die Erkenntnis, die dem Menschen den Eingriff in die subatomaren Strukturen ermöglichte, gestattet in ihrer technischen Anwendung sowohl die Krebsbehandlung mit ultraharten Strahlen als auch, durch die Bedienung einer nach den gleichen Prinzipien auf einen anderen Zweck hin entworfenen Konstruktion, die Auslöschung ganzer Städte durch eine thermonukleare Reaktion. Wissenschaft selbst ist weder gut noch schlecht. Der Mensch ist beides zugleich. Und wenn die technischen Konsequenzen wissenschaftlicher Erkenntnisse die Macht und die Einflußmöglichkeit des Menschen ins

Grenzenlose vergrößern, so tun sie es daher in beiden Richtungen zugleich, zum Guten wie zum Bösen.

Diese grundsätzliche Doppelgesichtigkeit einer jeden wissenschaftlichen Entdeckung wollen wir nun an einem konkreten Beispiel näher betrachten, und zwar am Beispiel der modernen Kampfstoff-Forschung. Ich habe aus mehreren Gründen gerade dieses Beispiel ausgewählt. (Konkret belegen läßt sich die Janusköpfigkeit des wissenschaftlich-technischen Fortschritts, eben weil sie prinzipieller Natur ist, hundertfältig.) Aber es scheint auch aus anderen Gründen angebracht, sich mit der Geschichte der modernen Kampfstoff-Forschung einmal in der Öffentlichkeit zu beschäftigen. Sie gehörte nämlich nicht nur während des Krieges zu den am besten gehüteten Geheimnissen. Es ist eigenartig und in mancher Hinsicht auch ein wenig unheimlich, daß über diesem ganzen Thema auch heute noch ein dichter Nebel des Schweigens ruht – während in den biochemischen Laboratorien in Ost und West fieberhaft gearbeitet wird. Das erscheint um so befremdlicher, als hinsichtlich anderer Gebiete der wissenschaftlich-technischen Kriegführung keineswegs die gleich strenge Diskretion geübt wird. Vom ABC der modernen Kriegführung – atomare, bakteriologische und chemische Kampfmittel – werden nur die ersten beiden Buchstaben erwähnt und in relativer Offenheit diskutiert. Das Prinzip der Neutronenbombe etwa, obwohl bisher nur in Gestalt physikalisch-mathematischer Formeln existent und technisch erst in der Entwicklung, ist kaum noch für eine Massenillustrierte interessant genug. Und um auf bakteriologische Kampfstoffe zu kommen, so hat vor einigen Monaten erst die amerikanische Zeitschrift »Science« den Bericht eines Wissenschaftlers darüber publiziert, daß es nunmehr gelungen sei, eines der gefährlichsten Bakteriengifte, das sogenannte Botulismustoxin, in reiner Form zu isolieren. (Ein gestrichener Teelöffel des kristallinen Pulvers, als das das Toxin jetzt vorliegt, würde genügen, alle Einwohner einer mittleren Großstadt, etwa durch die Hinzufügung zum Trinkwasser, zu töten.) Angesichts der ebenso befremdlichen wie unverkennbaren Töne stolzen Triumphes, in dem derartige »Erfolgsmeldungen« häufig abgefaßt sind, ist es nicht wahrscheinlich, daß das nahezu absolute Schweigen über die gleichen Fortschritte auf dem Gebiete chemischer Kampfstoffe seinen Grund in Regun-

gen des Taktes findet oder daß es etwa der Besorgnis vor einer Panikstimmung in der Öffentlichkeit entspringt.
Welche Motive hinter diesem Schweigen verborgen sind, wissen wir nicht. Eines aber ist gewiß: Die maßgeblichen Köpfe in beiden Hälften unserer Welt, die Wissenschaftler, die die Entwicklung vorantreiben, die Militärs, die die Einsatzpläne für hoffentlich hypothetisch bleibende Eventualfälle ausarbeiten, und die Politiker, deren Hände die Risiken balancieren, von denen unser Schicksal abhängen wird, sie alle wissen Bescheid. Und so sehe ich kein Bedenken, die gefährliche Doppelnatur des wissenschaftlich-technischen Fortschritts gerade an diesem Beispiel zu schildern, das uns alle als die von dieser Entwicklung Betroffenen eindringlich lehren kann, daß die Möglichkeiten dieses unaufhaltsamen Fortschritts in jeder Hinsicht grenzenlos zu sein scheinen, zum Guten wie zum Schlechten.
Die Geschichte unseres Beispiels begann vor etwa 25 Jahren, genauer: 1936, mit einer revolutionierenden wissenschaftlichen Entdeckung, nämlich der Entdeckung der Sulfonamide durch den deutschen Chemiker Gerhard Domagk, der für seine segensreiche Tat zu Recht mit dem Nobelpreis ausgezeichnet wurde. Domagk hatte mit seiner Entdeckung einen alten Wunschtraum zur Erfüllung gebracht, dessen Realisierbarkeit von nicht wenigen ernsthaften Forschern prinzipiell bezweifelt worden war und den viele zu den ewigen Utopien gerechnet hatten, vergleichbar der Konstruktion des legendären Perpetuum mobile: den Wunschtraum von einer *therapia magna sterilisans.* Das Problem, das Domagk löste, bestand in folgendem: Seit Louis Pasteur und Robert Koch wußte die Medizin, daß eine bestimmte Gruppe akuter fieberhafter Krankheiten durch mikroskopische Krankheitserreger, meist Viren oder Bakterien, hervorgerufen wird, die den Organismus wie Parasiten überfallen, sich in Blut und Körpergeweben vermehren und durch ihre giftigen Stoffwechselprodukte die Krankheitserscheinungen hervorrufen. Gegen mehrere Virusarten, die sogenannte Antikörper erzeugen, hatte sich in Gestalt einer Schutzimpfung bereits eine wirksame Vorbeugungsmaßnahme finden lassen, wie sie zur Zeit gegen die spinale Kinderlähmung weltweit mit großem Erfolg durchgeführt wird. Praktisch völlig machtlos war die Medizin jedoch bis zur Mitte der dreißiger Jahre noch gegen-

über häufigen und gefährlichen bakteriellen Erkrankungen wie die gewöhnliche Lungenentzündung, die – meist tödlich verlaufende – Hirnhautentzündung, gegen lokale eitrige Entzündungen wie Abszesse oder gegen die sogenannte »Blutvergiftung«, die Sepsis.
Die Aufgabe bestand theoretisch darin, einen Stoff zu finden, der die Bakterien im Körper abtötete, also vergiftete, ohne den Organismus des Patienten dabei zu schädigen: »giftig für den Erreger – ungiftig für den Wirtskörper«. Ihre Lösung schien so unmöglich, wie die Lösung etwa der Aufgabe, einen Hund mit Schrotschüssen zu entlausen, wobei jede einzelne Laus durch eine Schrotkugel getötet werden müßte, ohne daß die Haut des Hundes verletzt werden dürfte. Nun, Domagk fand die Sulfonamide, und diese Stoffgruppe leistete das scheinbar Unmögliche: Sie tötete die Bakterien, ohne schädliche Wirkungen für den Organismus des Patienten zu entfalten. Die Sulfonamide konnten den menschlichen Organismus erstmals gefahrlos buchstäblich »innerlich desinfizieren«. Es bedurfte jahrelanger Forschungsarbeit, um herauszufinden, auf welche Weise sie dieses Wunder vollbrachten. Die Auflösung des Rätsels bedeutete eine neuerliche Entdeckung von weitreichenden Konsequenzen: Es stellte sich heraus, daß es eine völlig harmlose, chemisch relativ einfache Substanz gab, die sogenannte Para-amino-Benzoësäure, von der die meisten Bakterien winzige Spuren zur Aufrechterhaltung ihres Stoffwechsels unbedingt benötigen, wie der Mensch ebenso unbedingt auf bestimmte Vitamine in winzigen Mengen zur Aufrechterhaltung seines Lebens angewiesen ist. Und der ganze Witz bestand nun darin, daß die Sulfonamide dieser Para-amino-Benzoësäure außerordentlich ähnlich sind, so ähnlich, daß die Bakterien zwischen beiden Substanzen nicht zu unterscheiden vermögen. Nimmt also ein von derartigen Krankheitserregern befallener Patient ein Sulfonamid ein, so wird jedes der in seinem Organismus befindlichen Bakterien früher oder später einmal anstatt der Para-amino-Benzoësäure davon etwas in sich aufnehmen – und ist dann mit Sicherheit zum Sterben verurteilt. Nicht, weil die Sulfonamide etwa giftig wären – daß sie nicht giftig sind, ist ja gerade das Entscheidende! –, sondern deshalb, weil sie der Para-amino-Benzoësäure zwar in jeder anderen Hinsicht zum Verwechseln ähnlich sind, nur in einer nicht: Sie können deren vitaminartige Funktion nicht erfüllen. Die Bakte-

rien, die Sulfonamide aufgenommen haben, sterben gewissermaßen an Vitaminmangel!
Substanzen mit der Funktion, wie sie die Para-amino-Benzoësäure bei den Bakterien ausübt, nennt man Enzyme oder Fermente. Die Entdeckung dieses Prinzips eröffnete ein völlig neues, großes Gebiet der Forschung. Wir wissen heute längst, daß auch der Mensch auf derartige Enzyme, die in seinem Körper selbsttätig gebildet werden, angewiesen ist. Enzyme und Fermente, nur in winzigen Spuren, in der Größenordnung von oft nur einzelnen Molekülen, steuern die tausendfältigen chemischen Prozesse, die in unseren Körpergeweben unaufhörlich nebeneinander ablaufen, ohne sich gegenseitig stören oder beeinflussen zu dürfen. Wir haben sogar berechtigten Grund zu der Annahme, daß jeder Einfluß auf unseren Körper, sei es die Erregung des Muskels durch den zugehörigen Nerv, sei es die Einwirkung eines Arzneimittels, nur über die Beeinflussung derartiger »Steuersubstanzen« erfolgen kann, indem der Nerv an seiner Endplatte im Muskel einen solchen Stoff freisetzt oder etwa ein bestimmtes Medikament die Bildung eines anderen Fermentes oder Enzymes unterdrückt. Mit der planmäßigen Aufspürung und chemischen sowie biologischen Analyse dieser hochbedeutsamen Stoffgruppe beschäftigt sich heute ein neuer Spezialzweig der naturwissenschaftlichen Forschung, die Biochemie. Noch kennen wir erst einen sehr kleinen Bruchteil der Fermente, die zur Aufrechterhaltung unseres Lebens notwendig sind. Sie sind alle außerordentlich spezifisch, das heißt, jede einzelne dieser Substanzen steuert nur einen einzigen Stoffwechselvorgang, diesen aber ausschließlich.
Ein nächster Schritt – auch er noch segensreich, wenn die Unheimlichkeit der sich damit abzeichnenden Linie der Entwicklung für den Fachmann hier auch schon erkennbar wird – war die Entwicklung der Kontaktinsektizide etwa um die Zeit des Beginns des letzten Krieges. Es handelte sich um Stoffe, die wiederum für Menschen (und auch für Haustiere) ungiftig waren, Insekten dagegen, also Fliegen, Mücken, Läuse und andere Parasiten, schon durch bloße Berührung töten konnten. Hier in Deutschland wurde vor allem Jacutin bekannt oder später das amerikanische DDT. Wenn ein Insekt ein Stäubchen eines sol-

chen Stoffes nur berührt, setzt eine chemische Reaktion ein, in deren Verlauf das Tier innerhalb weniger Minuten unter Lähmungserscheinungen stirbt.
Im Rahmen seiner synthetischen Arbeiten an dieser Stoffklasse – es handelt sich um organische Phosphorsäure-Ester – stieß nun zu Anfang des Krieges ein deutscher Industriechemiker auf eine neue Verbindung, die sich von den bisherigen Substanzen nur geringfügig unterschied. Er taufte sie auf den wohlklingenden Namen »Tabun« und meldete sie als »für den Menschen ungiftiges Insektenvertilgungsmittel« zum Patent an. Daß der Mann heute noch lebt, verdankt er allein der Tatsache, daß er mit der von ihm entdeckten Substanz nie praktisch experimentierte, sondern sie, um sich die Erfinderpriorität zu sichern, zum Patent anmeldete, sobald er die Herstellungsmethodik entwickelt hatte. Das Patent wurde in der üblichen Weise veröffentlicht. Die Publikation hatte eine seltsame Konsequenz, die freilich wiederum nur von dem kleinen Kreise der auf dem gleichen Gebiete arbeitenden Spezialisten bemerkt wurde: Von dieser Zeit ab erschien in den Fachzeitschriften keine einzige Veröffentlichung über die gesamte Stoffklasse mehr – bis zum heutigen Tage!
Was war geschehen? Die Publikation über das Tabun war einem Chemikerteam aufgefallen, das im Auftrage des Heereswaffenamtes in aller Stille an der Aufklärung des Wirkungsmechanismus der Kontaktinsektizide arbeitete, aus naheliegenden Gründen: Das Wirkprinzip dieser Stoffgruppe, die Tötung durch bloßen Kontakt mit der Substanz, mußte einen, unter militärischen Gesichtspunkten betrachtet, »idealen« Kampfstoff ergeben – wenn es gelang, einen entsprechenden, auch beim Menschen wirksamen Stoff zu finden. Längst hatte man entdeckt, daß diese neuartigen Insektenvertilgungsmittel grundsätzlich auch für den Menschen giftig waren. Sie erreichten nur einfach den menschlichen Stoffwechsel nicht: Im Darm wurden sie zerstört, und die intakte menschliche Haut vermochten sie, im Gegensatz zum Chitinpanzer der Insekten, nicht zu durchdringen. Es war, als hätte man einen hochbrisanten Sprengstoff in der Hand, zu dem bloß noch der Zünder fehlte.
Die Spezialistengruppe, die im Auftrage von »Wa.-Prüf. 9«, der Kampfstoff-Abteilung des Heereswaffenamtes, an der Aufgabe ar-

beitete, einen solchen »Zünder« zu finden, synthetisierte routinemäßig auch eine kleine Menge Tabun. Schon die ersten Untersuchungen ergaben, daß diese Substanz ein auch für den Menschen hochtoxisches Kontaktgift darstellte. Nun war der Weg frei, und die Entwicklung der folgenden Jahre des Krieges führte zur Synthese immer wirksamerer Kampfstoffe des gleichen Prinzips, zur Entdeckung des Sarins zunächst und dann zu der des Somans.
Die Giftigkeit dieser Stoffe für den Menschen ist geradezu unvorstellbar. In der Terminologie des Toxikologen beträgt sie für das Tabun 0,05 Milligramm pro Kilogramm Körpergewicht, für Sarin sogar 0,005 Milligramm und für das Soman 0,001 Milligramm. Aus der Sprache des Fachmannes in die Ausdrucksweise des gewöhnlichen Sterblichen übersetzt heißt das, daß ein zehntausendstel Gramm Soman bereits eine sehr reichlich bemessene Dosis darstellt, wenn es gilt, einen Menschen umzubringen. Was das praktisch bedeutet, läßt sich am ehesten durch die Schilderung eines Zwischenfalles anschaulich machen, der sich trotz aller erdenklichen Sicherheitsvorkehrungen bei einer der ersten labormäßigen Synthesen des Somans ereignete.
In dem geräumigen Laboratorium arbeiteten mehrere Chemiker. Alle steckten in luftdichten Schutzanzügen, die künstlich unter Überdruck belüftet wurden. Die Synthese erfolgte unter einem Abzug, der alle eventuell freiwerdenden Gase mit der Gewalt eines überdimensionalen Staubsaugers an sich riß. Nachdem einige Kubikzentimeter der flüssigen Substanz synthetisiert waren, wurden sie abgefüllt und luftdicht versiegelt. Der zur Abfüllung benutzte Glastrichter wurde mit konzentrierter Kalilauge ausgewaschen, mit destilliertem Wasser kräftig nachgespült und dann zum Trocknen auf ein Regal gestellt. Anschließend kletterten die Chemiker aus ihren Schutzanzügen und setzten ihre Sauerstoffmasken ab. Einige Augenblicke später fiel ihnen auf, daß das Licht im Raume dunkler wurde. Während man noch über die Ursache diskutierte, fiel der erste plötzlich bewußtlos um. Jetzt stürzte alles in panischem Schrecken aus dem Labor. Ein Blick bestätigte ihren Verdacht: Sie alle hatten nur stecknadelkopfgroße Pupillen, das typische erste Anzeichen einer Vergiftung mit Soman. Durch sofortige Atropininjektionen, das stets bereitgehaltene einzige Gegengift, konnten alle gerettet werden. Und die Ursache des Unfalles? Die

anschließende Untersuchung ergab als Giftquelle den zum Trocknen abgestellten Glastrichter, an dem trotz Kalilauge und Aqua destillata noch einige Spuren von Soman hafteten, deren Ausdünstung genügt hatte, innerhalb weniger Minuten die Massenvergiftung auszulösen.
Die Unheimlichkeit derartiger Kampfstoffe wird noch dadurch vermehrt, daß man sie nicht einmal einzuatmen braucht (sie durchbrechen übrigens auch die Filter aller herkömmlichen Gasmasken). Es genügt ein einziger Spritzer auf der bloßen Haut, die innerhalb von Minuten unspürbar durchdrungen wird, was dann zu den gleichen katastrophalen Konsequenzen führt.
Das Geheimnis dieser unglaublichen Giftigkeit besteht darin, daß es sich bei diesen Stoffen um spezifische Fermenthemmer handelt. Sie zerstören nicht, wie ein gewöhnliches Gift, irgendwelche Körperorgane, sondern sie hemmen ganz spezifisch ein bestimmtes Ferment, die sogenannte Cholinesterase, welche die Funktion des Vagus steuert, eines lebensnotwendigen Nervengeflechtes, das unter anderem den Herzschlag und die Kreislauffunktionen überwacht. Es braucht im Körper also nichts zerstört zu werden. Winzige Spuren von Tabun oder Soman genügen, um die ebenso winzigen im Körper vorhandenen Mengen des Fermentes Cholinesterase außer Funktion zu setzen. Und damit ist der Vagus seiner Steuerung beraubt, mit der Folge, daß der komplizierte Stoffwechselapparat, den unser Organismus darstellt, in kürzester Zeit funktionell zusammenbricht.
Es ist nicht schwer, sich auszumalen, wie die Folgen aussehen würden, wenn solche Substanzen – die schon im letzten Kriege allein in Deutschland in der Größenordnung von Hunderten von Tonnen produziert wurden! – jemals militärisch eingesetzt werden sollten. Noch beklemmender fast scheint mir jedoch ein anderer Gedanke zu sein, nämlich die Besinnung darauf, daß diese Fermentkampfstoffe nach dem gleichen Prinzip funktionieren, das die modernen Antibiotika, an der Spitze die eingangs erwähnten Sulfonamide, verkörpern. Oder, noch präziser und unmißverständlicher ausgedrückt: daß die Fermentkampfstoffe auf den Menschen genauso wirken, wie Sulfonamide und Penicillin auf Bakterien. Eindeutiger läßt sich, wie ich glaube, die gefährliche Doppelnatur jeglichen wissenschaftlich-technischen Fortschritts nicht mehr de-

monstrieren. Jeder Schritt, den die wissenschaftliche Erkenntnis in bisheriges Neuland tut, vergrößert den Einfluß und den Machtbereich des Menschen innerhalb der Natur. Die sich in rascher Folge vermehrenden Möglichkeiten, die dem Menschen damit in die Hand gegeben sind, stehen ihm aber nicht nur für Ziele zur Verfügung, die »aufs wünschenswerteste zu hoffen« sind, sondern im gleichen Maße auch zur Befriedigung der ihm offenbar innewohnenden selbstzerstörerischen Instinkte.
Ein sich auf den stetigen Zuwachs wissenschaftlicher Erkenntnisse berufender Fortschrittsglaube ist nicht nur naiv, sondern eine fahrlässige Torheit. Nicht nur die Chancen, auch die Gefahren werden auf diesem Wege immer größer. Die Entdeckung und die schließliche Beherrschung des Fermentprinzips hat uns nicht nur die Chance in die Hand gegeben, früher einmal tödliche Krankheiten auszurotten, sondern auch Stoffe, die es in absehbarer Zeit möglich machen werden, den ganzen Globus zu desinfizieren, nicht nur von Bakterien, sondern auch von Menschen. Der wissenschaftliche Verstand schafft nur die Möglichkeiten. Welcher Gebrauch von ihnen gemacht wird, bleibt dabei völlig offen. Die menschliche Vernunft allein wird darüber zu entscheiden haben, ob die Beherrschung dieser Möglichkeit mehr ist als nur praktisch-technischer Natur. Es besteht kein Zweifel daran, daß es von ihr abhängt, welchen Weg die weitere Entwicklung nimmt: ob unser Planet immer wohnlicher werden oder ob er eines Tages unbewohnt sein wird.

(1964)

Das Notfallsyndrom

Naturwissenschaftliche Aspekte des Leib-Seele-Problems

»Biologische Reize wie zum Beispiel Futter oder ein Feind«, so stand es kürzlich in einem Beitrag einer angesehenen naturwissenschaftlichen Zeitschrift, »bewirken bei einer Reihe von Tieren nachweislich eine genau meßbare Veränderung der Herzfrequenz«, der Zahl der Pulsschläge pro Minute also. Der Autor, ein ebenfalls angesehener deutscher Zoologe, berichtete, er habe mit der Anwendung der Elektrokardiographie, der Ableitung der Herzaktionsstromkurve, bei Erdkröten beim »optischen Erkennen eines Mehlwurmes« ein Ansteigen der Herzfrequenz um acht Schläge pro Viertelminute feststellen können. Die gleiche Reaktion fand der Autor bei Wasserschildkröten dann, wenn die Tiere »Schreckreizen« ausgesetzt wurden, oder auch, wenn sie spontan an die Wasseroberfläche kamen, während sich ihr Pulsschlag sofort wieder verlangsamte, sobald die Tiere in tieferes Wasser zurückkehrten. Nach der Aufzählung einer Reihe weiterer Befunde dieser Art stellt der Autor fest, daß eine stichhaltige Erklärung dieses von ihm gefundenen Phänomens bisher nicht möglich sei.
Diese Veröffentlichung und insbesondere dieses abschließende Resümee des Autors erscheint mir als besonders drastisches Beispiel für ein ernstes Problem, dem sich die Wissenschaft heute als Folge der immer mehr zunehmenden »Informationsflut« gegenübersieht: Die Fülle der Daten, die von den in aller Welt rastlos experimentierenden Wissenschaftlern zutage gefördert wird, ist längst so groß geworden, daß niemand sie mehr zu überschauen vermag. Von Jahr zu Jahr wird die Zahl der Arbeiten, die ein Spezialist lesen muß, um erst einmal festzustellen, was auf seinem eigenen Gebiet schon erforscht ist und was nicht, um ein Vielfaches größer. Schon heute stellt mindestens die Hälfte aller wissenschaftlichen Veröffentlichungen, so schätzen Experten, lediglich Wie-

derholungen von im Grunde längst bekannten Fakten dar, die den Autoren nur einfach nicht zugänglich geworden sind.
Und so ist auch die Frage, warum die Pulsfrequenz der Kröte beim Anblick des Mehlwurms ansteigt oder warum sie, umgekehrt, sinkt, wenn die Wasserschildkröte von der Oberfläche wieder in die Tiefe ihres Lebensraums zurückkehrt, keineswegs so schwer zu beantworten oder gar rätselhaft, wie der Verfasser der eingangs zitierten Publikation anzunehmen scheint. In Wirklichkeit liegt die Antwort – grundsätzlich jedenfalls – in Gestalt bestimmter Ergebnisse der vegetativen Physiologie und der Neurophysiologie längst vor.
Sie führen uns auf eine der ältesten und faszinierendsten Fragen aller Wissenschaft, und zwar auf das Problem des Zusammenhangs von Leib und Seele – »Seele« hier selbstverständlich im Sinne der »psychischen Sphäre« oder des »Bewußtseins« und nicht etwa im theologischen Sinne gemeint. Dieses klassische Leib-Seele-Problem, seit der Antike eine der Kardinalfragen menschlichen Selbstverständnisses, ist auch heute keineswegs etwa gelöst. Es ist möglicherweise sogar grundsätzlich unlösbar. Aber andererseits ist es in den letzten Jahrzehnten in den Bereich naturwissenschaftlicher Fragestellung gerückt, wobei sich einige äußerst interessante Aspekte ergeben haben, die unser Wissen darüber, auf welche Weise körperliche Funktionen und psychisches Erleben zusammenhängen, in einigen Punkten ganz entscheidend bereichert haben.
Wie jeder weiß, bekommen wir Herzklopfen, wenn wir erschrekken oder wenn wir Angst haben. In dieser Situation passiert aber noch mehr: Unsere Pupillen erweitern sich. Die modernen Experimentalpsychologen bemühen sich zum Beispiel, Angst zu »messen«, indem sie mit bestimmten optischen Geräten den wechselnden Pupillendurchmesser ermitteln. Außerdem kommt es, wenn wir erschrecken, auch noch zu einer unwillkürlichen Erhöhung der Spannung unserer Körpermuskulatur: Wir »erstarren« vor Angst oder Schreck. Und zuletzt läßt sich auch noch ein psychisches Phänomen anführen, das auch mit der Situation des Erschreckens verbunden und ebenfalls uns allen aus der alltäglichen Erfahrung bekannt ist: Der Anlaß des Erschreckens oder unserer Angst fasziniert unser Bewußtsein, nimmt, ob wir wollen oder

nicht, unsere ganze Aufmerksamkeit mehr oder weniger in Anspruch. Oft genug sehr gegen unseren Willen: Wir können dann eine Sorge nicht »abschütteln«, immer wieder ertappen wir uns dabei, daß unsere Gedanken um den Anlaß unserer Sorgen »kreisen«, wie die Sprache anschaulich formuliert.

Schon vor vielen Jahrzehnten kam nun der Physiologe Cannon auf einen Gedanken, der nachträglich, wie viele geniale Einfälle, höchst einfach und selbstverständlich wirkt. Er kam nämlich auf den Gedanken, daß alle genannten Einzelelemente von Angst oder Schreck – also das Erstarren, die Pupillenerweiterung, das Herzklopfen, die Ausrichtung des Bewußtseins auf den auslösenden Anlaß und noch eine ganze Reihe anderer von ihm entdeckter Faktoren – zusammengehören und den biologischen Sinn einer Erhöhung der Abwehrbereitschaft haben. Durch die Beschleunigung des Herzschlags wird die Sauerstoffversorgung des Körpers gesteigert, die instinktive Erhöhung der Muskelspannung verkürzt die Reaktionszeit, die Erweiterung der Pupillen steigert die Lichtempfindlichkeit des Auges, und die »Bannung« des Bewußtseins durch den Anlaß des Schrecks (oder der Angst) soll offensichtlich alle anderen Reize fernhalten, die mich davon abhalten könnten, mich ausschließlich auf den einen akuten Anlaß zu konzentrieren, der alle diese verschiedenen Körperfunktionen ausgelöst hat. Cannon fand noch andere zugehörige Funktionselemente der Angst, die wir gar nicht erleben und die daher der Selbstbeobachtung entzogen sind: Er stellte etwa fest, daß in der Angst der Zuckergehalt unseres Blutes, der sogenannte »Blutzuckerspiegel«, ansteigt. Dieser Blutzucker aber ist die wichtigste Energiequelle für den Stoffwechsel unserer Muskulatur, so daß also auch dieser Vorgang unsere Abwehrbereitschaft erhöht. Ein letztes Beispiel: In der Angst erweitern sich beispielsweise auch unsere Bronchien, die feinen Verzweigungen der Luftröhre innerhalb der Lunge mit dem Erfolg, daß jeder Atemzug mehr Luft in die Lungen fördern kann. In Gang gesetzt werden alle diese körperlichen Phänomene offenbar durch das Adrenalin, ein Hormon der Nebennieren.

Seit dieser Entdeckung und Analyse des von Cannon als »Notfallsyndrom« bezeichneten körperlichen Korrelates von Angst und Schreck ist es nicht mehr rätselhaft, warum wir Herzklopfen bekommen, wenn wir Angst verspüren. Und daher ist es auch, wie schon erwähnt, ein charakteristisches Symptom der augenblicklichen Situation der Wissenschaft, wenn der eingangs zitierte Autor es als »bisher unerklärlich« bezeichnet, daß die von ihm untersuchten Kröten beim Anblick eines Mehlwurms »Herzklopfen« bekamen. Der Befund als solcher ist – bei einem amphibischen Kaltblüter – zweifellos neu und außerordentlich interessant. Aber für rätselhaft wird man ihn kaum halten müssen.

Ohne allzu großes Risiko wird man vermuten dürfen, daß der Anblick des Beutetiers bei der Kröte sicher weder Angst noch Schrekken, aber doch einen dem Cannonschen Notfallsyndrom analogen Vorgang auslöst, der die körperliche Leistungsbereitschaft, in diesem Fall: die Jagdbereitschaft der Kröte, erhöht und damit ihre Chancen vergrößert, des erspähten Mehlwurmes auch habhaft zu werden.

Der mit dem Nobelpreis ausgezeichnete Schweizer Physiologe W. R. Heß und der deutsche Physiologe Ebbecke haben nach diesem Cannonschen Modell dann noch weitere solche körperlichen Syndrome analysiert, denen allen gemeinsam ist, daß sie »autonom«, das heißt unwillkürlich oder reflektorisch, in ganz bestimmten Umweltsituationen auftreten. Es handelt sich bei ihnen, wie Ebbecke einmal gesagt hat, um angeborene, also instinktive Verhaltensweisen, die gleichsam der »automatischen Erledigung« typischer, häufig wiederkehrender Umweltsituationen dienen.

Ein weiteres Beispiel, das vor allem von Ebbecke untersucht worden ist, wäre das Frieren (als körperlicher Vorgang). Seine wiederum uns allen aus eigener Erfahrung geläufigen einzelnen Elemente sind das bekannte Kältezittern, das Blaßwerden der Haut, ein unwillkürliches Zusammenkauern des Frierenden sowie schließlich die sprichwörtliche »Gänsehaut«. Wieder ist leicht einzusehen, daß all diese Phänomene auf ein und denselben biologischen Zweck ausgerichtet sind: auf eine Verbesserung der Wärmebilanz des frierenden Organismus.

Das reflektorisch einsetzende Muskelzittern führt zu einer Vermehrung der Wärmeerzeugung im Inneren des Frierenden. Das Blaßwerden der Haut entsteht durch die Kontraktion der feinen Adern in der Haut, die das Blut, das wichtigste Wärmetransportsystem des Warmblüterorganismus, daher nicht mehr bis an die Körperoberfläche gelangen lassen, wo die vom Blut mitgeführte

Wärme nach außen abgestrahlt werden kann. Den gleichen Sinn hat das instinktive Zusammenkauern bei Kälte, weil es die abstrahlende Körperoberfläche verringert. Und die Gänsehaut schließlich ist ein atavistisches, rudimentäres Element. Es entspricht dem »Aufplustern«, das wir von den Vögeln kennen, und soll das isolierende Luftpolster zwischen den Haaren auf unserer Körperoberfläche vergrößern. Es stammt wahrscheinlich noch aus der Zeit, in der unsere Urahnen fellartig behaart waren. Auch Hunger und Durst lassen sich auf ähnliche Weise analysieren.

Eine ganz entscheidende Überlegung ist jetzt nachzutragen: Ich sagte vorhin, daß es innerkörperliche Vorgänge gibt, wie zum Beispiel die Blutzuckererhöhung oder die Bronchienerweiterung beim Cannonschen Notfallsyndrom, die nicht erlebt würden. Diese Feststellung bedarf der Ergänzung. Innerkörperliche Vorgänge dieser Art werden, das ist ganz sicher richtig, tatsächlich nicht als solche erlebt. Und trotzdem wirken sie sich im Erleben dessen aus, in dessen Körper sie sich abspielen. Physiologen und Psychologen haben nämlich gute Gründe zu der Annahme, daß alle zu einem solchen instinktiven oder autonomen Syndrom – Angst, Schreck, Hunger oder Durst, Frieren, oder um welches es sich im Einzelfall auch gerade handeln mag – gehörenden Einzelfunktionen insgesamt und zusammengenommen das charakteristische psychische Erlebnis ausmachen, das die seelische Seite des betreffenden Syndroms bildet.

Dieser wichtige Gedanke ist nicht ganz leicht zu verstehen. Ich will daher versuchen ihn durch eine – etwas vereinfachende – entwicklungsgeschichtliche Überlegung zu verdeutlichen. Im Verlaufe der Hunderte von Jahrmillionen, in denen sich das Leben auf der Oberfläche unseres Planeten entfaltete, entstanden immer höher entwickelte und immer kompliziertere Lebewesen. An einem bestimmten Punkt der Entwicklung erwies sich die Zusammenfassung der überaus zahlreichen Einzelfunktionen eines Organismus mit den bisherigen Methoden als nicht mehr möglich. Die Natur mußte ein neues Prinzip »erfinden«, um eine einheitliche Steuerung auch eines so komplizierten Organismus zu gewährleisten. Dieses Prinzip war das *psychische Erleben:* Unsere Stimmungen, insbesondere Angst, Schmerz, Hunger, Müdigkeit, aber ebenso zum Beispiel auch das zur Aktivität drängende Gefühl absoluten und ausgeruhten Wohlbefindens, alle diese Stimmungen sind gewissermaßen die Quersumme – oder wie der Physiologe sagt: das »Integral« – aus all den unzähligen verschiedenen Zuständen, Bedürfnissen und augenblicklichen Leistungsmöglichkeiten all der unzähligen einzelnen Zellen, aus denen wir bestehen. Unter dem Gesichtspunkt dieser integrierenden, »zusammenfassenden« Funktion nähert sich die Naturwissenschaft heute dem Phänomen des psychischen Erlebens.

Dieser biologische Aspekt des Bewußtseins hat nun einige bedeutsame Konsequenzen für das Leib-Seele-Problem, für die alte Frage, wie Körperliches mit Seelischem zusammenhängt:

Zunächst einmal macht dieser moderne physiologische Aspekt endlich Schluß mit dem alten Streit, was als primär anzusehen ist, der körperliche oder der psychische Bereich. Es ist müßig, sich den Kopf darüber zu zerbrechen, ob Angst Herzklopfen »hervorruft« oder ob das Herzklopfen seinerseits die Angst »erzeugt«. Herzklopfen und Angst sind dasselbe, das ist die entscheidende Feststellung. Als Herzklopfen, Pupillenerweiterung, Blutzuckererhöhung usw. erscheint mir die Angst, wenn ich sie bei einem anderen Menschen beobachte oder untersuche. Und alle diese Vorgänge erlebe ich als das charakteristische Gefühl der Angst, wenn sie sich an meinem eigenen Körper abspielen.

Eine weitere überraschende Konsequenz: Das Gehirn ist nicht der Sitz des Seelischen und aller psychischen Vorgänge, so wenig, wie ein Fernsehempfänger der Ort ist, an dem sich das abspielt, was ich auf seinem Bildschirm sehe. Gewiß ist das Gehirn das Organ, das die beschriebenen und viele andere körperliche Funktionen und Zustände zusammenfaßt, und zwar in der Form bestimmter psychischer Erlebnisse und Gefühle. Aber es ist eben nicht so, wie man jahrhundertelang geglaubt hat, daß das Gehirn als Sitz des Bewußtseins gewissermaßen auf einem Körper thront, von dem es unabhängig ist und über den es einfach verfügen kann. Im Schmerz, im Hunger und im Durst oder in der Müdigkeit, wenn der Schlaf uns übermannt: in allen diesen Situationen übernimmt eindeutig der Körper die Führung und diktiert uns, in Gestalt der jeweils zugehörigen »Stimmung«, unser Verhalten.

Und noch eines kann das Gehirn aller Voraussicht nach nicht: Es wird sich selbst niemals vollständig erfassen und erklären können.

Trotz aller Fortschritte unseres Wissens, von denen hier die Rede war, setzt sich unter den Neurophysiologen immer mehr die Auffassung durch, daß eine vollständige Auflösung des Leib-Seele-Problems dem Menschen niemals möglich sein wird. Denn, wie es der bekannte Verhaltensforscher Konrad Lorenz einmal formulierte: »Das menschliche Gehirn ist ein viel zu kleiner Computer, um den Computer Menschengehirn verstehen zu können.«

(1966)

Naturwissenschaft und Religion

Drei Thesen

1. Zum Verhältnis von naturwissenschaftlicher und religiöser Aussage

a. Die positivistische Methode des Wissenschaftlers ist nicht Ausdruck einer ontologischen Position, sondern einer methodischen Beschränkung. Deshalb läßt sich aus naturwissenschaftlichen Resultaten auch keine atheistische Auffassung ableiten oder begründen (»negativer Gottesbeweis« des Vulgärmaterialismus). Andererseits geht Naturwissenschaft weit über die kausalanalytische Betrachtung objektiver Zusammenhänge mit dem Ziel technischer Weltbeherrschung hinaus, indem sie von Anfang an die Aufdekkung von Sinnzusammenhängen impliziert. Beispiele: Blitzableiter nicht nur Instrument zur Schadensverhütung, sondern Folge eines Denkens, das den auf mich zielenden Dämon auf ein Naturgesetz reduziert hat, das nichts von mir weiß. – Stonehenge nicht nur Observatorium, sondern auch Denkmal eines emanzipatorischen Schrittes.

b. Naturwissenschaft ist in ihrem Fortschritt unbegrenzt und unabschließbar, sie kann die Welt (die Realität) prinzipiell nicht total erfassen. An den Grenzen stoßen wir auf Phänomene, die sich als Hinweise auf eine metaphysische Dimension deuten lassen (Urknall, relativistische Kosmologie, historische Natur des Kosmos mit angebbarem »Weltalter« und Weltende). Dabei taucht jedoch das Problem auf, daß diese Erkenntnisgrenze auf mehrfache Weise relativiert werden muß (abhängig vom »Stand der Forschung« und prinzipiell auch angesichts der Annahme eines überlegenen Erkenntnisvermögens in einer evolutiven Zukunft beziehungsweise bei einer außerirdischen Intelligenz).

c. Naturwissenschaftliche und theologische Aussagen sind grundsätzlich »harmonisierbar« unter der Voraussetzung eines Verzichts auf eine fundamentalistische Position auf theologischer Seite und der Reflexion auf die methodische Beschränkung auf naturwissenschaftlicher Seite. Die moderne (vor allem protestantische) Tendenz, den Konflikt dadurch zu vermeiden, daß beiden Lagern eine andere, jeweils eigene ontologische Ebene zugewiesen wird, ist eine Scheinlösung, die jedes Gespräch unmöglich macht. Die Argumente, die gegen die Verbindung beider Aussagen in einer gemeinsamen Weltanschauung angeführt werden, sind nicht wirklich stichhaltig. Die Forderung nach »Sprüngen« oder »metaphysischen Lücken« in der naturwissenschaftlichen Welterklärung ist unnötig. Naturwissenschaft und Theologie können sich nicht widersprechen, solange beide die eine Wahrheit auf ihre Weise zutreffend beschreiben. Daraus folgt, daß sie sich durch kritische Hinweise helfen können. Die Theologie schaut dem Wissenschaftler aufs Maul – Hübner: »Schöpfung ist die sich entwickelnde Welt. Die alten Aussagen, auch die der Bibel, müssen heute neu im Blick auf den Evolutionsgedanken formuliert werden. Die Schöpfung ist danach nicht von Anfang an ›fertig‹ gewesen, und sie ist es auch heute noch nicht.« (Biologie und christlicher Glaube, S. 119)

2. Das Problem der anthropozentrischen Perspektive in der theologischen Weltdeutung

a. Die naturwissenschaftliche Welterklärung ist historisch als ein Prozeß zu beschreiben, in dem die uns angeborene, auf das erlebende Subjekt bezogene (anthropozentrische) Weltsicht Schritt für Schritt überwunden wird. Beispiel: die »kopernikanische Wende«. Der »Augenschein« macht ein geozentrisches Weltbild scheinbar zwingend, empirische Argumente (»Epizyklen«) und logisch-abstrahierende Deduktion (Giordano Bruno) führen zu der Entdekkung, daß Augenschein und Wirklichkeit nicht identisch sind. Moderne Beispiele sind unter anderem der menschliche Farbenkreis oder die Atomtheorie.

b. Da die Tendenz zu einer »subjektzentristischen« Perspektive uns aus biologisch einsichtigen Gründen angeboren ist, ist es nicht erstaunlich, daß »vorkopernikanische« Vorurteile in mancherlei Verkleidung und großer Zahl noch existieren und schwer zu durchschauen sind. Beispiele: der Zweifel an der Existenz außerirdischen Lebens, Darwins Widerlegung der Annahme einer grundsätzlichen biologischen Sonderstellung des Menschen in der belebten Natur.

c. Vor diesem Hintergrund ist zu fragen, inwieweit unsere Gottesvorstellung von »vorkopernikanischen« Vorurteilen mitbestimmt sein könnte. Das Problem des »Ein-Planeten-Gottes«. Die »Vater-Rolle« Gottes als Ausdruck einer Projektion sozialer Strukturen. Erläuterung des Mechanismus von Projektion und Rückprojektion am historischen Beispiel des »Gottesgnadentums«. Die Problematik der historischen Gestalt von Jesus Christus. Das Problem der »Ebenbildlichkeit« (»nach seinem Bilde«).
d. Hinweise auf anthropozentrische Strukturen in der theologischen Weltdeutung allgemein. Das Beispiel Teilhard de Chardin. Die »Sonderstellung« des Menschen vor dem Hintergrund der Evolution, das Problem der Tiere (die »anthropozentrisch abgewertet« werden). Wann ist in der Evolution die »Geistseele« aufgetreten (Primatenforschung spricht für die Wahrscheinlichkeit eines stufenlosen Übergangs)? Parallele zur Abtreibungsdiskussion (das »Nasciturus-Problem« vor dem Hintergrund des biogenetischen Grundgesetzes). Angesichts der Voraussetzung einer Existenz außerirdischer Kulturen Erinnerung an das historische Beispiel der Indianer zur Zeit der Konquistadoren. Damals wurde aus ihrer Nichterwähnung in der Bibel ihre Nicht-Menschlichkeit abgeleitet (was Papst Paul III. veranlaßte, erstmals in der Geschichte »allgemeine Menschenrechte« zur Lösung dieses auch in der Kirche umstrittenen Problems zu formulieren). Widerspruch zwischen dem »Menschen als Ziel der Schöpfung« und der biologischen Einsicht, daß keine Spezies unbegrenzte Zeit existiert (daß die kosmische Evolution eines Tages ohne Menschen weiterlaufen wird). »Extraterresties« sind gewissermaßen »theologisch unentbehrlich«, da Strafgericht (»Sintflut«) nicht möglich, wenn dadurch das Universum »entleert« würde.

3. Die Frage der Konvergenz von naturwissenschaftlicher und theologischer Aussage

a. Naturwissenschaft wird insofern verbreitet mißverstanden, als man sie häufig auf die quantitative Analyse der in der Erfahrungswelt vorgefundenen Objekte und der zwischen diesen bestehenden kausalen Beziehungen beschränkt glaubt. Demgegenüber besteht der Erkenntnisfortschritt in der modernen Naturwissenschaft wesentlich in der Einsicht, daß unser naives Welterleben das Resultat einer biologischen Erfordernissen untergeordneten Anpassung unserer Wahrnehmungs- und Denkstrukturen ist, daß es mit aller Wahrscheinlichkeit die »wahre Natur« der Realität in Wirklichkeit verstellt. Dem entspricht die Tatsache, daß die Resultate dieser Wissenschaft in Beschreibungen der Realität bestehen, welche die uns angeborenen logischen und Anschauungsstrukturen überschreiten. Beispiele: das dialektische Verhältnis von Beharrung und Veränderung bei der genetischen Reduplikation. Der Nachweis einer unanschaulichen Struktur des Raums in der Relativitätstheorie. Die Abhängigkeit der Zeit vom Bewegungszustand des Beobachters. Die Lichtgeschwindigkeit als größte im Kosmos mögliche Geschwindigkeit. Der Korpuskel-Welle-Dualismus der Elementarteilchen. Grundsätzlich gilt, daß eine naturwissenschaftliche Erklärung niemals abgeschlossen ist, sondern stets bei Aussagen der durch diese Beispiele gekennzeichneten Art gleichsam »asymptotisch« endet, wenn man die Ursachenkette nicht aus praktischen Gründen beschränkt. Beispiel: Die Mechanik kann als »abgeschlossenes System« behandelt werden, solange man darauf verzichtet, die atomare Struktur von Hebeln usw. in die Betrachtung einzubeziehen.

b. Bei dieser Sachlage ist die Naturwissenschaft prinzipiell an jedem Punkt »offen« für eine (zusätzliche oder weiterführende) metaphysische oder theologische Interpretation aller von ihr behandelten Gegenstände. Insbesondere kann eine solche Interpretation im Unterschied zu der Zeit Haeckels, in der sich die »klassische« Naturwissenschaft noch überwiegend als abschließbares System verstand, heute von keinem Naturwissenschaftler mehr als Zumutung eines sacrificium intellectus aufgefaßt werden. Dieser Sachverhalt macht ferner die Annahme »metaphysischer Lücken« als Voraussetzung einer Harmonisierung mit theologischen Auffassungen definitiv überflüssig (vgl. 1. c.). Wenn daher eine einheitliche, naturwissenschaftliche und theologische Aussagen verbindende Weltanschauung möglich zu sein scheint, ist abschließend zu fragen, ob und wo in ihrem Rahmen möglicherweise eine Konvergenz zwischen beiden Denkweisen anzunehmen sein könnte.

c. Das Beispiel der »Erbsünde«: Die Zumutung einer individuell zu verantwortenden, obwohl überindividuell verursachten (»ererbten«) Schuld stellt im logischen Raum einen provozierenden Widerspruch dar, ist bemerkenswerterweise aber innerhalb der Evolution ein konkret nachweisbares Faktum (hier beschrieben als das Ergebnis eines phylogenetisch unvermeidlichen Konflikts zwischen grundsätzlich verschiedenen [angeborenen und erlernten] Verhaltensstrategien). Eine Extrapolation der aus dem bisherigen Ablauf der Stammesgeschichte ableitbaren Entwicklungstendenzen in eine evolutionäre Zukunft hinein läßt die Voraussage zu, daß die weitere Entwicklung auf lange Sicht eine Befreiung von diesem Konflikt herbeiführen wird. Vollzieht damit Evolution womöglich jenen Prozeß, der in der theologischen Sprache als »Erlösung« bezeichnet wird?

d. Das »Weiterleben nach dem Tode« war für die sogenannte klassische Naturwissenschaft (und ist bis heute für den ideologischen Materialismus) bloßer Aberglaube. Die moderne Naturwissenschaft kann der mit dieser Formel gemeinten Möglichkeit aufgrund ihres oben skizzierten kritischen Selbstverständnisses jedoch grundsätzlich nicht widersprechen. Darüber hinaus werden in jüngster Zeit von der Philosophie (Karl R. Popper) und der Hirnforschung (John C. Eccles) ontologische Argumente und neurophysiologische Befunde vorgelegt, die im Rahmen einer neuen, naturwissenschaftlich fundierten Deutung des »Leib-Seele-Problems« für die Existenz eines prinzipiell von der Materie unabhängig zu denkenden Bewußtseins sprechen sollen. Diskussion der Frage, ob Befunde dieser Art als Ausdruck einer Konvergenz zwischen naturwissenschaftlichen und theologischen Auffassungen angesehen werden können. Aus dem katholischen Katechismus: »Die Seele des Menschen ist ein geistiges Wesen. Sie hat Verstand und kann erkennen, sie hat einen Willen und kann sich frei entscheiden. Weil die Seele ein geistiges Wesen ist, ist sie unsterblich (...).« (Zitiert nach Hübner, Biologie und christlicher Glaube, S. 71)

(1977)

Wir leben in zwei Welten zugleich

Wissenschaft und Glaube

Ich glaube, daß man einen wesentlichen Aspekt unseres heutigen Lebensgefühls treffend dadurch beschreiben kann, daß man sagt, wir alle lebten, ohne uns darüber immer völlig klar zu sein, eigentlich in zwei verschiedenen und eindeutig voneinander unterscheidbaren Welten zugleich.

Da ist einmal die Welt, in der ich, wenn ich einen Lichtschalter bediene, absolut sicher bin, daß dann nicht irgend etwas Unvorhersehbares oder gar Rätselhaftes geschieht, sondern einzig das Aufleuchten oder Verlöschen eines Lichts, und in der ich genauso durch die Bedienung anderer Hebel oder Schalter oder ganz allgemein durch jede meiner Handlungen bestimmte andere Ereignisse in ebenso vorhersehbarer Weise bewirken oder auch verhindern kann. Dies ist die von dem Zusammenhang zwischen Ursachen und Wirkungen bestimmte und von Naturgesetzen beherrschte Welt, die die Wissenschaftler beschreiben.

Es hat sie nicht immer gegeben, und sie ist nicht immer so selbstverständlich gewesen, wie sie uns heute aus Gewohnheit erscheint. Es hat Jahrtausende gedauert, bis die Dämonen, vor denen unsere Altvorderen sich fürchteten, aus ihr vertrieben waren. Die beruhigende Durchschaubarkeit ihrer Zusammenhänge, ihre »rationale Struktur«, an die wir uns so sehr gewöhnt haben, ist das Ergebnis der Anstrengungen unzähliger Generationen von Wissenschaftlern, denen es Schritt für Schritt gelang, die Fülle der unverstandenen und daher angsteinflößend-unberechenbaren Naturerscheinungen auf einige wenige Gesetzlichkeiten zurückzuführen, die sie begreifbar machten und damit gleichsam domestizierten. Der Dämon, der mit seinem Blitz auf uns zielte, wurde im Verlaufe dieser Entwicklung auf ein Naturgesetz reduziert, das nichts von uns weiß.

Wir Heutigen können die ungeheuere Bedeutung dieser angstauflösenden, vertrauenstiftenden Rolle, die der Naturwissenschaft in der Geschichte der Menschheit aufgrund dieser Zusammenhänge neben anderen, uns heute wichtiger erscheinenden Funktionen zugefallen ist, sicher nicht mehr angemessen abschätzen. Allein schon deshalb nicht, weil unsere Generation soeben dabei ist, in der Fortsetzung der Geschichte die Kehrseite der Medaille zu erleben: Denn die Entdämonisierung der Welt durch Naturwissenschaft war ja gleichbedeutend mit ihrer Objektivierung, und diese hatte zur Folge, daß die Welt in immer größerem Umfang zum Objekt unserer Manipulationen werden konnte. Diese Möglichkeiten aber haben heute Ausmaße erreicht, die in der Gestalt von zerstörerischen Folgen für die Umwelt oder der Entwicklung von Massenvernichtungsmitteln unvorstellbar mörderischen Ausmaßes erneut Unvorhergesehenes hervorzubringen beginnen. Damit aber kommt die Angst, die wir mit den Dämonen durch wissenschaftlichen Fortschritt endgültig vertrieben zu haben glaubten, »von hinten« wieder in unsere Welt hinein.

Aber dieses aktuelle Kapitel ist nicht mein Thema. Mir kommt es an dieser Stelle vielmehr darauf an, gerade an die heute kaum noch gesehene vertrauenstiftende Rolle zu erinnern, die der Naturwissenschaft ursprünglich und seit ihren bescheidensten Anfängen zufiel. Man kann sie sich indirekt vor Augen führen, wenn man etwa an die gewaltige steinzeitliche Anlage von Stonehenge in England denkt. Wie Sie wissen, ist es vor etwas mehr als zehn Jahren gelungen, ihre Funktion aufzuklären: Es handelt sich um ein steinzeitliches Observatorium, das mit bemerkenswerter Präzision unter anderem die Vorhersage von Sonnen- und Mondfinsternissen gestattet. Das allein aber kann die ungeheuren Ausmaße nicht erklären. Für die Beobachtungsaufgaben hätten weit bescheidenere Maße genügt. Dazu wäre es nicht notwendig gewesen, bis zu fünf Meter lange Monolithe über Hunderte von Kilometern heranzuschleppen.

Wir wissen nicht, warum die steinzeitlichen Konstrukteure Stonehenge so riesig gebaut haben. Aber wenn wir ihre Situation bedenken, dann liegt der Gedanke nahe, daß sie darauf aus gewesen sein könnten, ihrem Observatorium auch den Charakter eines seinem Anlaß gemäßen Denkmals zu geben. Es muß ein ungeheures, befreiendes Erlebnis gewesen sein, als Menschen erstmals die Entdeckung machten, daß sie in der Lage waren, so rätselhafte und beängstigende Erscheinungen am Firmament, wie es Verfinsterungen des Mondes oder gar der Sonne sind, vorherzusagen, in ihrer gesetzmäßigen Periodizität zu durchschauen und ihrer damit geistig Herr zu werden. Vielleicht handelt es sich bei Stonehenge und zahlreichen ähnlichen Anlagen der Vorgeschichte also auch um Denkmäler, errichtet zur Erinnerung an einen geistigen Schritt, der so etwas wie eine erste kopernikanische Wende in der Geschichte der Menschheit darstellte.

Das Beispiel Stonehenge ist schließlich auch geeignet, uns daran zu erinnern, wie lange es her ist, seit wir, die Angehörigen der sogenannten westlichen oder abendländischen Kultur, begonnen haben, uns in dieser rational strukturierten, von kausalen Naturgesetzen objektiv geordneten Welt einzurichten. Wir können sie uns längst nicht mehr anders vorstellen, ungeachtet der Tatsache, daß unsere Ethnologen und Kultursoziologen mannigfache andere Variationen in fremden Kulturkreisen entdeckt und beschrieben haben.

Längst erscheint es uns ebenso selbstverständlich, daß unsere Vorfahren seit dem Beginn der geschichtlichen Zeit dazu übergegangen sind, das Prinzip gesetzlicher, rational einsehbarer Ordnung, das sie in der Natur entdeckten, schrittweise auf die eigene Gemeinschaft zu übertragen. Auch das ist ursprünglich keineswegs selbstverständlich. Und es ist, wie ein Vergleich mit anderen Kulturkreisen heute noch zeigen kann, keineswegs die einzige Möglichkeit. Es ist andererseits der eigentliche Grund dafür, daß wir unser Verhalten heute nicht mehr mit Hilfe mythologischer Vorschriften regeln, sondern durch Vereinbarungen, die durch willentlichen Beschluß zum Gesetz erhoben worden sind.

Deshalb wird unsere persönliche Sicherheit heute nicht mehr durch die Einhaltung bestimmter Rituale gewährleistet, sondern zum Beispiel durch die genaue Kenntnis und die Einhaltung von Verkehrsvorschriften und allgemeinen Gesetzen, die das Zusammenleben regeln. Dies ist ferner der Grund dafür, daß meine Gesundheit und mein Weiterleben in dieser Welt nicht mehr von der Beachtung von Opfervorschriften abhängt, sondern von den Fortschritten der Biochemie und den Möglichkeiten der Vorsorgemedizin.

Wir können uns, wie gesagt, die von uns erlebte und wahrgenommene äußere Welt längst nicht mehr auf andere Weise geordnet vorstellen. Unsere Fähigkeit, in ihr Vertrauen fassen und Geborgenheit erleben zu können, sind von der Vorhersehbarkeit und rationalen Einsichtigkeit aller in ihr ablaufenden Vorgänge und uns begegnenden Verhaltensweisen so abhängig geworden, daß wir überempfindlich reagieren, sobald diese Attribute nur im mindesten in Frage gestellt werden. Jedes Aus-dem-Rahmen-Fallen beunruhigt uns daher zutiefst. Schon die unfrisierte Mähne eines Halbstarken oder das bloße Reden von einer »Veränderung des Systems« können genügen, uns an die Möglichkeit eines Zusammenbruchs der Welt unserer Gewohnheit zu erinnern. (Ich sage nicht, daß diese Befürchtung immer gänzlich unbegründet sei. Ich stelle lediglich fest, daß unsere Gesellschaft aufgrund ihrer Besonderheit Symptome dieser Art weniger leicht erträgt, daß sie gerade in diesem Punkt weniger tolerant ist als andere Kulturen.)
Soviel zu der ersten Welt, in der wir leben, der wissenschaftlich erklärbaren, kausal determinierten Welt. So unentbehrlich sie für uns auch immer sein mag, sie allein kann niemandem von uns genügen. Niemandem bleibt die Erkenntnis erspart, daß es eine Fülle von Fragen gibt, die in ihr keine Antwort finden können.
Das beginnt mit der Einsicht, daß keine noch so weit fortgeschrittene Medizin und keine noch so weit ausgedehnte medizinische Vorsorge jemals etwas daran werden ändern können, daß alle Menschen sterblich sind. Es ist nicht überflüssig, das ausdrücklich auszusprechen. Die seit einigen Jahren diskutierten fragwürdigen Folgen einer bis zur letzten einseitigen Konsequenz getriebenen Intensiv- und Reanimationsmedizin sind auch ein Symptom dafür, in welchem Maße diese elementare Tatsache verdrängt werden kann.
In dem Augenblick aber, in dem ich die Unabänderlichkeit des eigenen Todes zur Kenntnis nehme und akzeptiere, stellt sich unabweislich die Frage, ob mit ihm für mich »alles aus« sein wird. Ob ich diese Frage als Heide und Materialist oder als gläubiger Christ beantworte, ändert nichts daran, daß sie existiert und daß sie auf eine Welt hinweist, die nicht identisch ist mit der Welt, von der bisher die Rede war.
Dieser Behauptung kann nicht einmal der überzeugteste Materia-

list widersprechen. Denn so überzeugt ist er nun auch wieder nicht, daß er es für überflüssig hielte, die Frage ausdrücklich zu verneinen. Es mag Menschen geben, die ihrer materialistischen Überzeugung so sicher sind, daß sich ihnen die Frage nach der Möglichkeit einer Weiterexistenz nach ihrem Tode gar nicht stellt. Getroffen habe ich bisher noch keinen von ihnen.
Auf die Frage nach der Möglichkeit des Weiterlebens nach dem Tode gibt es innerhalb der eingangs geschilderten »rationalen« Welt keine Antwort. Sie läßt sich im Rahmen der wissenschaftlich erklärbaren Welt nicht einmal sinnvoll diskutieren. Trotzdem existiert sie, und zwar nicht als Hirngespinst oder willkürlich erdachte Konstruktion, sondern, wie Geschichte, Mythologie und transkultureller Vergleich lehren, als spezifischer Bestandteil des menschlichen Selbstverständnisses. Damit ist noch nichts entschieden über die Art ihrer Beantwortung. Damit ist diese Frage jedoch sozusagen legitimiert und abgegrenzt von Aberglauben oder Ideologie.
Das Christentum hat zu ihr bekanntlich eindeutig Stellung genommen. Ich gehe darauf nicht weiter ein. Als Naturwissenschaftler habe ich dazu nichts zu sagen. Vor allem aber kommt es mir auf etwas ganz anderes an.
Ich habe das Problem des Todes deshalb angesprochen, um darauf hinweisen zu können, daß die sich aus ihm ergebende Frage nach einem Weiterleben unvereinbar ist mit den in der eingangs geschilderten Welt herrschenden Regeln und Gesetzen. Wenn ich also recht habe mit der Behauptung, daß es zu den spezifischen Wesensmerkmalen des Menschen gehört, diese Frage zu stellen, dann wäre damit bewiesen, daß wir tatsächlich in zwei grundsätzlich voneinander verschiedenen »Welten« zugleich existieren.
Man braucht aber gar nicht bis zum Extrem der Sterblichkeit zu gehen, um auf den janusartigen Charakter unseres Welterlebens zu stoßen. Wir alle praktizieren ihn alltäglich. Dadurch zum Beispiel, daß wir unsere Handlungen an einem moralischen Wertmaßstab orientieren, der ebenfalls sozusagen »nicht von dieser Welt« ist. Denn die Normen und Vorschriften des juristisch geltenden, positiven Rechts definieren ja, wie wir alle wissen, lediglich ein »moralisches Minimum«. Die Verhaltensregeln, die sich aus Erfahrung und Vernunft ableiten lassen, genügen allenfalls, den Zusammen-

bruch unserer gesellschaftlichen Ordnung zu verhindern, und auch das, wie uns mitunter scheinen will, manchmal nur mit Mühe und Not.
Wer gegen diese gesetzlich festgelegten Regeln nicht verstößt, ist nicht allein schon deshalb ein ehrenwerter Mensch, der unsere Achtung verdient. Unsere moralischen Ansprüche gehen weit darüber hinaus und orientieren sich an einem Maßstab, der aus Einsicht und Vernunft nicht abgeleitet werden kann. Er ist am ehesten als der Reflex eines Gefühls der Verantwortlichkeit zu beschreiben, die wir gegenüber einer Instanz empfinden, die wiederum außerhalb der wissenschaftlich beschreibbaren, rational geordneten Welt zu suchen ist.
Dabei ist es wieder ohne Belang, ob es sich im konkreten Fall um einen gläubigen Christen handelt oder nicht. Alles, was ich sage, bezieht sich allein auf unseren eigenen, abendländischen Kulturkreis. Wer aber in ihm aufgewachsen ist, dem gelten nach einer zweitausendjährigen Geschichte die ethischen Prinzipien des Christentums auch dann als verbindliche Normen, wenn er sich über ihre Herkunft gar keine Rechenschaft mehr gibt und selbst der Kirche womöglich fern oder sogar feindlich gegenübersteht.
Lassen Sie mich das Gemeinte noch mit einem letzten Beispiel verdeutlichen, und zwar mit dem Hinweis auf die Bedeutung der Frage nach dem Sinn der eigenen Existenz. Auch die Frage danach, ob es diesen Sinn gibt und worin er bestehen könnte, entspringt dem innersten Kern menschlichen Selbstverständnisses. Niemand, der sich die Frage nicht stellte.
Auch diese Antwort aber ist, wie nicht weiter begründet zu werden braucht, im Rahmen der rational erfaßbaren, wissenschaftlich beschreibbaren Welt nicht zu finden. (Die Scheinantworten, die primitiver Aberglaube oder Ideologie bereithalten, können hier außer Betracht bleiben.) Auch dann, wenn es sich nicht um eine spezifisch religiöse Antwort handelt, kann die Frage nach dem Sinn der eigenen Existenz nur im Rahmen eines Horizonts beantwortet werden, dessen Weite die Grenzen des wissenschaftlich Faßbaren überschreiten (etwa in der Gestalt einer metaphysischen Hypothese).
Es ist, alles in allem, also nicht zuviel behauptet, wenn man sagt, wir lebten in zwei Welten zugleich. Wir haben uns an diese objek-

tiv unbestreitbar sehr eigenartige Situation zwar so gewöhnt, daß es eine Beweisführung wie der hier vorgetragenen bedarf, um sie uns vor Augen zu führen. Es ist jedoch der Mühe wert, diesen Versuch einmal zu machen und die Lage zu bedenken, denn wir sind die Zeitgenossen einer Epoche, in der die beiden Welten, von denen hier die ganze Zeit die Rede ist, zu kollidieren beginnen.
Das war, wie wir uns kurz erinnern wollen, nicht immer so. Für das mythische Erleben sind die rationale und die transzendentale Interpretation der Welt noch eins. Aber auch nach dem Einsetzen der Trennung zwischen beiden Möglichkeiten im Verlauf der Entwicklung der Naturwissenschaften hat es erstaunlich lange gedauert, bis sich Probleme ergaben. Bis in die Neuzeit hinein schützte vor dieser Möglichkeit eine Art räumliche Trennung der jeweiligen Zuständigkeiten. Die Entmythisierung der Welt erfolgte gewissermaßen innerhalb geographisch vorgegebener Zonen.
Da gab es die sublunare Region, welche die Erde und alles enthielt, was auf ihrer Oberfläche existiert. Hier, »unter dem Monde«, war die Welt dem menschlichen Verstand zugänglich. Hier widersprach ihre naturwissenschaftliche Erforschbarkeit nicht dem Geheimnis göttlicher Macht.
Jenseits der Bahn des Mondes erst begann die himmlische Welt, bevölkert von Sternen, Engeln und den Seelen der Erlösten, die Wohnstatt Gottes. Dieses Weltbild läßt verstehen, warum es von allen Naturwissenschaftlern gerade die Astronomen gewesen sind, die ernstlich mit der Kirche in Konflikt gerieten. Die Erforschung der sublunaren Welt schaffte keine Probleme. Erst als sich die Wissenschaftler dem Himmel selbst zuzuwenden begannen, drangen sie in den Augen der Theologen in den Herrschaftsbereich Gottes ein. Das ist der Grund dafür, daß es nicht die Mediziner oder Biologen gewesen sind, die vor das Inquisitionsgericht kamen, auch nicht die Alchimisten und nicht einmal die Magier, sondern die Astronomen.
Dies ist der historische Ausgangspunkt der bis in unsere Gegenwart nachwirkenden Auffassung, nach der die wissenschaftliche und die religiöse Interpretation der Welt sich gegenseitig ausschließen. Dieses Mißverständnis – daß das »Reich Gottes« im engeren Sinne erst jenseits des Mondes beginnt und vom sublunaren, irdischen Bereich konkret räumlich getrennt ist – wurde in den folgen-

den Jahrhunderten insbesondere zum Anlaß für eine theologische Argumentation, deren Folgen verheerend gewesen sind.
Gegenüber der Naturwissenschaft zog sich die Theologie jetzt nämlich auf das Argument zurück, daß die grundsätzliche Unerforschlichkeit weiter Bereiche der Welt – vom Rätsel der Lebensentstehung bis zu den im Kosmos herrschenden Gesetzen – den unwiderleglichen Beweis für die Realität einer übernatürlichen, »über der sublunaren Region« existierenden Welt, also für die Möglichkeit des Gottesreiches bilde.
Verheerend war diese Argumentation bekanntlich deshalb, weil sich im Verlauf des langsamen Vordringens der Naturwissenschaften der für grundsätzlich unerforschbar gehaltene Teil der Natur fortwährend verkleinerte, bis schließlich, als der Himmel endgültig und vollständig zur Domäne der Astronomen geworden war, das zynische Wort von der »Wohnungsnot Gottes« geprägt werden konnte.
Uns Heutigen fällt es nachträglich schwer, die Erbitterung zu verstehen, mit der diese Kontroverse über Jahrhunderte hinweg ausgetragen wurde. Uns erscheint sie rückblickend als die Folge eines bloßen Mißverständnisses. Denn welcher Grund ließe sich für die Voraussetzung des Streits anführen, für die Annahme also, daß Gott nur in dem Teil der Natur wirksam sein könnte, der uns rational unzugänglich bleibt? Es fällt uns schwer zu verstehen, wie Theologen auf den Gedanken verfallen konnten, den Geltungsbereich göttlichen Wirkens in der Natur von den Fortschritten etwa der biologischen Forschung abhängig zu machen.
Glücklicherweise gilt das für die heutige Theologengeneration nicht mehr, wenn das genannte Vorurteil auch in manchen Abwandlungen in »gebildeten Kreisen« noch immer anzutreffen ist. Die Kirche jedenfalls sieht heute kein Problem mehr darin, die Welt insgesamt als göttliche Schöpfung zu begreifen, und zwar expressis verbis einschließlich der Bereiche, die wissenschaftlich analysiert und verstanden sind.
Damit aber ist andererseits im Verlauf einer langen Geschichte, die ich hier nur kurz zu skizzieren versucht habe, jene Situation entstanden, von der ich ausgegangen bin und von der ich glaube, daß sie für unsere Epoche kennzeichnend ist: Wir leben heute in zwei Welten zugleich oder, wie ich vor dem Hintergrund des bisher

gesagten jetzt präziser formulieren kann: Wir leben in einer Welt, die von zwei verschiedenen Instanzen zugleich auf gänzlich unterschiedliche Weise gedeutet und erklärt wird, nämlich einmal von der Naturwissenschaft als das Produkt einer naturgesetzlich begreifbaren, den ganzen Kosmos umfassenden Evolution und zum anderen von der Theologie als das Ergebnis einer göttlichen, alle Naturgesetze und damit auch den menschlichen Verstand überschreitenden Schöpfung.
Dabei fühlt sich, um das gleich klarzustellen, der Naturwissenschaftler durch diese Doppelgleisigkeit einer unterschiedlichen Beschreibung des gleichen Objekts grundsätzlich keineswegs irritiert. Im Anschluß an eine inzwischen mehrere Generationen zurückliegende kritiklos-euphorische Phase der Selbstüberschätzung ist die Naturwissenschaft sich heute nach einer selbstkritischen Überprüfung ihrer Voraussetzungen und Methoden längst darüber klargeworden, daß sie die Welt nicht, und zwar prinzipiell nicht, vollständig beschreiben und erfassen kann.
Damit aber bleibt Raum genug für eine außerwissenschaftliche und damit auch für eine religiöse Deutung und Interpretation eben dieses selben Kosmos. Die Äußerung, die Gagarin während seiner ersten Erdumkreisung 1961 im Weltraum gemacht haben soll: »Genossen, ich sehe keinen Gott«, ist für einen modernen Naturwissenschaftler längst kein Argument mehr, sondern nur noch eine törichte Bemerkung. Sie entspricht, wie so vieles anderes in der sich als Wissenschaft ausgebenden marxistischen Lehre, längst nicht mehr dem augenblicklichen Stande der Wissenschaft.
Dieser Stand bringt es andererseits aber mit sich, daß wissenschaftliche und religiöse Beschreibung an immer mehr Stellen im Detail miteinander zu kollidieren beginnen. Die ursprüngliche konfliktlose Trennung in sublunare und himmlische Zuständigkeitsbereiche ist heute durch eine einst unvorstellbare wissenschaftliche Durchdringung aller Bereiche der Natur aufgehoben. Als Folge davon nimmt die Zahl der Fälle zu, in denen wissenschaftliche und religiöse Aussagen angesichts des gleichen Sachverhalts aufeinanderstoßen und dabei, wie sich herausstellt, einander nicht selten widersprechen.
Das ist jetzt endlich die konkrete Beschreibung der Situation, die ich meine. Sie ist neu und damit aktuell. Und sie bedarf der Aufar-

beitung, und zwar im Interesse beider Seiten, der Wissenschaft und der Theologie. Ohne diese Aufarbeitung drohen intellektuelle Unredlichkeit und Heuchelei.
Ich möchte hier Kardinal Hermann Volk zitieren, den Vorsitzenden der Glaubenskommission der deutschen katholischen Bischöfe, der Anfang 1977 feststellte: »Die Theologie steht in verschiedener Hinsicht in anspruchsvollen Auseinandersetzungen. Die erste Auseinandersetzung ist die mit den Naturwissenschaften. Sie dauert schon Jahrzehnte, ist weitgehend abgeschlossen in dem Sinne, daß die Ergebnisse der Naturwissenschaften in die theologische Aussage einbezogen werden können, ohne daß der Glaube damit angegriffen würde. Das ist keine leichte Aufgabe, das erfordert die intensive Aufarbeitung durch die Theologie.«

Ich möchte den zweiten Teil meines Vortrags nunmehr benutzen, um ein Beispiel für konkrete Berührungspunkte zwischen Naturwissenschaft und Theologie zu nennen und anhand dessen den Versuch zu machen, etwas darüber zu sagen, wie die Aufarbeitung aus der Sicht des Naturwissenschaftlers aussehen könnte.
Meine exemplarische These lautet: »Gott ist kein Primat.« Das ist eine Feststellung, über die eine Einigung ziemlich unproblematisch und einfach herbeizuführen sein dürfte. Mancher wird mir vielleicht sogar vorhalten, daß ich mit ihr ohnehin nur noch offene Türen einrenne. Das mag richtig sein. Trotzdem möchte ich auf die hier angesprochene Problematik kurz eingehen, weil die Art und Weise, in der Fortschritte der naturwissenschaftlichen Erkenntnis Konsequenzen für theologische Aussagen haben können, sich gerade an einem solchen unproblematischen Fall besonders anschaulich zeigen läßt.
Was mit der Formulierung »Gott ist kein Primat« gemeint ist, ist klar: Es ist unzulässig, sich Gott als menschenähnliches Wesen vorzustellen. Welche Bedeutung der einzelne mit dem Begriff »Gott« auch immer verbinden mag, sicher ist, daß es sich in keinem Fall um ein Wesen mit Armen und Beinen, mit einem menschenähnlichen Gesicht und all den übrigen körperlichen Merkmalen handeln kann, die in der biologischen Systematik ein Lebewesen aus der Ordnung der Primaten oder »höheren Tiere« kennzeichnen.

Das Verbot ist seit den Zeiten des Alten Testaments ein Bestandteil der theologischen Überlieferung: Du sollst dir kein Bildnis oder Gleichnis machen. Das Christentum hat dieses Verbot jedoch, wie durch die Kunstgeschichte, wie speziell durch die religiöse und die kirchliche Kunst belegt wird, nie wirklich beachtet (im Gegensatz etwa zu seiner konsequenten Verfolgung im Islam). Die Darstellung Gottes als eines alten, meist bärtigen Mannes, taucht schon in frühchristlicher Zeit auf und hat seitdem eine fast ununterbrochene Tradition bis hin zu der bekannten Bilderbibel von Doré oder den Werken der »Nazarener«.

Ich glaube nun, so seltsam das im ersten Augenblick auch klingen mag, daß der Naturwissenschaftler zum Verständnis der Unbekümmertheit ein wenig beitragen kann, mit der über Jahrhunderte hinweg gegen dieses Verbot verstoßen worden ist. Ohne Zweifel ist die Menschenähnlichkeit Gottes in der kirchlichen Kunst ja das Ergebnis eines logischen Umkehrschlusses aus der Angabe der Schöpfungsgeschichte, daß Gott den Menschen »nach seinem Ebenbilde« erschaffen habe.

Die künstlerische Darstellung dieser Ähnlichkeit läßt sich daher als der Versuch deuten, auf diese Weise die besondere Beziehung zwischen Schöpfer und Geschöpf, die transzendentale Verwandtschaft zwischen Gott und dem von ihm geschaffenen und abhängigen Menschen, sinnfällig auszudrücken. Dagegen ist grundsätzlich nichts zu sagen. Auch die Tatsache, daß diese übernatürliche Verwandtschaft durch die Identität körperlicher Merkmale ausgedrückt wird, erscheint bis in die jüngste Zeit hinein entschuldbar: Sie ist so lange verzeihlich, wie die Ansicht zulässig war, daß der Mensch von der übrigen diesseitigen Welt, einschließlich der belebten Natur, radikal verschieden und in sie als ein ganz anderer wie in eine Kulissenlandschaft (»von außen her«) von Gott hineingesetzt worden sei.

So lange mochten Künstler Gott unbekümmert mit menschlichen Zügen ausstatten. Vor dem Hintergrund dieser Weltanschauung konnte niemand auf den Gedanken kommen, daß sich in dieser Ähnlichkeit zwischen Schöpfer und Geschöpf etwas anderes als eine Erhöhung des Menschen dokumentiere.

Diese Unbekümmertheit kann aber heute auch der naivste Künstler nicht mehr für sich in Anspruch nehmen. In den vergangenen hundert Jahren haben wir nämlich entdeckt, daß die Besonderheiten des menschlichen Körperbaus bis in das letzte Detail hinein das Resultat einer biologischen Stammesgeschichte sind, der Evolution, die uns, wie neuere Untersuchungen inzwischen über allen Zweifel hinaus bewiesen haben, mit allen anderen Lebewesen auf diesem Planeten verwandtschaftlich verbindet. Wir haben dabei Ähnlichkeiten ebenfalls als Ausdruck von Verwandtschaft zu deuten gelernt, in diesem Fall jedoch einer durchaus natürlichen, konkret biologisch zu verstehenden verwandtschaftlichen Beziehung.

Das hat uns instand gesetzt, die Stammesgeschichte über die Jahrmilliarden der Vergangenheit hinweg zurückzuverfolgen und zu rekonstruieren. Wir haben dabei entdeckt, wie im Verlauf uns unermeßlich erscheinender Zeiträume aus Reptilien Säugetiere hervorgingen, aus primitiven Insektenfressern Halbaffen und aus diesen schließlich die Ordnung der Primaten, zu denen neben den Menschenaffen auch wir selbst gehören. In diese großartige und faszinierende Geschichte dringt die Naturwissenschaft heute mit immer neuen Methoden, auf immer neuen Wegen tiefer und tiefer ein, wobei sie immer neue Gesetzlichkeiten und Einzelheiten rational analysiert, auf kausale Zusammenhänge zurückführt und damit unserem Verstand begreiflich werden läßt.

Das Staunen und die Bewunderung angesichts dieser Geschichte des irdischen Lebens werden dabei nur immer größer. Und kein Naturwissenschaftler würde einem Theologen die Möglichkeit bestreiten, die gleiche von der Wissenschaft nach rationalen Kriterien untersuchte Geschichte auf eine ganz andere, nämlich eine religiöse Weise zu interpretieren und zu beschreiben, und zwar als die Geschichte einer göttlichen Schöpfung. Ich vermute sogar, daß eine große Zahl der heutigen Naturwissenschaftler zu dem Zugeständnis bereit sein würde, daß damit über die von ihnen untersuchten Phänomene hinaus zusätzlich etwas über die Evolution ausgesagt wird.

Eine Möglichkeit jedoch scheidet nunmehr endgültig aus: Die bildliche oder auch nur gedankliche Ausstattung Gottes mit menschlichen Zügen kann heute von keinem naturwissenschaftlich auch nur einigermaßen gebildeten Menschen mehr toleriert werden. Ich weiß selbstverständlich, daß diese Möglichkeit auch in-

nerhalb der Theologie selbst seit Jahrhunderten immer von neuem wieder besprochen worden ist. Es genügt, hier an Luthers Lehre vom »verborgenen Gott« zu erinnern. Aus den eben genannten Gründen setzte sich dennoch immer wieder die Tendenz durch, mit Hilfe der äußeren Ähnlichkeit die besondere Beziehung des selbst eben auch schon über der Natur stehenden Menschen zu Gott zu unterstreichen.
In dieser Hinsicht ist nun durch den Fortschritt unserer naturwissenschaftlichen Einsichten eine grundsätzlich neue Situation entstanden, die auch von den Theologen nicht ignoriert werden kann. Wir wissen jetzt, daß der Mensch, daß wir selbst also, nicht über oder außerhalb der Natur stehen, sondern daß wir ein Teil der Natur sind, aus ihr hervorgegangen im Ablauf einer Evolutionsgeschichte, die alles Leben auf dieser Erde verwandtschaftlich zusammenschließt. Und wir haben gelernt, die Ähnlichkeit des Körperbaus, die zwischen Lebewesen verschiedener Spezies bestehenden morphologischen Übereinstimmungen, die körperbaulichen Homologien, wie sie der Evolutionsforscher nennt, als Folge und damit als konkreten Beweis für diese Verwandtschaft zu erkennen und zu verstehen.
Damit aber ist es endgültig unzulässig geworden, die von den Theologen gelehrte besondere Beziehung zwischen Gott und dem Menschen durch eben diese Ähnlichkeiten darstellen oder auch nur symbolisieren zu wollen. Wer dieser Versuchung heute noch erliegt, muß sich vom Biologen sagen lassen, daß er damit nicht mehr den Menschen erhöht, sondern Gott erniedrigt. Denn durch Merkmale dieser Art bezieht er Gott, ob er das nun will oder nicht, in die Evolutionsgeschichte ein, und das sogar an einer konkret angebbaren Stelle: Er macht Gott zum Primaten. Gott aber ist, wenn es ihn denn gibt, ganz sicher nicht ein Ergebnis der Evolution, sondern vielmehr ihre Ursache.
Es mag schon sein, daß man mit einer solchen Argumentation bei fast allen Menschen heute nur noch offene Türen einrennt. Zumindest aber liefert sie – gerade anhand eines relativ unproblematischen Beispiels – einen meiner Ansicht nach überzeugenden Beweis dafür, daß Naturwissenschaft und Theologie einem gemeinsamen Gespräch heute schon deshalb nicht länger ausweichen können, weil sie längst in Berührung miteinander gekommen sind.

Und schließlich sei mir, eingedenk der Situation in so mancher entlegenen Gemeinde, doch auch der leise Zweifel daran erlaubt, ob eine so direkte, wissenschaftlich-konkrete Beweisführung gegen die Zulässigkeit einer wörtlich verstandenen »Ebenbildlichkeit« heute wirklich schon gänzlich überflüssig geworden ist.

(1977)

Kunst nach dem Sündenfall

Das Werk Adolf Luthers

Die Ansicht, daß Kunst und Wissenschaft einander polar gegenüberständen, daß sie wesensverschiedene Formen der Auseinandersetzung des Menschen mit seiner Welt darstellten und daher nichts miteinander gemein hätten, ist noch immer weit verbreitet. Nun ist in der Tat nicht zu bestreiten, daß beide als äußerste Spezialisierungen menschlichen Tuns einander auf der praktischen Ebene ausschließen. Methoden, Ausdrucksmittel und Denkweisen sind so verschieden, daß ihre Vereinigung in ein und demselben Individuum die uns gegebenen Möglichkeiten offensichtlich übersteigt.

Aber diese konkrete Erfahrung ist nicht gemeint, wenn von den Verschiedenheiten zwischen Kunst und Wissenschaft die Rede ist. Geglaubt wird an einen sehr viel radikaleren Unterschied. Gemeint ist, daß die Kunst darauf abziele, die Schönheit der Welt, die Fülle ihrer ästhetischen Qualitäten aus immer neuen Blickwinkeln zu entdecken, während die Wissenschaft versuche, die Wahrheit über die Welt herauszufinden. So trivial den meisten diese Definition aus langer Gewohnheit auch erscheinen mag, sie ist, wie seit einiger Zeit immer deutlicher wird, aller Wahrscheinlichkeit nach falsch. Auch die Kunst hat es mit der objektiven Wahrheit der Welt zu tun, und das, wenn auch auf eine eigene Weise, nicht weniger unerbittlich als jede noch so exakte wissenschaftliche Disziplin.

Wir trennen uns von unseren Gewohnheiten niemals freiwillig, sondern immer erst, wenn wir mit der Nase auf die Irrtümer gestoßen werden, die ihre Folgen sind. Was heute kaum mehr zu verdrängen ist, wäre uns sonst wohl schon vor längerer Zeit aufgegangen: die Ahnung von einer grundsätzlichen Verwandtschaft zwischen künstlerischer und wissenschaftlicher Tätigkeit; die Einsicht, daß die Suche des Menschen nach der »Wahrheit« der Welt

ihre gemeinsame Wurzel ist, das ihnen beiden in gleicher Weise zugrundeliegende Motiv.
Der Verdacht einer solchen Wesensverwandtschaft hätte uns spätestens angesichts der sehr auffälligen Tatsache kommen müssen, daß den Künstlern in den letzten hundert Jahren etwas widerfuhr, was den Naturwissenschaftlern in ihrem eigenen Bereich ebenfalls zugestoßen war. Beiden kam das scheinbar Selbstverständlichste, das Handgreiflichste von der Welt abhanden: der Augenschein, das »Aussehen« der Dinge als legitime Quelle der Erkenntnis. Die Synchronizität dieser revolutionären Erfahrung in beiden angeblich so weit voneinander geschiedenen Bereichen hat jedoch erstaunlich wenig Beachtung gefunden.
Selbstredend hat sich der Anblick der Welt weder für den Physiker noch für den Maler in irgendeinem Punkt geändert. Wir haben allen Grund zu der Annahme, daß sich die Welt schon in den Augen des Neandertalers so abbildete wie in den unseren. Was sich in den zurückliegenden Jahrtausenden jedoch fortwährend änderte, das war die Bedeutung des Gesehenen. Und in dieser Hinsicht sind wir nun die Zeitgenossen einer einmaligen revolutionären Wende. Was vor hundert Jahren, in geistesgeschichtlichen Maßstäben gesehen also gerade eben erst, abhanden kam, das war der Glaube an die bis dahin grundsätzlich nie bezweifelte Identität des Aussehens der Welt mit dem Ausdruck ihrer wahren Natur. Zwar ist die Erfahrung uralt, daß die Wahrheit der Welt auch am lichten Tag geheimnisvoll bleibt, daß sie sich dem Betrachter an ihrer sichtbaren Oberfläche nicht einfach und nicht ohne Mühe offenbart. Dennoch schien fraglos festzustehen, daß diese sichtbare Fassade etwas von dem inneren Wesen der Dinge verriet, daß sie, verstand man es nur, die Zeichen richtig zu lesen, dieses Wesen ausdrückte. Über allen Zweifel erhaben schien die Tatsache eines sinnvollen Zusammenhangs zwischen dem Aussehen der Dinge und ihrer wahren Natur.
Dieses Vertrauen existiert heute nicht mehr. Es wurde in seinen Grundfesten zerstört durch die sich Zug um Zug Bahn brechende Einsicht, daß das Abbild der Welt im menschlichen Kopf mehr über den Kopf aussagt als über die Welt. Daß das, was über die Jahrtausende menschlicher Kulturgeschichte hinweg ganz selbstverständlich für Eigenschaften der Außenwelt gehalten worden

war, nämlich Farben und Gestalten, nicht der Welt selbst angehört, sondern ein Produkt der Wahrnehmungsstruktur des menschlichen Betrachters darstellt. Wie aber sollten Farben und Gestalten bei solcher Abstammung noch legitim etwas aussagen können über das Wesen der Dinge?
Das entscheidende Experiment liegt schon 300 Jahre zurück. Damals hielt Isaac Newton ein Glasprisma in einen Lichtstrahl, den er sich an einem Sonnentag mit Hilfe eines Bohrlochs im Fensterladen seines verdunkelten Zimmers hergestellt hatte. 1672 zog er die Konsequenzen aus seinen Beobachtungen anläßlich dieses und anschließender Versuche. Das weiße Licht der Sonne, so Newton, ist »in Wirklichkeit« gar nicht weiß, sondern aus den Spektralfarben zusammengesetzt. So unvorstellbar es dem menschlichen Verstand auch bis heute erscheint: »Weiß« ist das Ergebnis einer Mischung aller Farben des Regenbogens.
Daß mit dieser Behauptung eine Lawine losgetreten wurde, die in der Folgezeit das bis dahin geltende Weltbild unter sich begrub, war im ersten Augenblick nicht zu erkennen. Der erste, der die Gefahr spürte, scheint Goethe gewesen zu sein. In seiner Farbenlehre griff er die Newtonschen Schlußfolgerungen mit einer Schärfe an, die deutlich die Angst vor der Möglichkeit verrät, daß der große Engländer dennoch recht haben könnte. Goethes wichtigster Einwand: Newton habe das sichtbar weiße Licht in Wirklichkeit gar nicht zerlegt, sondern mit seinem Prisma in die Spektralfarben verwandelt.
Der Rest des Goetheschen Textes ist Polemik, seitenweise von einer Plumpheit, wie man sie aus dieser Quelle nie erwartet hätte. Aber Argumente gegen die erbarmungslosen Schlußfolgerungen Newtons existieren eben nicht. Auch Goethes Einwand war von ihm in Wirklichkeit längst vorweggenommen und widerlegt worden, und zwar durch den gelungenen Nachweis der Umkehrbarkeit des entscheidenden Versuchs: Ein zweites Prisma, in den Strahlengang gehalten, vereinigte die entstandenen Spektralfarben wieder und mischte sie dabei erneut zu dem unabweisbaren Seherlebnis »weiß«.
Was ist an dieser Entdeckung eigentlich so welterschütternd? Die Tatsache, daß sie nichts weniger darstellt als die Widerlegung des Glaubens an die Identität von Augenschein und Wirklichkeit.

Welterschütternd ist sie daher im wörtlichsten denkbaren Sinne. Wenn »weiß« in Wirklichkeit, und allem Augenschein zum Trotz, eine Mischung der verschiedensten Farben ist, dann haben Wirklichkeit und Augenschein eben nichts mehr miteinander zu tun. Dann hat sich darüber hinaus der Augenschein sogar als eine die Wahrheit der Welt verhüllende Fassade entpuppt, die es zu durchstoßen gilt, wenn man den Dingen auf den Grund gehen, wenn man ihrer wahren Wirklichkeit ansichtig werden will.

Die Naturwissenschaftler haben aus dieser Entdeckung längst ihre Konsequenzen gezogen. Zugespitzt könnte man sagen, daß die moderne Naturwissenschaft nichts anderes ist als eben diese Konsequenz. Sie besteht aus der Summe all der Methoden und Instrumentarien, die der Mensch unter immer höherem Aufwand allein zu dem Zweck entwickelt hat, um in jene der unmittelbaren Erfahrung nicht mehr zugänglichen Bereiche vorzudringen, in denen wir die Wahrheit über die Welt heute zu finden hoffen.

Es liegt in der Logik dieser Entwicklung, daß die Wahrheiten, die wir auf diesem Wege zutage fördern, in keinem Sinne des Wortes mehr »anschaubar« sind. Die Antworten, die uns die moderne Wissenschaft auf die alte Frage gibt, was die Welt im Innersten zusammenhält, sind in einer abstrakten, aus mathematischen Symbolen bestehenden Sprache abgefaßt, die nur noch den Spezialisten verständlich ist.

Das ist nicht Ausdruck elitärer Arroganz, die sich auf diese Weise ihrer Exklusivität versichern will, wie es ein törichtes modisches Vorurteil gelegentlich behauptet hat. Die Kunstsprache der Wissenschaftler ist aus der Not geboren. Unsere Alltagssprache hat sich unter dem Eindruck alltäglicher Erfahrungen entwickelt. Sie hält daher weder Begriffe noch Syntax bereit zur Beschreibung der Erkenntnisse, die die Wissenschaftler bei ihrer Suche jenseits dieser Erfahrungen gewinnen.

Am Rande unseres Wissens stoßen wir nicht etwa auf unübersteigbare Grenzen, sondern auf ein Hindernis ganz anderer, viel weniger greifbarer Art: An der Grenze des Wissens verliert sich die Welt für uns im nicht mehr Vorstellbaren.

Das alles hätte nun die darstellenden Künstler, die sich doch angeblich mit ganz anderen, nämlich mit rein ästhetischen Problemen herumschlugen, eigentlich unberührt lassen können. Wo wäre unter der Voraussetzung eines grundsätzlichen Unterschiedes zwischen Wissenschaft und Kunst ein Grund zu sehen, der sie in den Strudel der soeben geschilderten Entwicklung hätte mit hineinziehen können? Der Anblick der Welt hatte sich in keiner Weise geändert. Die aus dem Aussehen der Dinge resultierenden ästhetischen Aufgaben waren die gleichen geblieben. Und dennoch ist nun auch die Malerei der letzten hundert Jahre in verblüffender Parallele den grundsätzlich gleichen Weg gegangen wie die Physik. Es ist eine Kunst nach dem Sündenfall. Eine Kunst, die von der revolutionierenden Erkenntnis geprägt ist, daß das Äußere der Dinge ihr wahres Wesen nicht ausdrückt, sondern ganz im Gegenteil verhüllt, und die sich dadurch vor die paradox erscheinende Aufgabe gestellt sieht, mit optischen Mitteln nach der erst hinter dem alltäglichen Augenschein gelegenen Wahrheit suchen zu müssen.

Als Wissenschaftler kann ich nicht beurteilen, welche anderen Faktoren daneben die charakteristische Entwicklung noch bestimmt haben mögen, die die bildende Kunst im letzten Jahrhundert durchgemacht hat. Aber daß die in dieser Zeit immer konsequenter betriebene Auflösung der dargestellten Gegenstände, die Zerlegung der Farben, die oft gewaltsam erscheinende Veränderung der natürlichen Formen, die mitunter expressis verbis formulierte Absage an das »retinale Bild« (Marcel Duchamp) eine exakte Analogie zu der soeben beschriebenen Entwicklung der physikalischen Welt-Anschauung bilden, wird niemandem mehr zweifelhaft erscheinen, der auf diese Parallelität erst einmal aufmerksam geworden ist.

Das Phänomen erscheint mir um so bemerkenswerter, als nichts, so weit ich sehe, dafür spricht, daß es einfach durch eine direkte Einwirkung der einen Entwicklung auf die andere erklärt werden könnte. Also etwa dadurch, daß Künstler durch Informationen darüber, was sich in der Physik abspielte, dazu veranlaßt worden wären, mehr oder weniger bewußt und planmäßig dazu überzugehen, entsprechende Folgerungen für ihre eigene Arbeit zu ziehen. Das Fehlen eines solchen direkten Einflusses würde der Angelegenheit ohne Zweifel eine zusätzliche Bedeutung zukommen lassen und äußerst interessante Fragen hinsichtlich der Quellen und der Entwicklung des allgemeinen Lebensgefühls, des individuellen

»Bewußtseins« aufwerfen. Ich muß diesen Aspekt hier jedoch auf sich beruhen lassen.

Die folgerichtige Reaktion des Künstlers, der sich darauf angewiesen sah, mit optischen Mitteln darzustellen, was nach der Disqualifikation des naiven Seheindrucks übrigblieb, bestand im »Weglassen«, in der immer konsequenter betriebenen Abstraktion vom Gegenstand. Nun sind die dieser Ausflucht offenstehenden Wege jedoch sehr rasch zu Ende. Da gibt es – in starker Vereinfachung gesagt – grundsätzlich nur folgende Möglichkeiten: Der Künstler kann sich auf eine Auseinandersetzung mit der reinen, von jeglichem Gegenstand losgelösten Farbe und auf ebenso abstrakte, der Geometrie oder symbolhaften Zeichen entlehnte Formen konzentrieren.

Das erscheint mir gleichbedeutend mit einem Rückzug auf die – selbstredend unverändert legitime – rein ästhetische Dimension künstlerischer Darstellung. Denn auch dann, wenn auf diesem Wege, ausgelöst etwa durch Assoziationen archaischer Symbole, inhaltliche Informationen im Bewußtsein des Betrachters auftauchen, bleibt dieser doch immer auf sich selbst verwiesen und ohne jeden Hinweis auf eine außerhalb seines Bewußtseins existierende Realität.

Die andere Möglichkeit, die bis zum äußersten vorangetriebene Abstraktion, führt schließlich zu der monochromen Fläche Yves Kleins. Wer diese aber als das Ergebnis aller seiner Versuche, sich von der sichtbaren Oberfläche der Dinge zu befreien, schließlich vor sich hat, dem dürfte sie vergleichsweise wie eine Betonwand erscheinen. Sich am Ende eines mit so radikaler Entschlossenheit beschrittenen Weges auf die purifizierte Inkarnation einer Oberfläche aus Struktur und Farbe zurückverwiesen zu sehen, muß als Schock wirken. »Ich habe meine Bilder, soweit es ging, reduziert, und war am Ende meines Lateins.« (Adolf Luther, 1958)

In der Tat, wo ist ein Weg, der weiterführt, der es gestattet, die Betonwand zu durchdringen, die sich am Ende des Versuchs aufrichtet, die Barriere der Oberfläche durch fortschreitende Abstraktion zu überwinden? Es liegt, wie mir scheint, auf der Hand, daß die Bedeutung des Werks von Adolf Luther unter diesem Aspekt eben darin besteht, daß es einen solchen Weg darstellt.

Wenn ich mich als Wissenschaftler dazu habe überreden lassen,

diesen Aufsatz zu schreiben, so deshalb, weil mich die Entdeckung fasziniert hat, mit welcher Exaktheit sich in der künstlerischen Biographie Luthers die Entwicklung widerspiegelt, die ich eben vor dem Hintergrund des Wandels des naturwissenschaftlichen Weltbilds zu skizzieren versucht habe. Ich kann mich zu den Objekten Luthers als Kunstwerken mangels Kompetenz nicht äußern. Andererseits aber ergeben sich gerade aus einer naturwissenschaftlichen Perspektive Hinweise auf spezielle Bedingungen ihrer Entstehung, die innerhalb eines rein kunstgeschichtlichen Horizonts gar nicht sichtbar werden.
Angesichts der in diesem Band in der chronologischen Reihenfolge ihrer Entstehung reproduzierten Kunstwerke kann sich ein Biologe an das »biogenetische Grundgesetz« erinnert fühlen. Dieses von Ernst Haeckel vor siebzig Jahren formulierte Gesetz – heute wegen gewisser Einschränkungen seiner ursprünglich angenommenen Gültigkeit meist als »Regel« bezeichnet – besagt, daß das Individuum im Verlauf seiner Ontogenese, also seiner embryonalen Entwicklung, andeutungsweise die entscheidenden Phasen der Stammesgeschichte seiner Art rekapituliert.
So haben ungeborene Wale vorübergehend ein Haarkleid, weil diese Meeressäuger von Landtieren abstammen, die in ferner Vergangenheit einmal, wie andere landlebende Warmblüter auch, ein Fell trugen. Und wir alle haben in den ersten Wochen unserer vorgeburtlichen Existenz vorübergehend einmal (wenn auch nicht voll ausgebildete) Kiemen besessen – die lange vor unserer Geburt dann wieder »umgebaut« wurden – als eine Art biologischer Erinnerung daran, daß unsere Ahnenreihe vor Hunderten von Jahrmillionen mit Kiemen atmende Meeresbewohner aufgewiesen hat.
In analoger Weise – mehr als ein metaphorischer Vergleich ist nicht gemeint – »rekapituliert« Luther in seiner künstlerischen Biographie nun die Entwicklung, die die Malerei in den letzten hundert Jahren durchgemacht hat, und die sich in dieser Entwicklung ihrerseits wiederholende Wandlung der naturwissenschaftlichen »Anschauung« der Welt. Die in diesen Analogien sich ausdrückenden Tatbestände erscheinen mir aus mehr als einem Grunde aufschlußreich.
So spricht allein schon die Tatsache einer solchen »Rekapitulation« im Verlauf des künstlerischen Werdegangs Luthers dafür, daß we-

nigstens in diesem konkreten Fall die bereits erwähnte Vermutung zutrifft, die Parallele zwischen dem Ablauf in der Kunst und dem in der Wissenschaft sei nicht durch eine bewußte Information über die Grenzen beider Bereiche hinweg zu erklären. Denn wer das in dem einen Gebiet längst vorliegende Ergebnis bewußt zur Kenntnis genommen hätte, brauchte es auf dem anderen, seinem eigenen, nicht nochmals in dieser Weise mühselig und Schritt für Schritt im Lauf von Jahrzehnten von neuem zu entdecken.

Genau das aber ist hier nachweislich geschehen. Die eigenen Äußerungen Luthers dokumentieren diesen beachtenswerten Sachverhalt über alle Zweifel hinaus. Luther beginnt realistisch, wenn nicht gar naturalistisch, wird jedoch rasch von Zweifeln befallen, die damit zusammenhängen, daß unterschiedliche Lichtverhältnisse und Perspektiven ihm die Frage unbeantwortbar erscheinen lassen, welches nun die »richtige« Farbe, die »richtige« Form eines Objekts sein möge.

1953 wird ihm klar, »daß die innere Wirklichkeit der Dinge nicht mit den Mitteln der Malerei, die auf Sichtbarkeit beruhen und auf die alltägliche optische Welterfahrung angewiesen sind, erreicht werden kann«. Aber auch das »Weglassen« befriedigt ihn nicht. »Das Nichts ist nicht genug«, schreibt er noch im gleichen Jahr. Es bleibt ihm die Hoffnung, auf dem »Wege des Reduzierens an einen Punkt des Nichts, des Gehtnichtmehr zu kommen, der dann gleichzeitig die Schwelle des Übergangs in eine andere Welt« sein könnte.

Diese andere Welt nennt er »transoptische Realität«.

Er erinnert sich noch heute an die ihn mehr als zehn Jahre bedrükkende Sorge, ob man von einer solchen transoptischen Realität wirklich und sinnvoll sprechen könne. Das zeigt: Er hat keine Ahnung davon, daß sie in der Physik längst entdeckt ist. Mit einer Sicherheit, die unter diesen Umständen nachtwandlerisch genannt werden muß, beginnt er mit Versuchen, die äußere Form der Dinge »aufzuheben«, die ihm den Zugang zu der von ihm geahnten inneren Realität versperrt. Er »entmaterialisiert«, und auch das nun wiederum nicht als ein von physikalischen Einsichten beeinflußter Theoretiker, sondern auf eine unüberbietbare pragmatische und konkrete Weise: Er zerschlägt Flaschen.

Die rational kaum noch verständliche Konsequenz dieses konkreten Vorgehens gegen die Materie und ihre ihn provozierende Undurchdringlichkeit wird von einer neuen Entdeckung belohnt. Luther erkennt, daß das, was übrigbleibt, wenn er die gläserne Form zerschlagen hat, Reflexe sind, also Licht. Damit ist der Ausgangspunkt für die weitere Entwicklung gefunden, die hier nicht weiter skizziert zu werden braucht.

Nach eigener Aussage hat Luther »das Ausgangsmaterial für das Sehen wie eine Sache entdeckt, auf die ich schon lange gewartet hatte. Ich sah es, wie eine Elster, die etwas Glitzerndes findet.« Deutlicher als durch diesen Weg und Selbstzeugnisse dieser Art läßt sich wohl kaum dokumentieren, daß Luther sein Ziel nicht durch rationale Einsichten gefunden hat oder gar durch die bewußte Übertragung von Erkenntnissen, die in anderen, etwa naturwissenschaftlichen Bereichen bereits vorlagen.

Kein Zweifel, die Entdeckung des Lichts selbst als Mittel künstlerischer Darstellung, das erst ist die perfekte Abstraktion vom alltäglichen Seherlebnis mit seinen die objektive Wahrheit der Dinge verhüllenden Oberflächen. Wer auf diese Weise das Medium aller Darstellung selbst zum künstlerischen Objekt macht, der hat, wie es scheint, das Ende des Weges erreicht, der durch das hier besprochene Werk markiert wird.

Für den aber, der diesen Weg rückblickend von außen betrachtet, bleibt die Frage, wie die Zielsicherheit und Konsequenz, die er nachträglich aufweist, eigentlich zu erklären sein könnte. Speziell einem Naturwissenschaftler muß sich die Frage stellen, welche Zusammenhänge die unübersehbare Verwandtschaft dieser künstlerischen Entwicklung mit der Geschichte der modernen Naturerkenntnis gestiftet haben mögen.

Wenn es kein bewußter wechselseitiger Austausch von Informationen ist, was ist es dann? Wo sind die gemeinsamen Wurzeln zu finden, die allein eine solche Parallelentwicklung in zwei so unterschiedlichen Bereichen der Weltbetrachtung bewirken können? Ich kenne auf diese Fragen keine Antwort. Ich weiß nicht einmal, ob sie in künstlerischen Kreisen in dieser Deutlichkeit überhaupt schon gestellt worden sind.

(1977)

Die Wissenschaft als Hure

Weltbilder sind Handlungsanleitungen

Hygiene und naturwissenschaftliche Medizin haben das natürliche, über Äonen hinweg stabile Gleichgewicht zwischen Leben und Tod innerhalb weniger Generationen derart aus den Fugen gebracht, daß unsere Existenz heute von einer Entwicklung bedroht ist, für die wir den Ausdruck »Bevölkerungsexplosion« erfunden haben.

Physik und Chemie haben uns erstmals in unserer Geschichte Mittel in die Hand gegeben, die endlich ausreichen, unsere Feinde zu vernichten – und uns selbst gleich noch dazu. Nicht außer acht bleiben sollte in diesem Zusammenhang der bedenkenswerte Umstand, daß die in der öffentlichen Diskussion sehr zu Unrecht vernachlässigten Nervengase, mit denen sich heute der ganze Globus zuverlässig von allem Leben befreien ließe, der gleichen Substanzklasse der Fermenthemmer angehören wie die modernen Insektizide, mit denen wir schon seit geraumer Zeit allerlei Ungeziefer höchst erfolgreich ausrotten.

Die Liste der Belege für die Behauptung, daß sich das von der Wissenschaft einst verheißene Paradies der Freiheit von Hunger, Krankheit und Armut in weniger als einem einzigen Jahrhundert in ein Szenario apokalyptischer Bedrohungen und Ängste verwandelt hat, ist damit nur unvollständig angedeutet. Mit welchen Argumenten läßt sich, so fragen denn auch viele, heute eigentlich noch zugunsten weiteren wissenschaftlichen Fortschritts plädieren? Oder für die Bedeutung des sogenannten Sachbuchs als seines publizistischen Multiplikators?

Auf diese Fragen will ich versuchen, eine Antwort zu formulieren. Ich nehme sie vorweg: Die heute immer deutlicher zu spürende Wissenschaftsverdrossenheit beruht auf einem prinzipiellen Mißverständnis. (Ebenso wie übrigens auch die ihr vorangegangene unkritische Wissenschaftsgläubigkeit, auf die sie eine psycholo-

gisch leicht zu verstehende Reaktion darstellt.) Das Mißverständnis ist nicht nur prinzipiell, es ist darüber hinaus auch noch lebensgefährlich. Denn wenn wir aus der gegenwärtigen Gefahrenlage, in die uns, das ist unbestreitbar, die Anwendung wissenschaftlicher Erkenntnisse gebracht hat, mit heiler Haut wieder herausfinden wollen, brauchen wir nicht – dies eine nicht selten zu hörende aktuelle Empfehlung – weniger, sondern ganz im Gegenteil mehr wissenschaftliche Anstrengungen und vor allem mehr öffentliche Aufklärung über deren Bedeutung.
Daß dies im ersten Augenblick paradox klingt, vermutlich auch für viele von Ihnen hier, hat einen ganz einfachen Grund. Er besteht darin, daß wir in unserer Gesellschaft noch immer nicht wirklich zu unterscheiden gelernt haben zwischen der Wissenschaft selbst – im Sinne wissenschaftlicher Grundlagenforschung – und den Möglichkeiten der Anwendung der aus dieser Grundlagenforschung resultierenden Erkenntnisse.
»Wissenschaft« – und ich meine damit jetzt immer Naturwissenschaft –, mit diesem Wort verbindet sich für die meisten der Gedanke an Raumfahrt, an Kernkraft oder Genchirurgie, an Laser und Computer oder auch an die Entwicklung neuer Heilmittel. Keine Frage, das alles sind wissenschaftliche Leistungen. Aber es sind ausnahmslos wissenschaftlich-*technische* Leistungen: Formen der Realisierung von Möglichkeiten, die sich aus naturwissenschaftlichen Erkenntnissen ergeben. In keinem Fall handelt es sich um diese Erkenntnisse selbst, deren Gewinnung die eigentliche, zentrale Bedeutung aller »reinen« Wissenschaft ausmacht.
Es ist mehr als bloße Freude an begrifflicher Haarspalterei, wenn man bedauert, daß dieser Unterschied in der Diskussion kaum jemals berücksichtigt wird. Ich will versuchen, seinen Rang mit einigen Beispielen zu verdeutlichen, damit das Ausmaß des geistigen Verzichts erkennbar wird, den in Kauf zu nehmen hat, wer ihn ignoriert.
Als besonders anschauliches Beispiel erscheint mir immer der Fall des gewöhnlichen Blitzableiters. Die Entdeckung elektrischer Felder in der Atmosphäre und der Gesetze ihrer Entladung hat uns seit den Tagen Benjamin Franklins, der bekanntlich als erster auf den Gedanken kam, die Möglichkeit verschafft, unsere Häuser durch Blitzableiter vor Einschlägen zu

schützen. Mit dieser Feststellung ist der Fall für die meisten Menschen abgetan.
Es gibt jedoch noch einen anderen, sehr viel wichtigeren Aspekt des gleichen Sachverhalts. Die entscheidende Bedeutung der ihm zugrundeliegenden Erkenntnis bekommt nicht zu Gesicht, wer auf ihre Nutzanwendung, den Blitzableiter, starrt. Die wirklich wesentliche Neuerung hat sich hier, so behaupte ich, nicht auf den Dächern unserer Häuser abgespielt, sondern in unseren Köpfen. Sie besteht darin, daß sich der Dämon, der mit seinem Blitz auf uns zielte und vor dem wir uns jahrtausendelang gefürchtet hatten, in ein Naturgesetz verwandelte, das nichts von uns weiß.
Dieser Bewußtseinswandel, diese Art der Korrektur unseres Weltverständnisses macht, wie ich glaube, das eigentliche Wesen aller naturwissenschaftlichen Erkenntnis aus.
Ein moderneres Beispiel liefert die Relativitätstheorie Albert Einsteins. Bestimmter, scheinbar paradoxer Behauptungen wegen – ich nenne die Unhaltbarkeit des Begriffs der Gleichzeitigkeit, die Abhängigkeit des Zeitablaufs vom Bewegungszustand und die Krümmung des Raums in einer uns nicht vorstellbaren zusätzlichen Dimension – war sie in der Öffentlichkeit lange Zeit hindurch vor allem Gegenstand mehr oder weniger geistreicher Witze. Aber auch sie führte schließlich zu konkreten Möglichkeiten der Anwendung und demonstrierte dabei vor aller Augen unübersehbar ihren Realitätsgehalt. Seit Hiroshima lacht niemand mehr.
Aber leider verwechselt die Öffentlichkeit den von Einstein vollzogenen geistigen Schritt seit Hiroshima auch fast ausnahmslos mit seinen kernphysikalisch-technischen Folgen. So gut wie unbemerkt bleibt dahinter auch hier wieder das Wesen der Einsteinschen Entdeckung: die unser Weltverständnis von Grund auf revolutionierende Einsicht, daß diese Welt auf eine uns unvorstellbare Weise anders ist als alles, was wir zu begreifen vermögen. Daß der Raum eine (mindestens eine!) Dimension mehr haben muß, als unsere angeborene Raumvorstellung es uns a priori und daher grundsätzlich unkorrigierbar weismacht. Daß sich Geschwindigkeiten nicht beliebig addieren lassen, wie es unsere arithmetische Logik uns als einzige Denkmöglichkeit hinstellt. Daß, alles in allem, die wahre Struktur des Kosmos sich von der Struktur unseres Denkens in grundsätzlichen Punkten radikal und unaufhebbar un-

terscheidet. Daß es uns also zwar auch weiterhin möglich sein wird, auf den Krücken mathematischer Symbole und Abstraktionen ein Stückchen über den uns angeborenen Erkenntnishorizont hinauszugelangen. Daß uns jedoch die Möglichkeit, zu erkennen, was die Welt im Innersten zusammenhält, endgültig und für alle Zukunft versagt bleibt.

Es ist hier nicht die Zeit, den Gedanken von diesem Punkt aus weiterzuführen und auseinanderzusetzen, in welcher Weise Einsteins Entdeckung in Verbindung mit dem naturwissenschaftlichen Ansatz der sogenannten evolutionären Erkenntnistheorie zur Auflösung bestimmter Probleme der Kantschen Erkenntnislehre geführt hat, und zwar auf eine Weise, die uns unsere eigene Rolle als geistige, erkennende Wesen in dieser Welt völlig neu sehen läßt. Ich kann hier nur feststellen, daß auch das noch zu den Folgen der Einsteinschen Entdeckung gehört. Naturwissenschaft ist ihrem Wesen nach Arbeit an »Weltanschauung«, in einem ganz ursprünglichen, weit vor aller Ideologie gelegenen Wortsinn.

Solange sich von all dem im Bewußtsein der Öffentlichkeit, im Selbstverständnis der großen Majorität außerhalb des geschlossenen Zirkels der Wissenschaftler, nichts oder doch fast nichts niedergeschlagen hat, so lange hat das naturwissenschaftliche Sachbuch seine Aufgabe im Dienste der Gesellschaft ganz offensichtlich nicht erfüllt. So lange gehören Ratlosigkeit und Verblüffung zu charakteristischen Ingredienzien der Motive seines Autors: die ratlose Verblüffung darüber, daß es bestimmte Kategorien geistiger Revolutionen zu geben scheint, die schlicht und einfach nicht (oder nur sehr zögernd) zur Kenntnis genommen werden.

So weit, so gut. Könnte man dem aber nicht vielleicht entgegenhalten, daß der Sachbuchautor die gesellschaftliche Bedeutung des Kenntnisdefizits, dessen Vorhandensein den Grund seiner Tätigkeit bildet, ungebührlich hoch veranschlagt? Daß er, auf gut deutsch, seine Rolle überschätzt?

Wie bedeutungsvoll ist denn die Vermittlung der hier angesprochenen Aspekte naturwissenschaftlicher Forschung für die Gesellschaft? Was hat ein Mensch davon, salopp gefragt, wenn man ihn dazu bringen kann, nicht nur mögliche Folgen der Genmanipulation zu bedenken (das auch, selbstverständlich!), sondern auch über die sich hinter dieser biologischen Spezialdisziplin verbergenden Erkenntnisse nachzudenken, über die sehr eigentümlichen Gesetze also, nach denen die Natur die Baupläne ihrer Kreaturen im molekularen Maßstab entwirft?

In welchem konkreten Sinne kann es denn, so müssen wir fragen, einem Menschen oder der Gesellschaft helfen, etwa zu wissen, daß Einstein eine prinzipielle, unaufhebbare Inkongruenz zwischen der Wirklichkeit dieser Welt und unserem Verstand, unserem Denk- und Vorstellungsvermögen, nachgewiesen hat? Eine der möglichen Antworten scheint sich mir aus dem Maß der Leiden zu ergeben, die wir uns im Laufe unserer Geschichte immer wieder dann selbst zugefügt haben, wenn wir davon überzeugt waren, im Besitz unbezweifelbarer Wahrheit zu sein.

Gerade in der aktuellen geistigen Auseinandersetzung mit professionellen Menschheitsbeglückern von links und von rechts, die ihrer Sache wieder einmal so sicher sind, daß sie sich für berechtigt halten, lebendige Menschen für das Wohl einer zukünftigen Menschheit aufs Spiel zu setzen – auch in dieser Auseinandersetzung wäre die wissenschaftlich-handgreifliche Erinnerung daran, daß der Besitz letztgültiger Wahrheiten nicht zu den Möglichkeiten des Menschen zählt, gewiß hilfreich. Uns allen wäre geholfen, wenn sich auch im gesellschaftlichen Raum die Einsicht durchsetzte, daß eine von keinerlei selbstkritischem Zweifel angekränkelte Selbstgewißheit eine Haltung verrät, der gegenüber äußerstes Mißtrauen am Platze, angesichts deren jede Befürchtung berechtigt ist.

Daß zu dieser Einsicht auch die Naturwissenschaft beitragen kann, gerade in der Auseinandersetzung mit Propheten, die sich auf die angebliche Wissenschaftlichkeit ihrer Heilsrezepte berufen zu können glauben, das ist es, woran ich erinnern will.

Ich möchte die mir besonders wichtig erscheinende These von einem prinzipiellen Zusammenhang zwischen wissenschaftlicher Weltsicht und gesellschaftlichem Selbstverständnis aber gern noch mit einem anderen, allgemeineren Beispiel aus dem Bereich der Astronomie belegen. Diese Wissenschaftsdisziplin eignet sich dafür besonders gut, weil ihr Gegenstand »Weltsicht« im denkbar wörtlichsten Sinne ist und weil sich aus den von ihr gewonnenen Erkenntnissen keinerlei konkrete Anwendungsmöglichkeiten ableiten lassen.

Astronomie ist, unter einem praktischen Aspekt, »nutzlos« – so nutzlos wie Musik oder bildende Künste.
Aber sie ist, so behaupte ich, beileibe nicht ohne Folgen für den Menschen – so wenig, wie Musik oder bildende Künste den Menschen unverändert lassen. Allerdings wird die Bedeutung nicht im konkreten Raum spürbar, sondern, wie es für jegliche »reine« naturwissenschaftliche Erkenntnis gilt, im geistigen Raum, im Bereich menschlichen Selbstverständnisses.
Eindrucksvoll zeigt sich das etwa am Beispiel der kopernikanischen Wende. Das mittelalterliche Weltbild war das einer auf Gott zentrierten kosmischen Hierarchie: im Mittelpunkt des Alls, in der sublunaren Sphäre, die Erde als Wohnstätte des Menschen. Darüber die Sphären der Fixsterne, jenseits deren das Reich Gottes begann. Auch dieses hierarchisch vielfach gestuft, von den Heiligen über die Engel und Erzengel bis zu Gottvater selbst als oberstem Herrscher.
Wir wissen heute, daß es sich bei diesem Bild, das unsere Vorfahren sich vom Kosmos gemacht hatten, um eine »soziomorphe Projektion« gehandelt hat: um die unbewußt-naive Hineinverlegung der Strukturen der eigenen feudalen Gesellschaftsordnung in die unbekannten Regionen des Himmels. Für die Zeitgenossen jedoch war dieses der eigenen Vorstellung entsprungene Bild geglaubte Wirklichkeit. Und damit bestätigte und legitimierte es die eigene irdische Ordnung als offenkundiges Abbild des Gottesreiches, als naturgegeben und gottgewollt also.
Aus dem Abstand von Jahrhunderten ist es leicht, diesen Zusammenhang zu erkennen und die Folgen zu sehen, die sich aus der wissenschaftlichen Revolution ergeben mußten, die wir (nicht ganz zu Recht) mit dem Namen des Kopernikus verbinden. Der Nachweis, daß der Kosmos nicht hierarchisch organisiert ist, sondern ein Ensemble unzählig vieler gleichartiger Objekte gleichen Ranges darstellt, daß Erde und Sonne keinen Sonderfall bilden, daß gar die Begriffe »oben« und »unten« im Raum ihre Geltung verlieren (Giordano Bruno hat diese entscheidenden Argumente als erster formuliert) – mit dieser Relativierung der kosmischen Verhältnisse war der feudalen Gesellschaftsordnung ihre natürliche, sie dem Bereich fragenden Zweifels entrückende Legitimation entzogen.

Man kann es nicht beweisen. Aber wer auf diese Zusammenhänge erst einmal aufmerksam geworden ist, wird kaum mehr daran zweifeln, daß die Auflösung der hierarchischen Weltvorstellung des Mittelalters und ihr Ersatz durch das »moderne« astronomische Weltbild eine der entscheidenden Voraussetzungen gewesen ist für die revolutionierende Möglichkeit, den Gedanken von der Gleichheit aller Menschen denken zu können.

Die Zeitgenossen haben das ganz sicher nicht durchschaut. Der Wandel hat sich auch mit quälender Langsamkeit vollzogen. Aber der buchstäblich blutige Widerstand, mit dem man sich über Generationen hinweg gegen die von der Wissenschaft erzwungene neue Weltsicht sträubte, verrät, für wie folgenschwer man die Entwicklung hielt. Wie hätte die irdische Ordnung von einer solchen Revolution am Himmel auch unberührt bleiben können!

Ist das nicht eigentlich trivial? Wie anders wird man sich in der Welt denn verhalten wollen, als den Regeln entsprechend, von denen man sie beherrscht glaubt? So gesehen ist jedes Weltbild zugleich Handlungsanleitung, sozusagen eine Gebrauchsanweisung für den Umgang mit der Welt. Die Menschen machen von dieser Anleitung, und das gilt uneingeschränkt auch für uns Heutige, einen unbewußten, einen gänzlich gedankenlosen Gebrauch. Denn seit je halten wir das Bild, das wir von der Welt haben, in aller Unschuld für die Wirklichkeit selbst.

Wissenschaft aber ist nun identisch mit der fortwährenden Korrekturarbeit an diesem Bild. Mit der niemals endenden Bemühung, es der Wirklichkeit immer mehr anzunähern. Und dem Sachbuch fällt die Aufgabe zu, diese Korrekturen, diesen ständigen Wandel des wissenschaftlich gewonnenen Weltbildes in das Bewußtsein der Öffentlichkeit zu übertragen.

Da aber der Fortschritt wissenschaftlicher Erkenntnis identisch ist mit einer zunehmenden Annäherung des Bildes, das wir uns von der Welt machen, an die objektive Wirklichkeit – einer asymptotischen Annäherung, versteht sich, in einer niemals abzuschließenden Anstrengung –, ist die Umsetzung der Ergebnisse dieser Annäherung in einen Bewußtseinswandel der Zeitgenossen gleichbedeutend mit einem emanzipatorischen Prozeß. Das naturwissenschaftliche Sachbuch hat vor allem anderen eine emanzipatorische Funktion.

Das aber gilt für alle Literatur von jeher, so daß jetzt zu fragen wäre, in welcher Hinsicht sich belletristische und Sachbuchliteratur in diesem Punkt eigentlich unterscheiden. Es bietet sich an, hier nochmals an den Unterschied zwischen ptolemäischem und kopernikanischem Weltbild anzuknüpfen. Das hinkt zwar, wie alle Vergleiche es tun, und läßt sich auf mancherlei Weise mißverstehen.

Gemeint ist aber nur eine einzige Parallele, und die wird von der Analogie treffend herausgehoben. In aller Literatur steht der Mensch im Mittelpunkt des Geschehens. So vielfältig und artifiziell die Welten immer sein mögen, die schriftstellerische oder dichterische Phantasie erschaffen, sie alle sind perspektivisch auf den Menschen hin entworfen, der in ihrem Zentrum als handelnde, erlebende, leidende Person auftritt.

Über die Legitimität dieser Perspektive ist kein Wort zu verlieren. Für den Menschen bleibt der Mensch der Mittelpunkt der Welt. Wenn diese auf das menschliche Subjekt hin zentrierte Perspektive allerdings zum einzigen, zum ausschließlichen Blickwinkel wird, aus dem wir unsere Lage betrachten, dann bleibt das Ergebnis auf bedenkliche Weise unvollständig.

So, wie erst zwei Augen, die den gleichen Gegenstand aus geringfügig verschiedenen Blickwinkeln anvisieren, die ganze Tiefe einer räumlich gegliederten Welt erschließen, so bedürfen wir auch zur Erkenntnis unserer Situation noch eines zweiten Standorts.

Die Realität unserer Stellung im Kosmos und innerhalb der irdischen Natur erschließt sich erst dann, wenn wir den Versuch machen, uns gleichsam über die Schulter zu blicken. Den Versuch, die ausschließlich anthropozentrische Weise der Betrachtung zu ergänzen durch eine komplementäre Perspektive, die uns selbst zum Objekt werden läßt und dadurch die Möglichkeit gibt, uns als Lebensform unter anderen Lebensformen zu entdecken, die die Natur im Ablauf ihrer Geschichte hervorgebracht hat – den gleichen Gesetzen unterworfen, den gleichen Grenzen und den gleichen Möglichkeiten.

Einäugigkeit ist auch hier gefährlich. Oder läßt sich etwa daran zweifeln, daß wir die Gefahren unserer augenblicklichen Lage auch als Folge des Umstands anzusehen haben, daß wir allzu lange mit einer einäugigen, nämlich allein mit der anthropozentrischen

Perspektive glaubten auskommen zu können? Ist es etwa nicht wahr, daß wir heute auch deshalb erschrocken der Möglichkeit einer Erschöpfung unserer globalen Lebensgrundlagen innewerden – vom Fischgehalt unserer Meere bis zu den in der Erdkruste steckenden Subsidien –, weil wir wie selbstverständlich davon ausgegangen waren, daß die Erde eigens auf unsere Bedürfnisse zugeschnitten wurde, und damit auch auf deren Grenzenlosigkeit? Sind die Gefahren, denen wir heute als Folge ungehemmten Expansionsdrangs und einer ebenfalls ungezügelten Aggressivität ausgesetzt sind, nicht vielleicht auch darum zu solchem Ausmaß gediehen, weil wir uns von einer Art kosmischer Überlebensgarantie geschützt wähnten, indem wir unausgesprochen, aber in vollem Ernst glaubten, daß das Universum seinen Sinn verlieren würde, wenn der Menschheit ernstlich etwas zustieße?

Es ist nicht ein Zuviel an Wissenschaft, das uns die jetzige Lage beschert hat. Wir haben die Wissenschaft, die Naturwissenschaft, als Erkenntnisquelle überhaupt noch nicht wirklich zur Kenntnis genommen. Wir haben uns vielmehr darauf beschränkt, ihre Ergebnisse jeweils auf den unmittelbaren, praktischen Nutzen für unsere Ziele abzuklopfen. Wir haben sie, hart formuliert, fast ausschließlich als Hure zur Befriedigung unserer Lebensansprüche und unserer Machtgelüste benutzt.

Alle sich daraus ergebenden Anwendungsmöglichkeiten lassen sich in Zweifel ziehen und zur Disposition stellen. Wissenschaftliche Erkenntnis selbst aber ist für uns überlebensnotwendig. Wenn wir es weiterhin für überflüssig halten sollten, uns für die Spielregeln der Natur zu interessieren, in der wir überleben müssen, dann werden wir in ihr nicht überleben. Wir brauchen mehr, nicht weniger Wissenschaft als bisher. Ich hoffe, daß das jetzt plausibler klingt und verständlicher ist als zu Beginn meines Vortrags.

Ich hoffe darüber hinaus, daß Sie die Befriedigung verstehen werden, mit der ich im Verlaufe der Vorbereitungen für das heutige Jubiläum zur Kenntnis genommen habe, daß dem wissenschaftlichen Sachbuch in der Geschichte des Verlages Hoffmann und Campe vom ersten Jahr an ein gewichtiger Platz eingeräumt wurde. Es ist zuzugeben, daß es dabei nicht immer blieb. In den zurückliegenden zwei Jahrhunderten ist auch bei diesem

Verlag mehrmals, mal mit dem einen, mal mit dem anderen Auge heftig geblinzelt worden. Schon seit längerer Zeit aber sind – um im Bilde zu bleiben – bei Hoffmann und Campe beide Augen wieder weit geöffnet. Mein Geburtstagswunsch ist, daß das so bleiben möge.

(1981)

Materie und Geist

Kritische Anmerkungen zum materialistischen Monismus

Angesichts des sogenannten Leib-Seele-Problems hat man sich im naturwissenschaftlichen Lager seit geraumer Zeit auf eine monistische, und zwar selbstverständlich eine monistisch-materialistische, Position festgelegt. Abweichende Auffassungen finden sich nur in Ausnahmefällen. Ich erinnere aus neuerer Zeit an John Eccles, der, von neurophysiologischen Überlegungen ausgehend, in Anlehnung an Poppers Drei-Welten-Konzept eine dualistische Auffassung entwickelt hat, allerdings mit Argumenten, die sicher zu Recht auf entschiedene Ablehnung gestoßen sind.

Das aber gehört zu den Ausnahmen. Sie sind so spärlich, daß man den materialistischen Monismus als quasi offizielle Lehrmeinung der heutigen Naturwissenschaften ansehen darf. Der moderne Naturwissenschaftler ist weltanschaulich, in aller Regel jedenfalls, Monist, nicht Dualist.

Wie stellt sich der Zusammenhang zwischen Materie und Geist, konkreter: zwischen Gehirn und Psyche für den materialistischen Monisten dar, und warum erscheint gerade diese Deutung einem Naturwissenschaftler besonders plausibel?

Für den Monisten ist der Zusammenhang zwischen Materie und Geist genetischer Natur. Ursprünglich gegeben ist ihm allein die Materie. Die Kategorie des Geistigen taucht im Licht dieser Auffassung erst sekundär auf als das Ergebnis einer Entwicklung der Materie. Wieder konkret gesprochen: Spezifische zentralnervöse Strukturen »erzeugen« psychische Phänomene.

Nun ist Naturwissenschaft identisch mit dem Versuch, die Welt, einschließlich der belebten Natur, als das Ergebnis einer sich im Rahmen sehr großer Zeiträume abspielenden Entwicklungsgeschichte materieller Systeme zu begreifen. Nach naturwissenschaftlicher Auffassung hat diese Geschichte, ausgehend von dem chaotischen Energiebrei des »Urknalls« vor rund dreizehn Milliarden Jahren, nacheinander nicht nur Elementarteilchen und Atome, nicht nur Galaxien, Sonnensysteme und Planeten, sondern auf deren Oberflächen schließlich auch immer komplexere chemische Verbindungen hervorgebracht – »spontan« entstehen lassen als das Ergebnis ausschließlich der Einwirkung der bestehenden Naturgesetze auf die vorliegende Materie über hinreichend lange Zeiträume hinweg. Chemische Verbindungen also, die sich dann beim Vorliegen bestimmter (einengender) äußerer Bedingungen zu Strukturen verbanden, die wir aufgrund bestimmter Eigenschaften als »belebte« Systeme bezeichnen. »Leben« ist für den Naturwissenschaftler eine bei materiellen Systemen eines hinreichend hohen Komplexitätsgrades unter bestimmten Umständen neu auftretende Systemeigenschaft. Es ist die beste Antwort auf die Frage nach dem Zusammenhang von Materie und Leben, über die wir verfügen.

Alles, was der Monist dieser heute wohl allgemein akzeptierten Auffassung hinzufügt, ist nun die Behauptung, daß auch die Kategorie des Psychischen als eine solche neue Systemeigenschaft aufzufassen und der Kette der evolutiven Entwicklungssprünge als weiteres Glied anzuhängen sei. Diese Antwort (sie wurde unter anderem von Lorenz, Riedl und Vollmer expressis verbis formuliert) fügt sich in der Tat formal so zwanglos in das kurz skizzierte evolutive Konzept ein, daß sie auf den ersten Augenblick besonders plausibel erscheinen muß.

Trotzdem sind hier kritische Einwände anzumelden, die sich auf ganz wesentliche Punkte beziehen. Bevor ich auf sie eingehe aber eine kurze Zwischenbemerkung: Ich möchte, um mich gegen unerwünschten Beifall aus der falschen Ecke zu schützen, die Position des materialistischen Monismus unter einem ideologischen Aspekt verteidigen, bevor ich mich aus sachlichen Gründen kritisch mit ihr auseinandersetze. Zu verteidigen ist der monistische Standpunkt in unserer kulturellen Landschaft auch heute noch immer gegen den aus einem ganz bestimmten Lager gegen ihn erhobenen Vorwurf des »Materialismus«. Als sachliche Feststellung wäre gegen den Ausdruck nichts einzuwenden. Gemeint ist in der Regel aber etwas ganz anderes, nämlich die Unterstellung einer gewissermaßen »klotzartig« beschaffenen Materie sowie der an-

geblichen Behauptung, daß deren Bewegungszustände alles Naturgeschehen und ebenso auch alle psychischen Phänomene hervorriefen.
Nun läßt sich nicht leugnen, daß es Fälle eines solchen mechanistisch verkommenen »Klotzmaterialismus« (Ernst Bloch) tatsächlich gegeben hat. Auf der Göttinger Naturforscherversammlung des Jahres 1854 erklärte der Züricher Physiologe Jacob Moleschott (die Äußerung wird gelegentlich auch Ludwig Büchner in den Mund gelegt): »Wie der Urin ein Ausscheidungsprodukt der Nieren, so sind auch Gedanken nichts anderes als Ausscheidungen des Gehirns.« Der Ausspruch aber trug ihm schon damals auf der Stelle den köstlichen Zwischenruf des anwesenden Philosophen Hermann Lotze ein: »Wenn man den Kollegen Moleschott reden hört, könnte man fast glauben, es sei so!«
Klotzmaterialismus solchen Kalibers eben war selbst damals nicht die Regel. In der Wissenschaft gibt es ihn längst nicht mehr. Heute existiert er nur noch offenbar quicklebendig als Gespenst in den Alpträumen gewisser einseitig orientierter Bildungsschichten. Es dürfte manchen aus diesen Kreisen sicher überraschen, wenn man ihm sagte, daß seinerzeit schon Marx und Engels (der letztere in seinem berühmten »Anti-Dühring«) gegen diese primitive Variante heftig polemisiert haben.
Unter den Händen der Kernphysiker hat die Materie in Wirklichkeit auch den allerletzten Rest von Klotzhaftigkeit längst verloren. Man braucht nur an die Feststellung Carl Friedrich von Weizsäkkers zu erinnern, daß die Materie »vielleicht der Geist sei, insofern er sich der Objektivierung füge«, um klarzustellen, daß eine so verstandene Materie nicht als Material für jene ideologische Keule taugt, mit der auch heute noch so mancher unzureichend informierte Bildungsbürger auf den angeblichen »Materialismus« der Naturwissenschaften eindreschen zu können glaubt. Wer den Vorwurf heute noch erhebt, verrät nur seine wissenschaftliche Unbildung.
So sehr der materialistische Monismus aber gegen ideologische Verunglimpfungen in Schutz zu nehmen ist, so notwendig ist es, sich sachlich kritisch mit ihm auseinanderzusetzen. Es ist keine Schande, den Geist aus der Materie hervorgehen zu lassen, es ist einfach nur falsch, wie mir scheint. Ich sehe nicht weniger als drei

verschiedene Gesichtspunkte, unter denen sich die dem Monismus heute allgemein zugesprochene Plausibilität in Frage stellen läßt.
Da ist als erstes ein formallogischer Einwand zu erheben. Die Definition psychischer Phänomene als neuartige Systemeigenschaft wirkt ja deshalb so plausibel, weil sie auf einem Analogieschluß zu beruhen scheint: Auch auf früheren Stufen der Evolution sei es doch, so etwa lautet das Argument, immer wieder zu dem für das Auftauchen derartiger Systemeigenschaften charakteristischen qualitativen Sprüngen gekommen. Aus dem Zusammenschluß der bis dahin getrennten Elementarteilchen seien verschiedene Atome mit unterschiedlichen Elementeigenschaften hervorgegangen. Aus deren Zusammenschluß dann die neuartige Vielfalt chemischer Qualitäten. Aus dem Zusammentreten bestimmter Großmoleküle dann sehr viel später das wiederum neuartige Phänomen des »Lebendigen«.
Der Monist fügt dieser Entwicklungsreihe nun die Kategorie der psychischen Phänomene einfach als weiteres Glied an. Er unterstellt, daß es sich abermals um einen den vorangegangenen grundsätzlich analogen »qualitativen Sprung« handele. Hegel erläuterte das Prinzip am Beispiel der unterschiedlichen Aggregatzustände des Wassers, Engels am Beispiel der Entstehung von Ozon aus molekularem Sauerstoff, Konrad Lorenz benutzte das Beispiel der Entstehung elektromagnetischer Wellen als Folge der Zusammenfügung von Spule und Magnet, Ernst Bloch schließlich illustrierte den »dialektischen Sprung« vom Quantum der einen Entwicklungsstufe zum neuartigen Quale der nächsthöheren am Beispiel des Übergangs von toter zu belebter Materie – welchen dieser oder aller anderen denkbaren Fälle man auch heranzieht, bei ausnahmslos allen von ihnen bleiben Start- und Zielpunkt des Sprungs innerhalb der räumlich-materiellen Dimension. Deren Verlassen aber ist es doch gerade, was erklärt werden soll: das Auftauchen einer Kategorie von Phänomenen, die immateriell, nicht-räumlich, nicht lokalisierbar, die nicht einmal, wie alles, was die Evolution bis dahin hervorbrachte, objektivierbar, sondern allein der Selbsterfahrung zugänglich sind.
Hinsichtlich gerade der entscheidenden Punkte also existiert die angebliche Analogie hier in Wirklichkeit gar nicht. Ernst Bloch,

der gewiß über jeden Idealismus-Verdacht erhabene »Materialist« und Metaphysiker (beides widerspricht einander bezeichnenderweise eben nicht), hat das ganz klar gesehen. Zitat: »Der dialektische Sprung vom Atom zur Zelle, von einem physischen Quantum zu einem organischen Quale ist via Aminosäure nicht schwer nachdenkbar, aber freilich von der Zelle zum Gedanken, von einem noch so organisch gewordenem Quantum zu einem psychisch sich selbst reflektierenden Quale schwierig, dergestalt daß, auch wenn man in einem Gehirn umhergehen könnte wie in einer Mühle, man nicht darauf käme, daß hier Gedanken erzeugt werden.« Das ist nicht nur großartig formuliert, das ist genau auf den Punkt getroffen.

Der Subsumtion psychischer Phänomene unter den Begriff der materiellen Systemeigenschaft ist noch aus einem weiteren, empirischen Grund zu widersprechen. Neue Systemeigenschaften treten unvermittelt auf: unvorhersehbar, ohne »Vorzeichen« oder Prodrome, übergangslos. Sie sind plötzlich da (und vorher eben nicht da), ohne graduelle Abstufungen. Diese Besonderheit ist so charakteristisch, daß Konrad Lorenz 1973 den Begriff der »Fulguration« für das Phänomen einführte, um es von anderen Weisen der Entstehung von Neuem abzugrenzen.

Das Leben selbst also ist – in diesem Sinne – eine »Fulguration«. Um Mißverständnissen vorzubeugen, hier wieder ein Zusatz: Zwar ist es möglich, Stadien der Entwicklung anzugeben, in denen Gebilde existierten, die sich, wie etwa die von Manfred Eigen hypothetisch rekonstruierten Hyperzyklen, im Rückblick als Vorstufen belebter Systeme auffassen lassen. Das gilt aber nicht für die Fulguration »Leben« selbst. Ein materielles System ist entweder tot oder lebendig. Dazwischen gibt es nichts. Und so gibt es eben auch, allen sonst kaum überbietbaren Unterschieden zum Trotz, keinen Unterschied hinsichtlich der Lebendigkeit zwischen Organismen unterschiedlicher Entwicklungshöhe: Eine Amöbe ist um nichts weniger lebendig als ein Krebs oder ein Mensch.

Das alles aber eben gilt nun nicht für die Art und Weise, in der das Phänomen des Psychischen im Ablauf der Evolution in die Welt kam. Das Psychische taucht gerade nicht in der für eine Systemeigenschaft charakteristischen Weise, nicht als »Fulguration« auf. Ganz im Gegenteil: Eine Jahrmilliarde ist nicht zu hoch geschätzt

für den Zeitraum, während dessen das Erwachen des Bewußtseins sich abspielte und im Ablauf der Evolution zu immer größerer Klarheit gedieh bis hin zu unserer heutigen Fähigkeit zur kritischen Selbstreflexion. Es gibt keine unterschiedlichen Grade der Lebendigkeit. Aber es gibt ohne allen Zweifel unzählig viele Grade oder Stufen der Bewußtheit, nicht nur im Ablauf der Evolution, sondern auch heute, gleichzeitig nebeneinander, repräsentiert durch die unterschiedlichen Erlebniswelten unzählig vieler verschiedener Arten unterschiedlicher Entwicklungshöhe. Auch diese Eigentümlichkeit erweckt Zweifel an der Berechtigung, unter dem Etikett »neue Systemeigenschaft« das Seelische der Kette evolutiver Schritte, die vom Wasserstoff des Uranfangs bis zum Anlaufen einer biologischen Evolution führt, einfach als weiteres (bisher letztes) Glied anzufügen.
Aus evolutionärer Perspektive ergibt sich ein weiterer Einwand. Jeder Schritt, den die Evolution getan hat, ist das Ergebnis einer bewertenden Auslese unter genetischen Varianten. Maßstab der Bewertung ist die Optimierung biologischer Anpassung, definiert als artspezifischer Überlebensvorteil. Wenn die Bewußtwerdung bestimmter zentralnervöser Prozesse ein Produkt materieller Evolution wäre, müßte es folglich möglich sein, einen biologischen Vorteil anzugeben, der bewußt ablaufende Prozesse vor solchen auszeichnet, für die das nicht gilt. Überraschenderweise erweist es sich als unmöglich, einen solchen Vorteil überzeugend zu formulieren (worauf unter anderem Gilbert Ryle und Hans Sachsse hingewiesen haben). Umgekehrt sind manche der von Roger Sperry und seinen Mitarbeitern bei sogenannten Split-Brain-Patienten erhobenen Befunde ein Beleg dafür, daß auch bei höheren zentralnervösen Prozessen die Frage ihrer »Bewußtwerdung« ohne Einfluß auf den ungestörten Ablauf sein kann. (Ein Beispiel wäre das Lachen eines Patienten über eine Karikatur, die nur seiner nichtdominanten Großhirnhälfte angeboten, von ihm also gar nicht bewußt gesehen wird.)
Ein letzter Einwand ergibt sich aus einer Besinnung auf methodische und wissenschaftssoziologische Zusammenhänge. Die wissenschaftliche Methode ist unvermeidlich positivistisch: Ausdruck einer Beschränkung auf die Untersuchung der objektivierbaren Eigenschaften der Welt. Dieser Positivismus hat also pragmati-

schen Charakter. Das wird nicht immer deutlich genug unterschieden.
Diese methodische Vorentscheidung aber klammert unter anderem eben auch die psychischen Phänomene prinzipiell aus. Das Psychische transzendiert den Horizont der unvermeidlich positivistischen naturwissenschaftlichen Methode. Diese Einsicht hat unter anderem den Tierpsychologen früherer Zeiten zum heutigen Verhaltensphysiologen werden lassen, der die Versuchung, sich in das Innenleben seiner Untersuchungsobjekte verstehend einzufühlen, energisch von sich weist und der erstaunlich erfolgreich geworden ist, seit er sich darauf beschränkt, bestimmte Umweltsignale mit beobachtbaren Verhaltensänderungen zu korrelieren und beide durch hypothetische neurophysiologische Prozesse (etwa angeborene auslösende Mechanismen) miteinander zu verknüpfen.
Daher steckt der materialistische Monismus schon in den Prämissen einer jeden naturwissenschaftlichen Fragestellung. In ihrem Rahmen liegt die Entscheidung gegen die Möglichkeit einer dualistischen Auffassung schon vor dem Beginn jeder Untersuchung immer schon fest. Das Bekenntnis eines Naturwissenschaftlers zum materialistischen Monismus rückt daher, wenn es innerhalb des Rahmens naturwissenschaftlicher Argumentation formuliert wird, in die Nähe einer tautologischen Aussage. Das ist letztlich trivial, wird in der Praxis aber erstaunlich oft übersehen.
Damit wären, wie ich glaube, die wichtigsten Gründe aufgezählt, die dafür sprechen, sich nicht mit der monistischen Position zufriedenzugeben und andere, insbesondere bestimmte dualistische, Hypothesen ernster zu nehmen, als das seit langer Zeit üblich ist.
Ein letztes Wort noch zur Frage der Relevanz derartiger Überlegungen. Sind sie letztlich nicht vielleicht doch nur intellektuelle Spielereien? Ich glaube das nicht. Denn auch mit der Stellungnahme zum Leib-Seele-Problem werden ja bereits Vorentscheidungen getroffen, nicht hinsichtlich bestimmter Fragestellungen philosophischer, weltanschaulicher oder theologischer Natur, sondern auch in ganz konkreten Bereichen etwa der neurophysiologischen Forschung. Die Entscheidung ist daher alles andere als belanglos. Und da die hier ins Spiel kommenden psychologischen Mechanismen ebenfalls zu den zentralnervösen Vorgängen gehö-

ren, deren Wirksamkeit von der Frage unberührt bleibt, ob sie bewußt erlebt werden oder nicht, ist es vorzuziehen, die Entscheidung bewußt zu treffen. Denn unter seinen Vorurteilen leidet man bekanntlich, so paradox es klingt, vor allem dann, wenn man nichts von ihnen weiß.

(1982)

Die Sterne leuchten, auch wenn wir sie nicht sehen

Naturwissenschaftliche Beobachtungen

Wer einen Naturwissenschaftler einlädt, sich an einer Reihe über das Jenseits zu beteiligen, setzt sich leicht dem Verdacht aus, er suche Streit. Das Metier eines Biologen oder Astronomen, eines Erdwissenschaftlers oder Atomphysikers ist es, die Welt, in der wir uns als Menschen vorfinden, mit den Mitteln menschlicher Vernunft zu untersuchen. Naturwissenschaft ist der Versuch, die Welt rational zu verstehen. Die objektive Wirklichkeit, kurz gesagt, ist der Gegenstand naturwissenschaftlicher Forschung.

Das war nicht immer so. Bis vor etwa 400 Jahren beschäftigten sich Naturwissenschaftler auch noch mit ganz anderen Fragen. Als Alchimisten suchten sie nach Methoden, Steine in Gold zu verwandeln, und nach Elixieren, die ewige Jugend garantieren sollten. Als Astrologen versuchten sie, menschliche Schicksale aus der Konstellation der Gestirne herauszulesen. Und als Ärzte bedienten sie sich seltsamer Beschwörungsformeln, um Dämonen und andere böse Einflüsse zu bekämpfen, die sie für die Ursache bestimmter Krankheiten hielten.

Bei all dem ist nichts herausgekommen. Die totale Ergebnislosigkeit dieser und ähnlicher Ansätze, sich die Welt dienstbar zu machen, führte nach Jahrhunderten schließlich zur Aufstellung ganz bestimmter Regeln für das wissenschaftliche Arbeiten. Galileo Galilei vor allem war es, der sie um die Wende des 16. zum 17. Jahrhundert formulierte.

In ihrer endgültigen Form besagen diese Regeln, vereinfacht zusammengefaßt, daß der Naturwissenschaftler sich auf die Erforschung der Phänomene zu beschränken habe, die sich objektiv beobachten und messen lassen. Bloße Annahmen oder Behauptungen, die sich nicht auf nachprüfbare Tatsachen stützen konnten, waren von da ab verpönt.

Die Beschränkung erwies sich als weise. Zumindest war sie über alle Maßen erfolgreich. Wie mit einem Zauberschlag eröffnete sie den Wissenschaftlern Zugänge zu Geheimnissen der Natur, die bis dahin als unlösbar gegolten hatten. Es ist diese freiwillige Beschränkung auf die Untersuchung real greifbarer, sinnlich wahrnehmbarer oder doch wenigstens im Experiment nachweisbarer Eigenschaften der Welt, welche der Naturwissenschaft in den letzten vier Jahrhunderten zu einem Siegeszug verholfen hat, dessen überwältigendes Ausmaß uns heute bekanntlich schon wieder angst zu machen beginnt.

Jedenfalls ist leicht zu verstehen, daß das Prinzip der Beschränkung auf die objektiv greifbaren Realitäten für die Wissenschaftler den Charakter einer »goldenen Regel« anzunehmen begann. Verständlich auch, daß ihr Mißtrauen allen Aussagen und Behauptungen gegenüber mehr und mehr zunahm, für die sich keine objektiv nachweisbaren Befunde oder Meßergebnisse anführen ließen.

Diese Vorgeschichte liefert den sehr einfachen Grund, aus dem jemand, der einen Naturwissenschaftler auffordert, zum »Jenseits« Stellung zu nehmen, sich auch heute noch leicht eine Abfuhr einhandeln kann. »Leeres Wortgeklingel«, »inhaltslose Begriffsspielerei«, »auf Wunschdenken basierende, durch nichts begründete Spekulationen« – das sind so einige der harschen Antworten, die Naturwissenschaftler geben können, wenn man sie nach ihren Ansichten über Religion und religiöse Aussagen befragt.

Aber auch der »normale«, gebildete Zeitgenosse vertritt heute ebenfalls noch ganz überwiegend die Annahme, daß das religiöse Reden vom Jenseits letztlich nur Ausdruck menschlicher Trostbedürftigkeit sei und einer rationalen, vernünftigen Kritik jedenfalls nicht standhalten könne. Denn der große Erfolg der Naturwissenschaften hat unser aller Denken so geprägt, daß auch wir längst dazu neigen, nur an das zu glauben und nur das für wahr zu halten, wofür man uns einen überprüfbaren, am besten einen wissenschaftlichen Beweis auf den Tisch legen kann.

Jedoch, die Zeiten haben sich geändert. Der Ausschließlichkeitsanspruch der Naturwissenschaften angesichts der Aufgabe, die Welt und unsere Existenz in ihr verstehen zu können, ist längst – von den Außenstehenden weitgehend unbemerkt – stillschweigend aufgegeben worden. Aber nicht nur das: Der neueste Stand der

Naturwissenschaften beschreibt ein Weltbild, das bestimmten religiösen Aussagen nicht nur nicht mehr widerspricht, sondern das diese Aussagen sogar als plausibel erscheinen läßt. Das Jenseits wirkt in diesem modernen wissenschaftlichen Weltbild nicht mehr als vernunftwidrige Behauptung, sondern ganz im Gegenteil als eine, wenn auch nicht beweisbare, so doch durchaus einleuchtende Möglichkeit.
Wie konnte es zu diesem Wandel kommen? Um gleich einem naheliegenden Mißverständnis vorzubeugen: Nicht etwa dadurch, daß die eingangs skizzierten methodischen Spielregeln für naturwissenschaftliches Arbeiten inzwischen wieder gelockert worden wären. Naturwissenschaft bleibt auf den Bereich des Wäg- und Meßbaren und die Untersuchung objektiver Zusammenhänge beschränkt. Daran gibt es nichts zu rütteln. Ein Wissenschaftler, der diese Regeln nicht streng beachtete, würde zum Quacksalber, seine Ergebnisse zur bloßen Pfuscherei. Es geht nicht anders: Naturwissenschaft ist nun einmal der Versuch des Menschen, die Welt verstehen zu können, ohne ein Wunder als Erklärung zu Hilfe zu nehmen.
Wie aber konnte es dann zu dem radikalen Wandel des Verhältnisses zwischen Naturwissenschaften und Religion kommen? Es begann, unmerklich und ohne den Beteiligten sogleich klar zu Bewußtsein zu kommen, mit der Erinnerung daran, daß der Erfolg der modernen Naturwissenschaften das Ergebnis eines Verzichts gewesen ist. In der Zeit der Hochblüte der sogenannten klassischen Naturwissenschaft um die Jahrhundertwende, zur Zeit unserer Großeltern, war das vorübergehend in Vergessenheit geraten.
Viele Menschen, Wissenschaftler und Laien, erlagen damals einem Trugschluß. Die einzigen Wissenschaften, die zu konkreten Ergebnissen führten, zu unübersehbaren Veränderungen der Welt, das waren doch die verschiedenen Zweige der exakten, mathematisch begründbaren Naturwissenschaften. Die aus ihren Erkenntnissen resultierende technische Manipulation der Welt, Ausdruck einer kurz zuvor noch für undenkbar gehaltenen Ausweitung menschlicher Macht über die Natur, führte das jedem unübersehbar vor Augen.
Demgegenüber wurde auf allen anderen Feldern der Betätigung

des menschlichen Geistes, salopp gesprochen, doch eigentlich bloß geredet. Wo waren denn die sichtbaren, ins Gewicht fallenden Konsequenzen der Anstrengungen der Philosophen? Welche greifbaren, konkreten Folgen für das menschliche Leben hatten die Theologen zu bewirken vermocht? Welche Beweise gab es denn für ihre Behauptungen von der Existenz Gottes und einer jenseitigen Welt? Und konnten die Psychologen etwa Beweise für die Existenz einer menschlichen Seele vorlegen?

Vielleicht war das alles also nur inhaltsloses Gerede, unverbindliche Spekulation? Jedenfalls gewann damals, vor etwa hundert Jahren, die sogenannte »positivistische« Weltanschauung starken Einfluß, die Meinung also, daß eigentlich nur das existiere, was greifbar oder meßbar sei. Bis auf den heutigen Tag vertritt ein überzeugter Positivist die Ansicht, daß die Naturwissenschaften die Wirklichkeit der Welt vollständig beschrieben und daß es außerhalb der von diesen exakten Wissenschaftsdisziplinen beschriebenen Wirklichkeit nichts gäbe.

Diese Auffassung läßt dem religiösen Glauben und mit ihm dem Glauben an die Existenz einer jenseitigen Welt keinen Raum mehr. Für sie beziehen sich alle religiösen Aussagen auf bloße Einbildungen, ist Religion insgesamt nichts anderes als ein unbewußtes Streben nach »infantiler Wunscherfüllung«, wie Sigmund Freud es ausdrückte. Der ungeheure Erfolg der Naturwissenschaften hatte die Wissenschaftler und mit ihnen weite Kreise der Gesellschaft vergessen lassen, daß alles mit einem Verzicht begonnen hatte: mit dem Verzicht darauf, irgend etwas in der Welt zur Kenntnis zu nehmen, das nicht meßbar, wägbar oder auf andere Weise objektiv nachweisbar war.

Dem berühmten Pathologen Rudolf Virchow, der während der zweiten Hälfte des vorigen Jahrhunderts an der Berliner Universität lehrte, wird die Äußerung in den Mund gelegt: »Ich habe nun schon unzählige Leichen seziert, aber noch kein einziges Mal dabei eine Seele gefunden.« Falls der bedeutende Gelehrte das wirklich so gesagt und damit gemeint haben sollte, daß es eine Seele daher offensichtlich nicht gebe, dann verriete das nur, daß selbst er diesem Trugschluß erlegen war. Denn wenn eine Wissenschaft nach eigenem Selbstverständnis auf den Nachweis objektiv faßbarer Phänomene beschränkt ist, beweist es logischerweise überhaupt

nichts, wenn sie Phänomene, für die das nicht gilt, nicht feststellen kann.
Hier ist nun gerade heute eine kleine Warnung angebracht. Die naturwissenschaftliche Aussage »Fehlanzeige« angesichts der Frage nach der Existenz einer menschlichen Seele beweist nichts. Sie beweist folglich auch nicht das Gegenteil. Naturwissenschaft kann die Existenz einer Seele nicht widerlegen – aber mit dieser Einsicht ist deren Existenz nun auch keineswegs etwa schon bewiesen.
Daß dieser Umkehrschluß logisch ebenfalls unhaltbar ist, wird heute von vielen Zeitgenossen leicht übersehen. Der Mensch neigt zu Extremen. Auf die zurückliegende Epoche einer gewaltigen Überschätzung der Naturwissenschaften folgt heute unübersehbar eine Tendenz, naturwissenschaftlich-rationale Argumente grundsätzlich gering zu achten. Das ist ein gefährliches Mißverständnis. Wenn es sich endgültig durchsetzte, würde die Lage, in die wir uns durch eine zweifellos allzu bedenkenlose Anwendung naturwissenschaftlicher Entdeckungen inzwischen gebracht haben, nur noch prekärer werden. Aus der Einsicht, daß Naturwissenschaft nicht ausreicht, die ganze Welt, den ganzen Bereich der für uns gültigen Wirklichkeit vollständig zu erfassen, darf nicht der aller Logik widersprechende Schluß gezogen werden, daß die vorliegenden naturwissenschaftlichen Erkenntnisse über diese Wirklichkeit außer acht gelassen werden könnten.
Dies aber scheint so mancher heute anzunehmen. Anders ist die von vielen Psychologen und Soziologen konstatierte Ausbreitung vielfältiger Formen des Aberglaubens in unserer Gesellschaft gar nicht zu verstehen. Wer allen Befunden und sogar dem ausdrücklichen Widerspruch der naturwissenschaftlichen Astronomie zum Trotz an Horoskope glaubt, kann das doch nur tun, wenn er die wissenschaftliche Astronomie nicht so ganz ernst nimmt.
Wer ernstlich die Möglichkeit in Betracht zieht, daß Uri Geller seine Gabeln mit »übernatürlichen Kräften« verbiegt und nicht mit der Hilfe simpler Tricks aus der Kiste der Zauberkünstler, der spricht den Naturgesetzen ganz offensichtlich sogar im Bereich des objektiv, materiell Gegebenen die Gültigkeit ab. Und wer glaubt, daß es »Wunderheiler« gibt – in Fernost natürlich, wo denn sonst –, die den Menschen ohne Narkose mit den bloßen

Händen in den Bauch oder in den Kopf greifen können, um dort Blutgerinnsel oder Tumoren zu entfernen, der pfeift damit doch auch auf alle von den Naturwissenschaftlern in den letzten Jahrhunderten zutage geförderten Einsichten über das, was in der Welt möglich ist und was nicht.

So also geht es nicht. Wer hier nicht sorgfältig unterscheidet, der landet sehr schnell im Morast des Aberglaubens. Dabei ist die Trennlinie ganz einfach zu ziehen: Gewiß gibt es »vieles zwischen Himmel und Erde«, was Naturwissenschaft nicht fassen kann. Das bestreitet heute niemand mehr. Aber deshalb gilt immer noch, daß die Naturwissenschaft das, was sie fassen kann, fest im Griff hat. Deshalb mögen in der Welt Erscheinungen und Kräfte existieren, die für die Naturwissenschaft unsichtbar bleiben. Wer jedoch an die Existenz von Erscheinungen oder Kräften glaubt, die den von der Naturwissenschaft in ihrem begrenzten Bereich entdeckten Gesetzen zuwiderlaufen, der verläßt den Pfad kritischer Vernunft.

Jetzt zurück zu der Frage, ob wir mit einer jenseitigen, unsere Welt umfassenden Wirklichkeit rechnen können. Wir können darauf jetzt eine allererste, noch ganz vage Antwort formulieren. Sie lautet: Es gibt niemanden, der dieser Annahme begründet widersprechen könnte. Auch die Naturwissenschaft nicht, denn sie beschreibt eben nicht die ganze Wirklichkeit, sondern nur einen Ausschnitt. Daher kann die kritische Vernunft den Glauben an die Existenz einer jenseitigen Welt nicht schon deshalb für »sinnlos« erklären, weil es keine Beweise für ihn gibt. Das ist ganz sicher schon sehr viel mehr, als es sich so mancher, sich für rational haltende Atheist träumen läßt.

Und auch als Aberglaube läßt sich der Glaube an ein Jenseits nicht abtun. Denn er widerspricht keinem naturgesetzlichen Tatbestand. Das moderne naturwissenschaftliche Weltbild liefert aber darüber hinaus sogar noch einen Hinweis, der den Gedanken an die Existenz einer außerhalb der von uns erlebten Welt existierenden Wirklichkeit sogar zu stützen vermag. Dieser Hinweis ergibt sich aus dem Konzept der Evolution, also der heute von allen ernstzunehmenden Wissenschaftlern geteilten Überzeugung, daß alles, was existiert, als das Resultat einer Entwicklungsgeschichte anzusehen ist, die in jenem fernen Augenblick ihren

Anfang nahm, in dem unsere Welt vor rund 20 Milliarden Jahren im sogenannten »Urknall« entstand.
Die aus diesem Urknall hervorgehenden riesigen Wasserstoffwolken zogen sich zu Milchstraßensystemen und zu Sternen zusammen, in deren Zentren atomare Fusionsprozesse alle schweren Elemente erzeugten. Beim Untergang dieser Sterne der ersten Generation wurden diese Elemente darin wieder an den freien Weltraum zurückgegeben, wo sie als Ausgangsmaterial für nachfolgende Sterngenerationen zur Verfügung standen. Um diese konnten daher dann auch Planeten kreisen, die alle für den weiteren Fortgang der Geschichte benötigten Elemente enthielten.
Auf den Oberflächen dieser Planeten setzte darauf eine »chemische Evolution« ein. Unter dem Einfluß der Strahlung, die von der jeweiligen Sonne ausging, reagierten die Elemente auf der Planetenoberfläche miteinander. Dabei entstanden ganz bestimmte, aus naturgesetzlich einsichtigen Gründen bevorzugte chemische Verbindungen und unter ihnen mit besonderer Häufigkeit jene, die uns heute als die wichtigsten Bausteine lebender Organismen geläufig sind.
Vor fast vier Milliarden Jahren wurde dann auf unserer Erde die Grenze überschritten, die wir zwischen unbelebten und belebten materiellen Strukturen zu sehen glauben. Es entstanden materielle Systeme, die in der Lage waren, auf Umweltreize mit Reaktionen zu antworten, die ihrer eigenen Erhaltung dienten, und imstande, sich durch Teilung zu vermehren. Die Naturwissenschaftler haben diesen uns aus verständlichen Gründen so besonders wichtig erscheinenden Schritt bisher noch nicht völlig durchschaut. Es gibt aber nicht den geringsten Grund zu der Annahme, daß es bei ihm wie bei der ganzen bis zu diesem Augenblick führenden Entwicklung nicht auch mit natürlichen Dingen zugegangen wäre.
Den weiteren Ablauf nennen wir heute »biologische« Evolution. In dem unvorstellbar langen Zeitraum von fast vier Jahrmilliarden schlossen sich Einzeller zu Mehrzellern zusammen, die aus einer immer größeren Zahl von Zellen bestanden, zwischen denen sich eine zunehmend spezialisierte Arbeitsteilung entwickelte. Im weiteren Verlauf entstanden Nervensysteme, die den Organismen eine feinere Abstimmung ihres inneren Zusammenhalts ermöglichten und gleichzeitig eine immer differenziertere Skala von Reaktions-

möglichkeiten auf immer kompliziertere Umweltreize zur Verfügung stellten. Als bisher höchste Errungenschaft dieser Geschichte entstanden – Schritt für Schritt und Stufe für Stufe – schließlich die Voraussetzungen für psychische Phänomene, für Bewußtsein und Intelligenz.

Als die jüngsten Produkte dieser Entwicklungsgeschichte erleben wir heute die Welt, in der wir existieren, bewußt. Wir nehmen sie wahr, und wir denken über sie nach. Früher oder später muß uns dabei der Gedanke kommen, daß die Geschichte, die uns hervorgebracht hat und damit auch unser Gehirn und unseren Verstand, noch keineswegs zu Ende ist. Daß die seit dem Urknall ablaufende kosmische Evolution nach allem, was wir heute wissen, noch eine sich über den unvorstellbaren Zeitraum von sechzig oder mehr Milliarden Jahren erstreckende Zukunft vor sich hat.

Warum aber sollte die Geschichte im weiteren Verlauf ihren bisherigen Kurs ändern? Also werden auch in Zukunft neue und immer leistungsfähigere Gehirne entstehen, den unseren unvorstellbar überlegen. Und diese Gehirne werden dem Bewußtsein ihrer Besitzer ganz neue, uns noch gänzlich unerreichbare Eigenschaften der Welt erschließen, die es zwar auch in diesem Augenblick schon real gibt, die zu erfassen unser Gehirn aber noch ungenügend entwickelt ist. So, wie auch eine Ameise noch nichts von den Sternen weiß, obwohl die Sterne über ihr schon existieren, so haben auch wir daher, das ist die einzig mögliche Schlußfolgerung, die Realität weiter Bereiche der Welt vorauszusetzen, die jenseits des Erkenntnishorizonts unseres Bewußtseins und unseres Fassungsvermögens liegen.

Diese Überlegung trägt uns gewiß noch nicht bis hin zu dem Jenseits der Theologen. Aus ihr ergibt sich jedoch unwiderlegbar, daß unsere Welt nicht so geschlossen sein kann, wie wir sie zu erleben glauben. Das aber ist doch der Haupteinwand, der uns immer zu schaffen macht: Wo soll denn, in dieser objektiv geschlossenen Welt, noch Platz sein für eine jenseitige Wirklichkeit?

Die moderne Naturwissenschaft antwortet darauf: Unsere Welt ist in Wahrheit nicht geschlossen. Sie ist nach oben offen. Offen auch für die Möglichkeit der Existenz des Jenseits, von dem alle Religionen reden.

(1985)

BIOLOGIE

Warum wir Farben sehen

Die erstaunlichen Leistungen unseres Sehvermögens

Jeder Amateurphotograph, der das Prinzip, nach dem seine Kamera gebaut ist, auch nur ungefähr kennt, hat damit schon eine, freilich nur sehr grobe Vorstellung von der Art und Weise, wie das menschliche Auge funktioniert. In beiden Fällen gelangt durch eine in der Vorderwand gelegene kleine Öffnung Licht in einen sonst sorgfältig abgedunkelten Hohlraum und fällt an dessen Rückwand auf eine lichtempfindliche Schicht. Da das Licht an der Einfallsöffnung durch eine Linse gesammelt wird, deren Brennpunkt genau auf dieser Rückwand liegt, kann es dort ein scharfes, verkleinertes Bild des Objekts entwerfen, das sich vor dieser optischen Einrichtung befindet. Bis hierhin sind die Verhältnisse in Kamera und Auge grundsätzlich gleich.

Der erste wichtige Unterschied besteht nun darin, daß die lichtempfindliche Schicht in der Kamera aus einem Film besteht. Dieser kann an einer bestimmten, dem »Bildausschnitt« entsprechenden Stelle immer nur einmal belichtet werden. Der Verschluß einer Kamera wird daher auch jeweils nur für Sekundenbruchteile geöffnet. Dann muß der Film herausgenommen oder weitertransportiert werden, bevor das nächste Bild geschossen werden kann.

Das ist beim Auge bekanntlich grundsätzlich anders: Unsere Pupille ist immer offen. Unser Auge hebt nicht wie ein photographischer Apparat einzelne Bilder auf, es ist dafür aber in der Lage, der ständigen Veränderung der Dinge in unserer Umgebung laufend zu folgen. Das ist deshalb möglich, weil die lichtempfindliche Schicht unseres Auges aus lebenden Zellen besteht, den Sehzellen. Etwa 130 Millionen einzelne Sehzellen bilden die lichtempfindliche Netzhaut eines unserer Augen. Jede einzelne von ihnen registriert den Lichtwert, von dem gerade sie in einem bestimmten Moment getroffen wird. Aus der Summe aller Einzelmeldungen setzt sich dann wie aus einer entsprechend großen Zahl winziger

Mosaiksteine das jeweils »gesehene« Bild zusammen, das durch die Sehnerven an das Gehirn gemeldet wird.
An dieser Stelle ist nun die passende technische Parallele nicht mehr der Photoapparat, sondern das Schirmbild eines Fernsehgeräts, das ja ebenfalls aus einzelnen Licht- oder Rasterpunkten zusammengesetzt ist. Das hat, in beiden Fällen, die logische Konsequenz, daß der Sichtbarkeit eine untere Grenze gezogen ist. Weder der Fernsehapparat noch unser Auge können Einzelheiten abbilden, die kleiner sind als ein einzelner Abbildungspunkt. Da die Fernsehrasterpunkte relativ grob sind, verschwinden bei diesem technischen Abbildungsverfahren schon verhältnismäßig große Details im Bildflimmern.
Unsere Sehzellen sind sehr viel kleiner als die Rasterpunkte des Fernsehgeräts. Im Zentrum der Netzhaut sind es mehr als 100 000 pro Quadratmillimeter. Unser Auge hat dementsprechend auch ein Auflösungsvermögen, das sehr viel größer ist als das einer Fernsehkamera. Aber beliebig hoch ist es nicht: Jenseits von etwa einem Zehntel Millimeter Größe können wir Einzelheiten nicht mehr erkennen – sie sind dann auf dem ja stark verkleinerten Bild auf unserem Augenhintergrund kleiner als die einzelnen abbildenden Sehzellen. Wären diese tausendmal kleiner, als sie sind, dann könnten wir Bakterien mit bloßem Auge erkennen!
Es gibt noch andere Grenzen unseres optischen Wahrnehmungsvermögens, aus denen wir etwas über den Bau und die Arbeitsweise unseres Auges erfahren können. Wir haben uns an diese Grenzen, die uns angeboren und daher selbstverständlich sind, nur so gewöhnt, daß wir sie meist gar nicht beachten. Hierher gehört zum Beispiel die Begrenzung unseres zeitlichen optischen Auflösungsvermögens. Wir wissen heute, daß der elektrische Impuls, mit dem eine Sehzelle »meldet«, daß sie von Licht beziehungsweise einer Beleuchtungsveränderung getroffen wurde, durch die Umwandlung einer lichtempfindlichen chemischen Substanz, eines Pigments, erzeugt wird. Insofern besteht hier wieder eine gewisse Ähnlichkeit mit der durch Licht bewirkten chemischen Veränderung in der Emulsion eines photographischen Films.
Die lichtempfindliche Sehsubstanz jedoch wird niemals bleibend verändert. Wäre das der Fall, so würden wir ja nur ein einziges Mal in unserem Leben »das Licht der Welt erblicken« können und wä-

ren danach bis zu unserem Tod blind, weil das Sehpigment nach dem ersten Blick verbraucht wäre. Im Unterschied zur Emulsion eines photographischen Films hat dieses Pigment unserer Netzhautzellen die Fähigkeit, sich ständig, je nach den Belichtungsverhältnissen, umzuwandeln und immer wieder fast augenblicklich in seinen Urzustand zurückzukehren, wenn die Belichtung aussetzt. Diese Umwandlungen verlaufen so außerordentlich schnell, daß ihre Chemie bis heute noch nicht aufgeklärt ist. Aber so schnell sie auch erfolgen, sie benötigen Zeit, wenn auch noch so wenig, und damit ist unserem zeitlichen optischen Auflösungsvermögen eine oberste Grenze gesetzt.

Die Natur der beim Sehen in unserer Netzhaut ablaufenden Vorgänge ist die Ursache dafür, daß wir zum Beispiel eine Flintenkugel nicht mehr wahrnehmen können. Sie ist andererseits die Voraussetzung für die Erfindung des Kinos gewesen. Denn nur weil unser Auge nicht mehr als zwanzig bis höchstens dreißig Bilder pro Sekunde einzeln unterscheiden kann, kommt ja der Kinoeffekt einer scheinbaren Bewegung auf der Leinwand zustande. Diese »Verschmelzungsfrequenz«, die beim Menschen bei etwa zwanzig bis dreißig optischen Eindrücken pro Sekunde liegt, ist keineswegs bei allen Lebewesen gleich.

Schon vor mehreren Jahren wurde eine Methode entwickelt, mit der es gelang, die Reizimpulse von Sehnerven der Augen lebender Insekten zu registrieren. Eines der überraschendsten Ergebnisse dieser Untersuchungen war die Entdeckung, daß die optische Verschmelzungsfrequenz bei der Stubenfliege etwa 300 pro Sekunde beträgt. Das aber bedeutet nichts anderes, als daß eine Fliege rund zehnmal »schneller« sehen kann als wir. Ganz zweifellos ist das einer der Gründe dafür, warum diese lästigen Plagegeister so schwer zu fangen sind.

In den letzten beiden Jahren wurde diese Methode nun so sehr verfeinert, daß man in der Lage ist, die bei Belichtung auftretenden elektrischen Impulse, also die Lichtempfindlichkeit, sogar an der einzelnen Sehzelle zu messen. Damit aber ist erstmals die Möglichkeit gegeben, ein Problem zu untersuchen, über das sich die Physiologen seit über hundert Jahren uneins waren: Wie registriert das Auge Farben?

Da der Mensch nicht weniger als rund sieben Millionen verschie-

dene Farbnuancen erfassen und unterscheiden kann, schied eine Möglichkeit von vornherein aus, nämlich die, daß es etwa für jeden in unserer Umwelt vorkommenden Farbton einen zugehörigen, gerade auf diese Farbe ansprechenden Sehzellentyp geben könne. In Frage kam lediglich das sogenannte Komponentenprinzip. Dieses Prinzip besteht in der Reduktion der objektiven Farbfülle auf einige wenige Grundfarben (Komponenten) in der Netzhaut, aus denen dann erst im Gehirn durch Mischung die ursprüngliche Farbenpracht wieder zusammengesetzt wird.
Der geniale Physiologe Hermann von Helmholtz entwickelte diese alte Vermutung schon im vorigen Jahrhundert zu der nach ihm benannten Dreifarbentheorie weiter, indem er nachwies, daß sich aus Blau, Rot und Gelb alle sichtbaren Farben durch Mischung herstellen lassen. Helmholtz vermutete daher, daß die Netzhaut zur Farberkennung mit insgesamt nur drei verschiedenen Sehzellentypen auskomme, von denen jede auf eine dieser drei Farben anspreche.
Dieser Dreifarbentheorie widersprach Ewald Hering, ein kaum weniger bedeutender Physiologe, mit dem Argument, daß sich zwar alle Farben durch Mischung herstellen, daß sich aber umgekehrt – für unsere Sehempfindung – keineswegs alle Farben miteinander mischen ließen. So gibt es für uns zum Beispiel kein »grünliches Rot« oder »rötliches Grün«, und auch Blau und Gelb schließen sich in ähnlicher Weise gegenseitig aus. Die Dreifarbentheorie kann dieses Phänomen in der Tat nicht erklären. Hering entwickelte aus seinen Beobachtungen die sogenannte »Gegenfarbentheorie«. Er vermutete, daß es zwei farbspezifische Sehsubstanzen gäbe, von denen die eine durch grünes Licht aufgebaut, durch rotes dagegen abgebaut werde, während die andere in der gleichen Weise auf blaue beziehungsweise gelbe Farben anspreche. Auf diese Weise versuchte Hering zu erklären, warum Rot und Grün beziehungsweise Gelb und Blau nie gleichzeitig als »gemischte Farbempfindung« auftreten.
Beide einander widersprechenden Theorien hatten also gewichtige Argumente für sich. Der Streit darum, welche von ihnen richtig sei, wurde erst jetzt durch Untersuchungen entschieden, die sich nicht nur mit der Netzhaut, sondern auch mit der Funktion einzelner Gehirnzellen beschäftigten, die an den Stellen liegen, an denen

der vom Auge kommende Sehnerv im Gehirn endet. Die Forschungsergebnisse beweisen, daß beide Theorien richtig sind und daß sie sich keineswegs widersprechen. Es gibt tatsächlich drei verschiedene Arten farbempfindlicher Sehzellen im Auge von Insekten. Vor einigen Monaten gelang es, dies auch am menschlichen Auge nachzuweisen. Damit war erstmals die Helmholtzsche Dreifarbentheorie experimentell bestätigt.

Nun berichteten aber amerikanische Forscher, daß ihnen das gleiche hinsichtlich der Heringschen Gegenfarbentheorie gelungen sei – zwar nicht an der Netzhaut, wohl aber am sogenannten »Kniehöcker«, dem ersten optischen Verarbeitungszentrum im Hirnstamm: Die Natur arbeitet also mit beiden Methoden, mit dem Komponenten- *und* mit dem Gegenfarbenprinzip.

Der im Hirnstamm gelegene »Kniehöcker« hat offenbar eine ausgesprochene Verstärkerfunktion. Die Nervenzellen sind an dieser Stelle der Hirnrinde in sechs Schichten übereinander angeordnet. Die aus den Sehnerven hier eintreffenden Leitungsfasern haben, jede für sich, alle diese Schichten zu passieren. Der amerikanische Neurophysiologe David Hubel hat die sich dabei abspielenden Verarbeitungsprozesse durch die geduldige Registrierung der von den einzelnen Zellen entwickelten Aktionsströme inzwischen erstaunlich weit aufgeklärt. Insgesamt zeigte sich, daß hier nicht nur bestimmte Licht- und Farbwerte registriert, sondern von einzelnen Zellen gleichzeitig auch immer die entgegengesetzten Werte unterdrückt werden, daß hier also eine künstliche »Kontrastverstärkung« erfolgt, welche die Gegenstände unserer Umwelt offensichtlich plastischer hervortreten lassen soll, um uns die Orientierung zu erleichtern.

Sind diese Untersuchungen schon schwierig genug, so sind die Verhältnisse in der optischen Hirnrinde in der Gegend des Hinterkopfes, also an der »Endstation« unseres optischen Wahrnehmungsapparats, von schlechthin hoffnungsloser Kompliziertheit. Es verdient Bewunderung, daß Hubel auch hier noch einen einzelnen, höchst bedeutsamen Prozeß isolieren und aufklären konnte, dem alle hier eintreffenden, bereits vielfältig vorbearbeiteten optischen Nachrichten unterzogen werden. Er entdeckte in einer der Nervenzellschichten, aus denen die Hirnrinde auch hier besteht, nämlich zwei Zelltypen, die sich bei einer bestimmten optischen

Situation gegensätzlich verhalten, und zwar immer dann, wenn die untersuchten Tiere einen bewegten Gegenstand anblickten, wenn das vom Auge aufgefangene Abbild auf der Netzhaut also wanderte.
Die Zellen des einen Typs scheinen dann Tempo und Richtung dieser Bildwanderung zu registrieren – ohne Rücksicht auf die Erfassung des Gegenstands selbst, die an ganz anderer Stelle erfolgt. Der zweite Zelltyp arbeitet dagegen mit einer gesetzmäßigen Verzögerung: Diese Zellen registrieren den Gegenstand noch, auch wenn er schon von zwei oder drei benachbarten Zellen erfaßt ist, und stellen erst dann ihre Tätigkeit wieder ein.
Alles in allem drängt sich der Gedanke auf, daß die Forschung hier auf eine zentrale optische Teilleistung gestoßen ist, welche die Aufgabe hat, die Wahrnehmung der Identität ein und desselben optischen Gegenstands auch dann zu gewährleisten, wenn dieser nach und nach auf verschiedenen Stellen der Netzhaut auftaucht.
Alle diese Befunde, so interessant und bedeutsam sie auch sind, sind bisher nur erste Einblicke in Prozesse, vor deren Kompliziertheit die Wissenschaft vorläufig noch kapitulieren muß. Immerhin stellen sie schon heute einen experimentellen Beleg dar für die alte philosophische Einsicht, daß wir die Umwelt nicht einfach so wahrnehmen, wie sie ist, sondern so, wie unsere Sinnesorgane sie interpretieren.

(1964)

Der Sonnenkompaß erklärt nicht alles

Das Rätsel des Vogelzugs

In unserer Zeit, in der sich der Fortschritt der naturwissenschaftlichen Erkenntnis längst in einem Bereich abspielt, der weitgehend unanschaulich und dem Nichtfachmann ohne »Übersetzung« selten verständlich ist, gibt es noch immer Phänomene, für die die Wissenschaft noch keine Erklärung gefunden hat, obwohl sie sich gleichsam am hellichten Tage, vor unser aller Augen abspielen. Zu diesen Phänomenen gehört der Vogelzug. Die Frage, wie Zugvögel es fertigbringen, ihr südliches Winterquartier zu finden, sogar dann, wenn sie es noch nie gesehen haben, hat sich für die Wissenschaft als eine der härtesten Nüsse erwiesen. Wenn man bedenkt, daß die Physik heute Antimaterie nachweisen kann und daß die Biochemiker dabei sind, die in der Urzeit der Erdgeschichte erfolgte Entstehung der ersten biologisch aktiven, »lebenden« Moleküle aus toter, anorganischer Materie experimentell in ihren Laboratorien nachzumachen, dann verblüfft einen die Feststellung, daß es den Biologen trotz des Einsatzes modernster Methoden bis heute nicht gelungen ist, auch nur eine Theorie aufzustellen, die alle Rätsel des Vogelzugs erklären könnte.
Diese negative Feststellung stammt von Klaus Schmidt-Koenig vom Zoologischen Institut der Universität Göttingen. Sie ist das lakonische Resümee seiner Arbeit über die Orientierung der Vögel. Das Ergebnis der Forschung auf diesem Gebiet ist – trotz einiger wichtiger Einzelbefunde, die jedoch bisher kein Mensch erklären kann – gleich Null. Die Faszination, die das Rätsel der Vogelorientierung ausübt, ist damit natürlich nur noch größer geworden. Denn mit den von Schmidt-Koenig beschriebenen bisher durchgeführten Versuchen sind jetzt nahezu alle Erklärungsmöglichkeiten ausgeschlossen worden, die sich die menschliche Phantasie angesichts der Fragestellung ausdenken kann. Mit anderen Worten: Wer das Rätsel der Zugvögelorientierung löst – und gewiß wird es

eines Tages gelöst werden –, wird dabei mit Sicherheit auf ein Naturphänomen stoßen, von dem wir bis heute noch nichts ahnen. Das einzige, was bis heute feststeht und zweifelsfrei bewiesen wurde, ist die Tatsache, daß den betreffenden Vögeln die Fähigkeit der Orientierung in ihnen fremden Gegenden angeboren ist. Aber das erklärt nichts, es macht das Ganze im Grunde nur rätselhafter. Die entscheidende Frage lautet: Wie bringen die Vögel das fertig? Betrachten wir einmal die wichtigsten Versuche, die angestellt wurden, um auf diese Frage eine Antwort zu finden.

1948 entdeckte Gustav Kramer, einer der einfallsreichsten deutschen Zoologen der Nachkriegszeit, die sogenannte Sonnenkompaßorientierung der Vögel. Kramer konnte nachweisen, daß Vögel in der Lage sind, bestimmte Himmelsrichtungen vom Stand der Sonne abzulesen. Das allein ist eine fast unglaubliche Leistung, denn dazu gehört notwendigerweise die Fähigkeit zu äußerst genauer Abschätzung der Tageszeit. Inzwischen hat sich herausgestellt, daß nicht nur viele Vögel, sondern auch Mäuse und sogar Insekten, zum Beispiel Bienen und Ameisen, über die gleiche Fähigkeit verfügen. Zumindest bei den Ameisen steht fest, daß die »innere Uhr«, mit Hilfe deren die Tiere die Tageszeit schätzen, mit der Verdauung beziehungsweise dem Rhythmus der Nahrungsaufnahme zusammenhängt: Fütterungen »außer der Reihe« können daher die Folge haben, daß Ameisen, die sich bis dahin mit nachtwandlerischer Sicherheit auch in großen Entfernungen vom heimatlichen Bau bewegten, sich mit einemmal rettungslos verlaufen.

Bienen haben sogar die Fähigkeit entwickelt, auch die ultraviolette Strahlung der Sonne aufzunehmen, so daß sie unser Tagesgestirn durch eine für uns undurchdringliche Wolkendecke hindurch noch genau lokalisieren können.

Aber so kompliziert die Sonnenkompaßorientierung als Ergebnis einer verblüffend exakten Verrechnung von Tageszeit und Sonnenstand auch ist, sie kann doch nur die einfachsten Fälle einer Vogelwanderung erklären. Dazu gehört zum Beispiel die Wanderung einer bestimmten Gruppe von Staren, die in Dänemark und Südschweden heimisch sind und in Südengland und Irland überwintern. Ganz offensichtlich ziehen diese Tiere einfach in jedem Herbst genau nach Südwesten und in jedem Frühjahr gradlinig zurück nach Nordosten, wie der niederländische Ornithologe Perdeck durch geduldige »Verfrachtungsexperimente« nachweisen konnte. Er fing und beringte im Lauf der Jahre über 11 000 Stare bei ihrem herbstlichen Durchzug durch Holland, transportierte sie mit der Bahn in die Schweiz, und ließ sie dort wieder fliegen. Einige hundert von ihnen wurden wiedergefunden, und zwar, soweit es sich um Jungstare handelte, für die es der erste Flug gewesen war, in Spanien, wo diese Art noch niemals überwintert hatte. Diesen Tieren ist also anscheinend einfach eine bestimmte herbstliche und eine ebenso bestimmte entgegengesetzte Frühjahrsflugrichtung angeboren. Auch das ist immer noch sehr geheimnisvoll, hier reicht aber zur Erklärung die von Kramer entdeckte Sonnenkompaßorientierung aus.

Nun ist die jahreszeitliche Wanderung dieser Stare, wie erwähnt, ein ungewöhnlich einfacher Sonderfall. Seit man in der Lage ist, die Wanderung von Zugvögelschwärmen mit Radargeräten zu verfolgen, wurden Entdeckungen gemacht, die sich nicht so einfach erklären lassen. Fast alle Vogelwanderungen erfolgen gradlinig – mit der Ausnahme, daß große zusammenhängende Wasserflächen nicht über-, sondern umflogen werden. Diese Ausnahme findet sich aus naheliegenden Gründen bei fast allen mitteleuropäischen Zugvögeln, die in Afrika überwintern: Sie stoßen nämlich auf das Mittelmeer. In diesem Augenblick drehen die Vogelschwärme, soweit man das heute übersieht, nach Osten ab, fliegen in Küstennähe um das östliche Mittelmeer herum, um dann auf dem in Luftlinie gegenüberliegenden Küstenpunkt wieder auf den ursprünglichen Kurs einzuschwenken, der sie jetzt direkt zu ihren innerafrikanischen Winterplätzen bringt. (Das gilt natürlich nicht mit mathematischer Exaktheit, aber doch in der Tendenz.) Es liegt auf der Hand, daß eine bloße Richtungsorientierung in diesem Fall, in dem eine zweimalige, mehrere hundert Kilometer betragende seitliche Kursversetzung erfolgt, nicht mehr ausreicht.

Man hat natürlich auch versucht, das Phänomen mit der Annahme zu erklären, daß es bestimmte Landmarken seien, an denen sich die Vögel orientieren. Eine solche Gedächtnisleistung würde eine verständliche Erklärung liefern. Diese Theorie scheidet aber aus. Radarbeobachtungen zeigen, daß die Zugvögelschwärme auch über einer dichten Wolkendecke oder bei Nacht mit unbeirrbarer Ziel-

strebigkeit ihren viele tausend Kilometer entfernten Winterquartieren zustreben – sie haben gleichzeitig aber gezeigt, daß die Schwärme sofort unsicher werden und nach kurzer Zeit einen Rastplatz suchen, sobald sich der Himmel *über* ihnen bezieht!
Sollten sie sich etwa, wie ein Schiffer auf hoher See, an den Sternbildern orientieren? Ist das der Grund, aus dem die eigentlichen Wanderungen fast ausschließlich nachts stattfinden? So weit hergeholt diese Vermutung erscheint; man griff nach dem Strohhalm und ging auch dieser Möglichkeit nach.
Der Ornithologe Sauer bediente sich dazu des Phänomens der »Zugaktivität« und eines Planetariums. Man wußte, daß Zugvögel zur Herbstzeit auch im Käfig in die Richtung drängen, die ihrer angeborenen Flugroute entspricht. Sauer fing eine Anzahl von Grasmücken und setzte sie in Käfige, die zur Zugzeit in ein Planetarium gestellt wurden. An dessen verdunkelter Kuppel ließ der Untersucher nun der Reihe nach die verschiedenen Sternbildkonstellationen erscheinen, welche der Zugstrecke dieser Vogelart entsprechen, die in Zentralafrika überwintert. Gleichzeitig wurde jedesmal die Richtung der spontan auftretenden Zugaktivität der Vögel in ihren Käfigen beobachtet und protokolliert. Anschließend trug Sauer die einzelnen Richtungstendenzen in geographischer Entsprechung zu den jeweils gezeigten Sternbildern in eine Weltkarte ein.
Das Ergebnis war sensationell: Die Kette der einzelnen Richtungspfeile markierte auf der Karte exakt die bekannte Zugroute der Vögel – einschließlich des Bogens um die östliche Mittelmeerhälfte! Wenn sich dieses Resultat bestätigen sollte – die Versuche Sauers sind noch umstritten –, so würde das bedeuten, daß diesen Vögeln die Wahrnehmung bestimmter Sternbilder als Orientierungsmarken angeboren ist, darunter Sternbilder eines fernen, afrikanischen Himmels, die sie als neugeborene Jungvögel noch nie gesehen haben. Aber nicht nur das: Die Tiere müßten auch in der Lage sein, die Stellung des jeweils zur Orientierung benutzten Sternbilds am Himmel mit der Genauigkeit eines Sextanten zu vermessen – mit bloßem Auge!
So abenteuerlich diese Möglichkeiten wirken, die »Sternhimmelorientierung« ist heute die einzige zur Erklärung des Phänomens erdachte Hypothese, die wenigstens alle beobachteten Besonder-

heiten des Vogelzugs berücksichtigt, und auch die einzige, die in sich logisch ist. Anders ausgedrückt: Wenn die bevorstehenden Wiederholungen des Sauerschen Planetariumexperiments auch diese Hypothese widerlegen sollten, dann wüßten die Ornithologen überhaupt nicht mehr, was sie noch untersuchen sollten.

Diese Situation weitgehender Ratlosigkeit ist inzwischen angesichts eines zwar verwandten, prinzipiell jedoch anders gelagerten Problems tatsächlich eingetreten, nämlich als Ergebnis der wissenschaftlichen Untersuchungen, mit denen die Heimkehrleistung der Brieftauben ergründet werden sollte. Die Bearbeitung dieser methodisch viel einfacher zu erforschenden Frage hat in den letzten Jahren in eine Sackgasse geführt.

Brieftauben finden ihren Schlag bekanntlich auch dann wieder, wenn sie über weite Entfernungen hinweg in verdunkelten Käfigen verfrachtet worden sind. Man untersuchte auch hier alle nur in Frage kommenden Möglichkeiten: Sonnenkompaß, Sternbildorientierung und etliche andere.

Dann aber veröffentlichte der Ornithologe Kramer vor einigen Jahren eine Entdeckung, die gerade das Heimfinden von Brieftauben endgültig zum Rätsel werden ließ: Er stellte fest, daß die Tiere nur dann heimfinden konnten, wenn ihnen die nähere Umgebung ihres heimatlichen Schlages optisch bekannt war. Hielt man sie vor den Verfrachtungsversuchen in Käfigen mit verdeckten Wänden, die nur den Anblick des Himmels frei ließen, so verflogen sich die Tiere beim Versuch rettungslos. In welcher Weise aber nun die optische Erinnerung an die heimatliche Umgebung einer Taube, die aus hundert Kilometer Entfernung ihren Schlag finden soll, bei der Suche von Nutzen sein könnte, ist bis heute völlig unerfindlich.

Es ist unter diesen Umständen nicht überraschend, daß auch in diesem Fall die einzige bisher existierende Hypothese erhebliche Anforderungen an unser Vorstellungsvermögen stellt. Italienische Untersucher veröffentlichten kürzlich die Beobachtung, daß das Kleinhirn aller Vögel mit speziellen Orientierungsfähigkeiten bei Drehscheibenversuchen eine sehr viel höhere elektrische Aktivität aufweise als die entsprechenden Zentren anderer Vögel. Das Kleinhirn aber ist das Hirnzentrum, in welchem bei Mensch und Tier alle Nervenmeldungen des Gleichgewichtsorgans zusammen-

laufen. Auf diesen italienischen Untersuchungen aufbauend, wurde jetzt eine Theorie aufgestellt, nach der die Brieftauben in der Lage sein sollen, während der Verfrachtung jede Kurve, jede Beschleunigung und jede Bremsung fortlaufend miteinander zu »verrechnen« und auf diese Weise den ganzen Kurs, den sie zurückzufliegen haben, ihrem Zentralnervensystem gleichsam »einzuprogrammieren«. Das klingt weit hergeholt, ist aber bisher tatsächlich die einzige plausible Theorie.
Immerhin sind die modernen elektronischen Steuerungsautomaten nach genau dem gleichen Prinzip konstruiert, es funktioniert also. Die eventuelle Bestätigung dieser Theorie liefe also auf die pikante Entdeckung hinaus, daß sich die Taube, das Symbol des Friedens, zur Orientierung genau der gleichen Technik bedient, mit Hilfe deren es der modernen Kriegstechnik inzwischen gelungen ist, Raketen in ein weit hinter dem Horizont gelegenes Ziel zu lenken.

(1964)

Das »missing link« sind wir

Über die Vorfahren des Menschen

Seit Darwin in der Mitte des vorigen Jahrhunderts die Entdeckung gemacht hat, daß der Mensch mit den übrigen Lebewesen eines Stammes ist, hat die Suche der Wissenschaft nach Spuren unserer vormenschlichen Ahnen nicht mehr aufgehört. Darwins Entdekkung ist nicht viel älter als hundert Jahre, und obwohl wir über die vormenschliche Ahnenreihe noch immer unvollständig und unsicher informiert sind, so hat doch die Paläontologie in dieser relativ kurzen Zeitspanne Erstaunliches zutage gefördert.

Ähnlichkeit bedeutet immer auch Verwandtschaft. Es war von Anfang an nicht zweifelhaft gewesen, daß die Vormenschen affenähnlich ausgesehen haben müssen. Daß sie jedoch Affen gewesen wären, daß wir also buchstäblich »vom Affen abstammten«, ist allerdings unrichtig. Die echten Affen, auch die heutigen Menschenaffen, sind nämlich in ihrer Konstitution so spezialisiert – und damit im evolutionistischen Sinne »festgefahren« –, daß ihre erbliche Veranlagung die Potenz zu einer grundlegenden Weiterentwicklung gar nicht mehr aufweist. Die auffallende Ähnlichkeit zwischen Menschen und Affen läßt lediglich den Schluß zu, daß beide derselben biologischen *Familie* angehören, daß sie, mit anderen Worten, einen gemeinsamen Vorfahren gehabt haben müssen, der noch nicht Mensch, aber auch noch nicht Affe war.

Die Suche der Paläontologen richtete sich auf ein Lebewesen, von dem man annahm, daß es vor etwa 100 000 Jahren gelebt haben müsse. In diesen Zeitraum verlegte die Theorie bis vor wenigen Jahrzehnten das »Tier-Mensch-Übergangsfeld«, jenes Stadium in der Entwicklung der »Primaten«, in dem sich ihr Stammbaum teilte in die Vorfahren der heutigen Affen und die des Homo sapiens. Hier erwartete man auch, das legendäre »missing link« anzutreffen, ein Lebewesen, das tierische und menschliche Züge vereinte, also den »Übergang« vom einen zum anderen verkörperte.

Die bisherigen Funde und besonders die zahlreichen und wichtigen Entdeckungen der letzten Jahre haben allerdings Anlaß gegeben, an diesen Anschauungen einige entscheidende Korrekturen anzubringen. Die erste wichtige Korrektur besteht in der Erkenntnis, daß es wahrscheinlich nie gelingen wird, das »missing link« zu finden. Der Grund hierfür ist die bemerkenswerte Entdeckung, daß der Übergang vom Tier zum Menschen sich ganz offensichtlich nicht nur einmal, wie bisher immer stillschweigend vorausgesetzt, sondern ohne jeden Zweifel mehrere Male vollzogen hat.

Die zu den Primaten gehörende biologische Familie der Hominiden, deren einziger Vertreter heute der Mensch ist, hatte während langer Zeiträume verschiedene Mitglieder. Von ihnen allen – es ist möglich, daß ihre Zahl beträchtlich war – konnte sich jedoch neben unseren direkten Vorfahren kein einziges auf Dauer behaupten.

Die zweite wichtige Korrektur betrifft die Anschauungen über die Zeiträume, in denen sich die Entwicklung zum Menschen abgespielt hat. Sie werden immer größer, je reichhaltiger die fossilen Funde werden. Rechnete man noch bis zur Jahrhundertwende mit Jahrzehntausenden, so waren es wenig später schon Jahrhunderttausende.

Der revolutionierende Fund der Überreste des Homo habilis, der in den letzten Jahren in Afrika gelang, hat die Zeitskala jetzt erneut um eine Zehnerpotenz vergrößert: Die mit der Isotopenmethode vorgenommene Altersbestimmung der Knochenreste hat zweifelsfrei bewiesen, daß hier schon vor rund zwei Millionen Jahren ein Lebewesen existiert hat, das eindeutig vormenschliche Züge aufwies. Der Homo habilis kommt dem Begriff des »missing link« immerhin recht nahe. Dazu später mehr.

Zunächst aber: Wie sieht die vormenschliche Ahnenreihe nach dem heutigen Stand unseres Wissens aus? Der berühmte Neandertaler, der vor etwa 100 000 Jahren gelebt hat, gehört *nicht* dazu. Bei ihm handelte es sich, wie man schon seit längerer Zeit weiß, um einen der erwähnten »anderen« Versuche der Menschwerdung, denen kein bleibender Erfolg beschieden war. Einer der Zeitgenossen des Neandertalers, der sogenannte Cro-Magnon-Mensch, scheint bei diesem Scheitern unsanft nachgeholfen zu haben. Er hat seinen

Namen nach der ersten, in Frankreich gelegenen Fundstätte seiner Überreste erhalten und ist wahrscheinlich unser Ahn in direkter Linie. Beide Konkurrenten wiesen eindeutig menschliche Züge auf, sie stellten Werkzeuge her, kannten den Gebrauch des Feuers, sie gingen aufrecht und hatten eine Hirngröße, die sich von der unseren ihrem Volumen nach nicht unterschied.

Der *älteste* sichere Hominide war bis vor wenigen Jahren der Homo erectus, der erste bekannte zweibeinige Primat, der mit Werkzeug und Feuer umging. Als Vorgänger des Cro-Magnon-Menschen verfügte dieser Peking-Mensch, wie er nach seinem Fundort oft genannt wird, über ein Hirnvolumen von nur etwa 1 000 Kubikzentimetern. In dieser Hinsicht steht er ziemlich genau zwischen den größten heutigen Menschenaffen (bis zu 700 Kubikzentimetern) und uns selbst (rund 1 400 Kubikzentimeter). Auch mit seiner Körpergröße von nur 150 bis 160 Zentimetern und einem noch sehr primitiven Gebiß scheint der Peking-Mensch, der vor etwa 500 000 Jahren lebte, eine Mittelstellung einzunehmen.

Man rechnete nicht mehr damit, daß es einen *noch* primitiveren Prähominiden gegeben haben könnte, und schloß die Ahnenkette weiter rückwärts bei den sogenannten Australopithecinen an: Primaten mit einer Hirngröße von lediglich 300 bis 600 Kubikzentimetern, mit »äffischem« Gebiß, ohne nachweisbaren Werkzeuggebrauch, bei denen aber immerhin die Fähigkeit, auf zwei Beinen zu gehen, bereits entwickelt war; ihre Füße lassen Entwicklungstendenzen erkennen, die denen des Menschen ähneln.

Als direkter vormenschlicher Ahn unseres Geschlechts kann der Australopithecus zwar aus einem zeitlichen Grund nicht angesehen werden: Er lebte vor »nur« einer Million Jahren, hätte also nur 500 000 Jahre Zeit gehabt, um sich bis zum Peking-Menschen entwickeln zu können, eine biologisch viel zu kurze Spanne. Als *Typ* dürfte er aber ziemlich genau dem Lebewesen ähneln, das wir noch nicht kennen, das aber in unserer direkten Ahnenreihe gleichsam die letzte Tier-Rolle gespielt haben muß, bevor sich der Zweig der Hominiden vom Stamm der übrigen Primaten trennte.

Diesen Stand der Forschung stellte nun in den letzten Jahren der aufsehenerregende Fund aus dem afrikanischen Olduvaital in Frage: Die Entdeckung des Homo habilis. Dieses Wesen lebte vor etwa zwei Millionen Jahren. Es war nur 120 Zentimeter groß, keineswegs besonders muskulös gebaut und hatte ein Hirnvolumen von höchstens 700 Kubikzentimetern, was der Hirngröße eines unserer heutigen Menschenaffen entspricht. Im Unterschied zu diesen ging der Homo habilis aber nicht nur planmäßig auf Jagd, er stellte primitivste Steinwerkzeuge her und baute sich sogar aus Steinen Schutzwände gegen die Witterung. Seine Hand war noch so primitiv, daß er die für einen voll ausgebildeten Hominiden typische »Opposition« zwischen Daumen und Zeigefinger nicht ausführen konnte. Das ist der Griff, mit dem wir zum Beispiel ein Streichholz von einer Tischplatte aufheben und den kein anderes Lebewesen, auch kein Affe, ausführen kann.

Die Füße des Homo habilis waren weiterentwickelt als seine Hände, ihre Form zeigt, daß er aufrecht ging, wenn auch sicher noch ungeschickt. Daß die Entwicklung seiner Füße der seiner Hände vorausgeeilt war, scheint der alten Vermutung recht zu geben, daß der aufrechte Gang die Voraussetzung zur Ausbildung einer Greifhand gewesen sei: Die Hände wurden durch die aufrechte Körperhaltung von ihrer ursprünglichen tragenden Funktion entbunden und gleichsam für eine Weiterentwicklung freigegeben.

Alles in allem sind also die körperlichen Merkmale des Homo habilis trotz mancher »zukunftweisender« Entwicklungstendenzen noch so tierhaft, daß man sicher nie auf den Gedanken gekommen wäre, dieses Wesen schon zu den Hominiden oder auch nur zu den Prähominiden zu rechnen – wenn die Spuren an den Fundstätten nicht Werkzeuggebrauch und die Fähigkeit zur planmäßigen Jagd und wahrscheinlich sogar zur Herstellung einfachster Schutzbauten bewiesen.

Mit dem Homo habilis sind wir heute dem Tier-Mensch-Übergangsfeld ohne jeden Zweifel sehr, sehr nahe gekommen. Wenn die Wissenschaft trotzdem nicht davon spricht, daß hiermit nun doch das »missing link« gefunden sei, so aus dem mehrfach erwähnten Grund: Da aus dem Primatenstamm während eines Zeitraums von anscheinend mehreren Millionen Jahren immer wieder Hominidenzweige hervorgingen, ist es wahrscheinlicher, daß auch der Homo habilis den Überrest eines dieser später wieder von der Erde verschwundenen Versuche darstellt, als daß es sich ausgerechnet bei ihm um ein Mitglied unserer unmittelbaren Ahnenreihe handelt. Andererseits ist aber auch hier wieder festzustellen, daß der Homo habilis als *Typ* zweifellos in jene Lücke paßt, die in unserer Ahnenreihe im Bereich des Tier-Mensch-Übergangsfeldes noch besteht.

Die Paläontologie geht über das Dargestellte noch grundsätzlich hinaus, indem sie den Versuch unternimmt, unsere Ahnenreihe noch weiter zurückzuverfolgen, also noch über ihren Anschluß an den gemeinsamen Primatenstamm hinaus! Tatsächlich hört diese Reihe ja keineswegs an der Stelle auf, an der Hominiden und übrige Primaten zu einem gemeinsamen Stamm verschmelzen. Grundsätzlich müßte sie sich rekonstruieren lassen über die Stufen der Entstehung der Säugetiere hinaus bis zum Stadium eines Kaltblüterurahnen, weiter bis zu einem kiemenatmenden Meeresbewohner, ja, theoretisch bis zu einem Einzeller, der im frühen Kambrium vor rund einer Milliarde Jahren im Weltmeer existiert haben muß. Es kann gar keinen Zweifel daran geben, daß unsere Ahnenreihe realhistorisch lückenlos bis zur Anfangszeit der Entstehung des Lebens auf der Erde zurückreicht. Aber diese Überlegung wird immer theoretischer Natur bleiben, denn die Spuren hören aus naheliegenden Gründen schon sehr viel früher auf.

Andererseits braucht man aber keineswegs beim affenähnlichen Urmenschen stehenzubleiben, wie das meist geschieht. Vielleicht läßt es sich psychologisch erklären, daß die Wißbegier hier meist endet: Instinktiv ist dem Menschen seine Verwandtschaft mit dem Affen noch heute ein solcher Greuel, daß sein Unterbewußtsein gegen die Notwendigkeit rebelliert, sie anerkennen zu müssen. Oder spürt er vielleicht sogar, daß ein weiteres Beharren seiner Neugier auf diesem Thema ihn mit immer neuen Zumutungen konfrontieren würde?

Das älteste Fossil überhaupt, das den Gedanken an eine Beziehung zum Menschen nahelegt, ist ein zwanzig Millionen Jahre alter Oberkiefer. Seine recht gut erhaltenen Zähne sind in Form und Stellung denen eines heutigen Menschen weitaus ähnlicher als denen eines Affen. Man hat seinem ehemaligen Träger, über den sonst freilich nicht das geringste bekannt ist, den Namen »Ramapithecus« gegeben. Es ist möglich, daß es sich bei Ramapithecus um einen frühen Primaten gehandelt hat, der unserer Abstammungslinie nahestand.

Wenn man noch weiter in die Vergangenheit zurückblickt, stößt man auf die Vorfahren der Primaten. Von ihnen existieren zum Teil ausgezeichnet erhaltene und relativ vollständige Skelette. Die wichtigsten sind die von Smilodectes und Plesiadapis, zwei seit vierzig beziehungsweise sechzig Millionen Jahren ausgestorbenen Baumbewohnern.

Smilodectes ist nach allem, was wir heute wissen, der Vorfahr oder doch einer der Vorfahren der Primaten gewesen. Er hatte die Größe und das Gebiß einer Katze, einen langen, wahrscheinlich buschigen Schwanz, relativ lange Vorder- und Hinterextremitäten, die nun aber bezeichnenderweise keine Krallen, sondern Finger mit richtigen flachen Fingernägeln trugen.

Auch von hier aus läßt sich die Spur noch ein Stück weiter zurückverfolgen bis zu Plesiadapis, einem in Gestalt und Größe einem Eichhörnchen vergleichbaren Lebewesen, das die Brücke von den Vorprimaten zu den Nagern schlägt. Als Vorfahren von Plesiadapis wiederum sind Kleinnager anzunehmen, wobei uns das Fehlen verläßlicher Funde heute noch die Wahl läßt, ob wir dabei lieber an Spitzmäuse oder an maulwurfartige Wesen denken wollen. Beide Möglichkeiten werden heute ernsthaft in Erwägung gezogen. Die weitere Spur aber verliert sich vorerst noch im Dunkel der Urzeit.

Zuletzt sei noch auf eine zweite psychologische Barriere hingewiesen, die es bei diesem Thema gibt: auf die seltsame Illusion, der heutige Mensch sei das *End*ergebnis dieser Entwicklung. Sie ist durch nichts zu begründen. Im Gegenteil, es ist kein Grund vorstellbar, warum dieser Prozeß gerade heute zum Stillstand gekommen sein sollte. Auch wir sind innerhalb dieses Prozesses aller Wahrscheinlichkeit nach nur eine vorübergehende Lebensform, nicht endgültiger als Smilodectes, Ramapithecus, Homo habilis oder irgendein anderes Glied der langen Kette, in der wir uns zu sehen haben.

Der Gedanke daran kann etwas Versöhnliches haben. Hängen die Widersprüchlichkeit des menschlichen Geistes und des Auf und Ab unserer politischen Geschichte vielleicht auch damit zusammen, daß wir Übergangswesen sind, »nicht mehr Tier und noch nicht Engel«, wie es der französische Philosoph und Naturwissenschaftler Blaise Pascal einmal formulierte? Aus dieser Perspektive wird die ganze Hintergründigkeit eines Ausspruches von Konrad Lorenz spürbar, der auf einem Kongreß kürzlich definierte: »Das ›missing link‹ zwischen Tier und Mensch – das sind wir!«

(1964)

Angeborenes Verhalten und angeborenes Erkennen

Einsichten der Verhaltensforschung

Die Verhaltensphysiologie oder Ethologie ist kaum älter als ein Jahrzehnt. Sie hat sich aus der sogenannten Instinktforschung entwickelt, also aus jenem Zweig der Biologie, der sich die Analyse des angeborenen tierischen Verhaltens zur Aufgabe gemacht hat.
Daß es angeborenes Wissen geben kann, ist erstaunlich genug. Vollends rätselhaft erscheint das Phänomen jedoch, wenn man im einzelnen betrachtet, *was* Tiere »instinktiv«, also auf Grund angeborener Erfahrung, zuwege bringen. Darunter sind zum Beispiel Leistungen, die uns deshalb verblüffen, weil ihr Ergebnis einem Zweck dient, der in der Zukunft liegt. Sei es der Vogel, der ein Nest baut für Eier, die er noch gar nicht gelegt hat, oder sei es die berühmte Schlupfwespe, die ein Insekt durch einen Stich nicht tötet, sondern nur lähmt, um es neben ihren Eiern in einem kleinen Erdloch zu deponieren, damit es den später schlüpfenden Wespenlarven als lebend konservierte Frischnahrung dienen kann.
Es ist verständlich, daß die Naturwissenschaft vor derartigen Phänomenen lange Zeit resigniert hat und daß dieses Gebiet des zweckbestimmten und zukunftsgerichteten instinktiven Verhaltens die Hauptargumente für jene philosophische Richtung lieferte, die als »Vitalismus« die Möglichkeit bestritt, das Phänomen des »Lebendigen« sei naturwissenschaftlich erforschbar. Die Ergebnisse der Molekularbiologie haben in den letzten Jahren diese Auffassung widerlegt, und auch die modernen ethologischen Methoden der Instinktforschung haben gezeigt, daß diese Grenze für die Erkenntnis nicht existiert und daß es innerhalb der Natur, auch innerhalb der belebten Natur, keinen Bezirk gibt, welcher der Naturwissenschaft grundsätzlich unzugänglich und einer metaphysischen Betrachtung vorbehalten wäre.
Am Zustandekommen dieser neuen Erkenntnis, die für unser

Selbstverständnis weitreichende Konsequenzen hat, war die Verhaltensphysiologie insofern wesentlich beteiligt, als sie Methoden und Vorstellungen entwickelt hat, mit denen es möglich ist, instinktive Verhaltensweisen wissenschaftlich zu analysieren. Um welche Methoden es sich dabei handelt, hat Irenäus Eibl-Eibesfeldt, wissenschaftlicher Mitarbeiter am Max-Planck-Institut für Verhaltensphysiologie in Seewiesen, in einem Aufsatz dargestellt unter dem Titel: »Erkenntnisse und aktuelle Fragen der Verhaltensforschung«.

Als erste Frage stellt der Ethologe die nach dem Anteil, den in einem bestimmten Fall tierischen Verhaltens angeborene oder erlernte Elemente haben. Hierfür gleich ein »klassisches« Beispiel: Wohl jeder hat schon junge Vögel dabei beobachtet, wie sie ihre ersten Flugversuche machten, wie sie fliegen »lernten«. Und wohl niemand bezweifelt, daß es sich hier um einen echten »Lernvorgang« handelt. Kann man doch tatsächlich von Tag zu Tag beobachten, wie die jungen Tiere geschickter und mutiger werden, wie aus dem anfänglichen unbeholfenen Flattern immer höhere Sprünge werden, bis nach einigen Tagen der »Übung« – so scheint es jedenfalls – die Gewandtheit groß genug geworden ist, um den ersten richtigen Flug bis zum nächsten Ast zu gestatten.

Nun wurde im Experiment aber gezeigt, daß es sich in diesem Fall in Wirklichkeit gar nicht um »Lernen« handelt: Der Hälfte einer Nestbesatzung junger Schwalben wurden die Flügel fixiert, indem man den Tieren kleine Papphröhren überstreifte. Deren Geschwister machten ihre ersten Flatterversuche. Sie wurden von Tag zu Tag geschickter, bis es soweit war, daß sie ihren ersten Flug wagten. In diesem Moment wurden die Flügel der Versuchstiere von ihrer Fesselung befreit – und siehe da: Diese Tiere, die keinen Augenblick hatten üben können, erhoben sich mit der gleichen Gewandtheit in die Luft und flogen ihren Geschwistern auf deren Ast nach. Die Flugbewegung des Vogels ist also angeboren.

Daß sich die Fähigkeit zu fliegen erst einige Zeit nach dem Schlüpfen entwickelt und daß die volle Fertigkeit dann erst nach mehreren Tagen ausgebildet ist, ist – wie das geschilderte Experiment beweist – nicht die Folge eines Lernvorgangs, sondern davon, daß das Gehirn des Jungvogels zur Zeit des Schlüpfens aus

dem Ei noch nicht voll ausgereift ist, was auch für jene Hirnzentren gilt, die den geordneten Ablauf der Flugbewegung steuern.
Charakteristisch für dieses ebenso einfache wie aufschlußreiche Experiment ist das Prinzip des »Erfahrungsentzugs«, das von den Verhaltensforschern in zahlreichen Variationen angewendet wird: Dem Versuchstier wird vom ersten Lebenstag an eine ganz bestimmte Information über seine Umwelt vorenthalten, und wenn es ausgewachsen ist, vergleicht man sein Verhalten mit dem seiner unter natürlichen Bedingungen aufgewachsenen Artgenossen.
Hierfür ein weiteres Beispiel: Eichhörnchen wenden eine ganz bestimmte, äußerst zweckmäßige Technik an, um Nüsse aufzuknakken. Die Tiere nagen zwei Furchen auf der Unterseite der Nuß zur Spitze hin und sprengen die Nuß dann durch eine hebelnde Bewegung mit ihren Zähnen auf. Ist diese Technik angeboren, oder wird sie gelernt? Und lernt das Jungtier sie, wenn sie gelernt wird, vom älteren Artgenossen, oder muß jedes Eichhörnchen die zweckmäßigste Methode, Nüsse zu knacken, selbst von neuem lernen?
Die Antwort gibt wieder das Experiment mit dem Entzug der Erfahrung: Man zieht junge Eichhörnchen, von ausgewachsenen Tieren getrennt, mit breiiger Kost auf. Erst wenn sie ausgewachsen sind, bietet man ihnen Haselnüsse an. Die Beobachtung ergibt dann, daß diese Tiere die Nüsse zunächst ganz planlos zernagen, daß sie es aber sehr schnell lernen, sich die Arbeit zu erleichtern, indem sie parallel zur Maserung der Nußschale nagen, wobei es nie sehr lange dauert, bis sie schließlich die bereits geschilderte günstigste Technik entdecken. *Dieses* Verhalten wird also gelernt, und zwar offenbar mit Unterstützung durch das Beispiel des bereits erfahrenen, ausgewachsenen Tieres, wie sich daraus ergibt, daß die geschilderte relativ lange Übungsphase *nicht* bei Jungtieren beobachtet wird, die in der Gesellschaft älterer Artgenossen aufwachsen.
Als besonders merkwürdiges Phänomen kann man es ansehen, daß es auch ein »angeborenes Erkennen« gibt. Bestimmte optische Gestalten oder Konfigurationen heben sich für das Tier einer bestimmten Art offenbar als spezifische Signale mit festgelegter Bedeutung von der Umwelt ab. Eine Hauptkategorie derartiger optischer Signale wird durch die charakteristische Färbung und Musterung der tierischen Körperoberfläche gebildet. Die Farbenpracht

und die phantasievoll wirkenden Muster bei Vögeln, Schmetterlingen, Fischen und vielen anderen Tieren dienen nicht ästhetischen Zwecken, sondern haben die biologisch wichtige Funktion spezifischer Signale oder Chiffren. In den meisten Fällen erfüllen sie den Zweck, eine Vermischung der Arten zu verhindern.

Der Pfau, der sein Rad schlägt und sich so dreht und wendet, daß die Pfauenhenne es »bewundern« kann, ist nicht, wie der Volksmund sagt, eitel. Vielmehr »sendet« er auf diese Weise ein spezifisches Signal aus, mit dem er sich als Artgenosse zu erkennen gibt. Auch die sich anschließenden Balzbewegungen stellen solche Signale dar. Sie sind für die einzelnen Tierarten so charakteristisch, daß man aus ihren Unterschieden und Ähnlichkeiten mit großer Zuverlässigkeit auf Unterschiede der Stammesverwandtschaft schließen kann. Die Balzbewegungen eines männlichen und eines weiblichen Tieres der gleichen Art sind so exakt aufeinander abgestimmt wie ein Schlüssel auf das zugehörige Schloß, und sie verfolgen auch einen analogen Zweck: Die kleinste Ungenauigkeit im Ablauf dieses angeborenen Rituals führt zum Abbruch der Partnerbeziehung, nur der Artgenosse wird akzeptiert.

Die Beschaffenheit, durch die eine spezifische optische Konfiguration als Signal wirkt, wird von den Ethologen in Attrappenversuchen analysiert. Dabei bildet man das Aussehen des Partners (oder auch eines bestimmten Feindes der betreffenden Art) als Modell nach und vergleicht das Verhalten der Versuchstiere gegenüber einer solchen Attrappe mit ihrem Verhalten in der natürlichen Situation. Der Vorteil gegenüber der freien Beobachtung besteht bei dieser Methode darin, daß man eine Attrappe beliebig abändern kann, wodurch man die Möglichkeit erhält, genau festzustellen, *welche* Eigenschaften das eigentliche Signal darstellen.

Auch hierfür ein Beispiel: Der Verhaltensforscher Wolfgang Schleidt hat festgestellt, daß Hühnervögel ihre Jungen, die Küken, gar nicht am Aussehen, also optisch, erkennen, sondern ausschließlich akustisch. Auch zur Untersuchung dieser Frage, *wie* die Henne ihr Küken »erlebt«, wurden Attrappen eingesetzt. Eine brütende Truthenne ist nicht nur in »Brutpflegestimmung«, aus biologisch einsichtigen Gründen ist sie auf ihrem Nest gleichzeitig auch ständig in Verteidigungs- und Angriffsbereitschaft. Alles, was sich ihrem Nest nähert, wird mit dem kräftigen Schnabel wütend behackt, nur nicht die eigenen Küken. Schleidt baute nun verschiedene Kükenattrappen, ganz naturalistische, indem er Küken ausstopfte, dann Attrappen, denen Hals und Kopf fehlten, oder solche, die aus Holz geschnitzt waren, also keine Federn hatten. Allen Attrappen aber waren winzige Lautsprecher eingebaut, aus denen, gespeist von einem Tonbandgerät, das laute Piepsen eines lebenden Kükens ertönte. Bei diesem Vorgehen wurden *alle* Attrappen wie echte Küken behandelt, das heißt, die Henne gab Locktöne von sich und versuchte, die Attrappen unter ihre Flügel zu nehmen. Auch wenn man der Henne ein ausgestopftes Wiesel in das Nest schob, wurde die Attrappe des Artfeindes wie ein Küken behandelt, sobald das Lautsprecherpiepsen daraus erklang. Umgekehrt greift eine brütende Henne alles wütend an, was keine Kükenlaute von sich gibt – das geht so weit, daß ein frisch geschlüpftes Putenküken, das aus irgendwelchen Gründen zu lange zögert, das typische Piepsen von sich zu geben, von der Henne unweigerlich totgehackt wird.

Diese auf das »angeborene Erkennen« sich beziehenden Untersuchungen haben ergeben, daß die Umwelt der Tiere außerordentlich »merkmalsarm« ist. Das Tier erfährt um sich herum offensichtlich gar nicht die bunte Fülle, die wir in der Welt erleben, sondern nur relativ wenige, herausgehobene Eigenschaften dieser Umwelt, und es erlebt sie als spezifische Signale, die ganz bestimmte angeborene Verhaltensweisen auslösen. Diese Reduzierung der reich gegliederten Umwelt auf einige wenige Signalreize gewährleistet im Interesse der Arterhaltung die Sicherheit und Stabilität des instinktiven Verhaltens.

Zuletzt sei noch eine völlig andere Methode erwähnt, die ebenfalls für ethologische Fragestellungen entwickelt wurde. Sie besteht darin, vermittels haarfeiner Drähte, die den Tieren ins Gehirn eingepflanzt werden, auf elektrischem Wege angeborene Verhaltensweisen auszulösen. Auf diese Weise wurde bisher vor allem bei Hühnern gearbeitet. In Narkose wird den Tieren ein kleines Loch in das Schädeldach gebohrt, durch das ein haarfeines Silberdrähtchen ins Gehirn eingeschoben wird. Die kleine Wunde verheilt in wenigen Tagen, die Tiere spüren nichts von dem Draht und benehmen sich weiterhin völlig natürlich und zahm. Durch den harmlosen Eingriff sind jedoch »fernlenkbare« Tiere aus ihnen geworden! Wenn man jetzt nämlich in diese Drähte elektrischen Strom leitet, und zwar genau in der Stärke und von der Art, wie er normalerweise in Nerven fließt, dann vollführen diese Tiere wie lebende Roboter ein festgelegtes »Programm«. Je nach dem Ort, an dem der Draht im Gehirn endet, werden dort verschiedene Nervenzentren erregt. Das Ergebnis besteht darin, daß das Tier das Verhalten zeigt, das normalerweise durch dieses Zentrum gesteuert beziehungsweise in Gang gesetzt wird. Meist sind es ganz elementare Reizantworten, die sich auf diese Weise auslösen lassen, eigentlich nur Bruchstücke oder »Bausteine« von bestimmten Verhaltensabläufen. Mitunter lassen sich aber ganze Szenen buchstäblich durch Knopfdruck auslösen und dann auch fast beliebig oft wiederholen. Man kann zum Beispiel einen Hahn auf diese Weise in eine Situation versetzen, in der er sich von einem »Bodenfeind« angegriffen glaubt. Drückt man auf den Knopf, so beginnt das Tier plötzlich unruhig zu werden. Es sichert aufmerksam in die Ferne. Es ist beklemmend, wenn man dann an der Blickbewegung des Tieres ablesen kann, daß es einen unsichtbaren »Feind« näher kommen zu sehen glaubt, mit dem es dann sogar zu kämpfen beginnt, bis es schließlich schreiend Reißaus nimmt, weil der unheimliche Gegner nicht weichen will – nämlich so lange nicht, bis der Untersucher den bewußten Knopf wieder losläßt.

Das ist ohne Zweifel eine besonders geistreiche und zuverlässige Methode, wenn man feststellen will, was für Verhaltensweisen bei Tieren angeboren vorkommen, also in der Hirnstruktur erblich festgelegt sind. Aber unheimlich ist das Ganze auch, und nicht nur deshalb, weil sich der Gedanke nicht beiseite schieben läßt, daß sich dieses »Fernlenkprinzip« grundsätzlich auch beim Menschen anwenden ließe. Unheimlich ist das Ganze außerdem deshalb, weil vor diesen Versuchen niemand auch nur im Traum daran gedacht hätte, daß selbst solche komplexen und variablen, »szenenhaften« Verhaltensabläufe noch *angeboren* sind. Die Ergebnisse der Verhaltensforschung werden sicherlich weitreichende Konsequenzen auch für das menschliche Selbstverständnis haben.

(1964)

Anfänge der Wahrnehmung

Wie Pflanzen sich über ihre Umwelt informieren

Wenn man den sprichwörtlichen »gebildeten Laien« nach dem Unterschied zwischen einer Pflanze und einem Tier fragt, so wird man fast stets zwei Antworten bekommen: In der Mehrzahl der Fälle heißt es, der Unterschied bestehe darin, daß eine Pflanze ortsgebunden sei, während ein Tier sich bewegen könne. Als weiterer Unterschied wird gelegentlich noch hinzugesetzt, daß Tiere über Sinnesorgane verfügen und ein Nervensystem, mit deren Hilfe sie sich in ihrer Umwelt aktiv orientieren könnten, Pflanzen dagegen nicht.

Diese beiden Kriterien der Unterscheidung zwischen Tier- und Pflanzenreich entsprechen unserer täglichen Anschauung in der Tat so sehr, daß wohl jeder von uns, obwohl wir alle es vor mehr oder weniger langer Zeit in der Schule gelernt haben, zunächst erstaunt ist, wenn er hört, daß beide Antworten falsch sind.

Zwar sind die Pflanzen, die wir tagtäglich in unserer Umgebung vor Augen haben, sämtlich mit Wurzeln im Boden oder jedenfalls auf einem Untergrund festgewachsen und ebenso alle uns geläufigen Tiere beweglich. Trotzdem handelt es sich dabei aber nicht um ein zur Definition geeignetes Kriterium. Denn einerseits gibt es sehr wohl Lebewesen, die unzweifelhaft Tiere sind, obwohl sie auf einem Untergrund festgewachsen sind, den sie zeitlebens nicht verlassen können, wie zum Beispiel Seeanemonen oder die große Familie der Schwämme. Und andererseits gibt es eine ganze Reihe pflanzlicher Einzeller – Flagellaten, Blau- und Kieselalgen –, die im Wasser frei umherschwimmen.

Aber auch die zweite Antwort ist – zumindest partiell – falsch. Zwar haben Pflanzen tatsächlich kein Nervensystem. Andererseits verfügen alle Pflanzen über Einrichtungen mit der Funktion echter Sinnesorgane, die sie in prinzipiell der gleichen

Weise wie ein tierisches Lebewesen dazu benutzen, sich in ihrer Umwelt nach bestimmten Gesichtspunkten zu orientieren.
Ein bekanntes Beispiel dafür ist etwa der an einem Hang wachsende Baum, der ganz offensichtlich in der Lage ist, sich durch eine gerichtete Orientierung seines Wachstums von dem Grad der Steilheit der Böschung unabhängig zu machen und dadurch seinen Stamm in jedem Fall lotrecht zu stellen. Eine solche Pflanze muß ohne jeden Zweifel über eine Art Schweresinn verfügen und darüber hinaus auch über die Möglichkeit, sich den Informationen dieses Schweresinnes entsprechend auszurichten.
In Wirklichkeit ist der grundlegende Unterschied, der zwischen Pflanzen und Tieren besteht, ein Unterschied des Stoffwechsels: Der Stoffwechsel der Pflanzen ist *autotroph*, und der aller Tiere – und natürlich auch unser Stoffwechsel – *heterotroph*. Was ist damit gemeint?
Menschen und Tiere müßten in relativ kurzer Zeit rettungslos sterben, wenn aus irgendeinem Grunde – etwa als Folge einer weltweiten Viruserkrankung – alle Pflanzen von der Erde verschwinden würden. Die Katastrophe wäre aus zwei ganz verschiedenen Gründen unvermeidlich. Der eine besteht darin, daß wir ersticken würden. Alle Tiere auf dieser Erde brauchen Sauerstoff, und sie verbrauchen ihn dabei, dafür atmen sie gasförmige Kohlensäure wieder aus. Den Sauerstoff entnehmen sie der Atmosphäre. Deren Sauerstoffvorrat ist aber nicht nur nicht unbegrenzt, er ist sogar nicht einmal annähernd so groß, wie man glauben könnte. Die Schätzung eines amerikanischen Biochemikers läuft darauf hinaus, daß alles menschliche und tierische Leben auf der Erde immerhin schon nach 300 Jahren ersticken müßte, wenn es plötzlich keine Pflanzen mehr gäbe, die aus der Kohlensäure freien Sauerstoff abspalten und an die Atmosphäre zurückgeben.
Man muß es sich einmal klarmachen, daß auch unsere Erde eigentlich nichts anderes ist als ein Raumschiff im endlosen Weltraum, ein sehr großes Raumschiff zwar, aber genau wie jedes andere Raumfahrzeug angewiesen auf die, wenn auch sehr großen, so doch nicht unbegrenzt vorhandenen Vorräte. Die dadurch bei längeren Raumflügen verursachten Versorgungsprobleme gedenkt man in der Astronautik bekanntlich durch die Entwicklung von Kreislaufprozessen zu lösen, durch die bestimmte Ausscheidungs-

produkte chemisch so verändert werden, daß sie von neuem verwendet werden können. Das außerordentlich komplizierte Problem, wie ein solcher Kreislauf tatsächlich »geschlossen« werden kann, so daß er der Umgebung gegenüber autark ist, wurde bisher ausschließlich von der Natur und für den Fall der Erde gelöst. Unter anderem wird auf ihrer Oberfläche vom tierischen Stoffwechsel Sauerstoff verbraucht und Kohlensäure abgegeben, die ihrerseits wieder von den Pflanzen benötigt wird, die dabei Sauerstoff an die Atmosphäre zurückgeben.

Aber ehe wir ersticken würden, wären wir längst verhungert, wenn es keine Pflanzen gäbe auf der Erde. Denn jede Nahrungskette – nach dem Schema »die Großen fressen die Kleinen« –, die man bis zu ihrem Ende verfolgt, endet unfehlbar bei einer Pflanze. Der Grund dafür ist, daß nur der pflanzliche Stoffwechsel autotroph ist. Das heißt: Nur Pflanzen – und das ist ihr eigentliches Kennzeichen – sind in der Lage, aus einfachen anorganischen Verbindungen und Wasser, die sie dem Boden entnehmen, und der Kohlensäure der Luft die energiereicheren organischen Verbindungen zusammenzusetzen, auf die der tierische – heterotrophe – Organismus zu seiner Erhaltung angewiesen ist. Pflanzen sind – so formuliert es der Biologe – die einzigen »Primärproduzenten organischen Materials«, die es auf der Erde gibt.

Im ersten Augenblick erscheint es folglich wieder so, als hätten wir einen »geschlossenen« Kreislauf vor uns: Der tierische Organismus zerlegt komplizierte (organische) chemische Verbindungen in einfache und zum Teil schon anorganische Bruchstücke und lebt von der Energie, die dabei frei wird. Und der pflanzliche Organismus baut aus den stets auf irgendeine Weise wieder ins Erdreich gelangenden anorganischen Verbindungen erneut höhere, organische Substanzen auf. In Wirklichkeit aber ist dieser Kreislauf, wie eine kurze Überlegung sofort ergibt, keineswegs »geschlossen«. Er kann es gar nicht sein, denn selbstverständlich gilt auch für alle Lebensprozesse das Naturgesetz von der »Erhaltung der Energie«. Wäre auch dieser Kreislauf der Nahrungsverwertung geschlossen, so würde er nichts anderes als eine Art biologisches Perpetuum mobile darstellen, also ein Ding der Unmöglichkeit: Denn wo kommt die Energie her, die der pflanzliche Stoffwechsel den von ihm synthetisierten organischen Substanzen zur Freisetzung durch den tierischen Körper gewissermaßen »mitgibt«? Die Antwort lautet bekanntlich: von der Sonne. Durch den noch immer nicht restlos aufgeklärten Prozeß der Photosynthese ist das Chlorophyll, das grüne Pigment der Pflanzen, wie man weiß, imstande, die Strahlung der Sonne zum Aufbau organischer Moleküle zu Hilfe zu nehmen.

Die Pflanzen sind folglich, und das definiert sie vielleicht am umfassendsten, die Lebensform unserer Erde, die in der Lage ist, das Sonnenlicht als Energiequelle anzuzapfen und es in andere Energieformen umzuwandeln, die auch dem tierischen Organismus zugänglich sind. In gewissem Sinne ist also das Pflanzenreich gleichsam die erste Generation des Lebens auf der Erde. Das tierische Leben ist demgegenüber erst der zweite Schritt und in seiner Existenz absolut vom ersten abhängig.

Es wird nun meist übersehen, daß die Pflanzen diese in jedem Sinne des Wortes grundlegende Rolle keineswegs nur im biologischen Energiehaushalt der Erdoberfläche spielen. Einige hochinteressante Entdeckungen der Pflanzenphysiologen lassen vielmehr den Schluß zu, daß auch eine Reihe von höheren biologischen Funktionen, die man lange Zeit dem Tierreich vorbehalten glaubte, wenigstens in spezifischen Ansätzen auch schon von Pflanzen »erfunden« worden ist. Ihre nähere Betrachtung ist vor allem deshalb ungewöhnlich interessant, weil sie erstmals eine Ahnung davon vermitteln kann, auf welchem Wege diese höheren Funktionen, insbesondere bestimmte Wahrnehmungsfunktionen, im Verlauf der Evolution entstanden sein können.

Betrachten wir als erstes Beispiel einige spezielle Fälle der Orientierung von Pflanzen zum Licht, über die der Erlanger Botaniker Wolfgang Haupt kürzlich berichtet hat.

Jedem Blumenfreund ist es geläufig, daß seine Pfleglinge in der Lage sind, ihre Blüten und mitunter auch ihre Blätter in Richtung auf das Fenster oder die Sonne zu wenden. Welcher biologische Mechanismus liegt dieser Fähigkeit zugrunde? Relativ einfache Beobachtungsreihen, bei denen verschiedene Pflanzen nur halbseitig beleuchtet wurden, haben hier rasch die Antwort finden lassen: In den meisten Fällen wächst einfach der schwächer belichtete Teil der Pflanze schneller, was automatisch zu einer Wendung in Richtung auf die Lichtquelle führt. Bei dem »Photorezeptor«, also der

Substanz im pflanzlichen Stoffwechsel, die den Lichtreiz in einen Wachstumsreiz umwandelt, scheint es sich um Laktoflavin zu handeln, also einen Teil des wohlbekannten Vitamin-B-Komplexes.
In manchen Fällen haben sich nun regelrechte und zum Teil recht komplizierte »optische Systeme« feststellen lassen, mit deren Hilfe die Richtung des Lichtreizes von der Pflanze ermittelt wird. Dabei sind dann die Zellwände lichtdurchlässig und brechen das einfallende Licht beispielsweise so, daß es auf der rückwärtigen Wand der Zelle stärker konzentriert wird als auf der vorderen, der Sonne zugewandten Seite.
Am verblüffendsten ist der optische Mechanismus bei der Alge Mugeotia. Bei dieser wasserlebenden Alge ist die Lichtbrechung zwischen Wasser und Zellinnerem natürlich zu gering, um eine Richtungsbestimmung nach dem eben geschilderten Prinzip zu ermöglichen. Dafür enthält jede der zylindrischen Zellen dieser Pflanze einen plattenförmigen Chloroplasten, der sich im Inneren der Zelle frei drehen kann und die Tendenz hat, dem Licht immer seine Breitseite zuzuwenden. Man hat sogar schon herausgefunden, daß dieser verblüffend an eine Peilantenne erinnernde Mechanismus auf die Polarisationsebene der einfallenden Lichtwellen anspricht, die durch eine entsprechende Struktur der Zellwand registriert wird.
Zwar handelt es sich in allen diesen Fällen natürlich noch nicht um echte Sinnesorgane. Die pflanzlichen Lichtrezeptoren sind ja auch an kein Nervensystem angeschlossen, mit dessen Hilfe die von ihnen verzeichneten Daten an einen anderen Teil der Pflanze weitergeleitet werden und dort womöglich gar mit den Meßwerten anderer Rezeptoren verglichen oder integriert werden könnten. Aber angesichts dieser erstaunlichen optischen Rezeptoren und ihrer Leistungsfähigkeit wird man jetzt wohl kaum noch daran zweifeln dürfen, daß hier in den Pflanzen bereits die grundlegenden biologischen Prinzipien verwirklicht sind, auf denen dann im Tierreich die eigentliche optische Wahrnehmung aufgebaut ist.
Bestärkt wird diese Auffassung durch eine Entdeckung, die erst vor einigen Jahren von amerikanischen Pflanzenphysiologen gemacht worden ist und die besagt, daß auch die Pflanzen dem sie umgebenden Licht nicht nur ihre Stoffwechselenergie und Orientierungsreize, sondern auch noch andere Informationen entneh-

men können. Gemeint ist die Entdeckung des Phytochroms, eines lichtempfindlichen Pigments, mit dessen Hilfe Pflanzen die Länge der Tageshelligkeit so genau messen können, daß sie auf diese Weise die jeweilige Jahreszeit festzustellen in der Lage sind. Das ist nun tatsächlich bereits eine Leistung, die über das Funktionsschema einer elementaren Reizbeantwortung weit hinausgeht und eine Verrechnung und Vergleiche zwischen verschiedenen – inneren und äußeren – Reizen voraussetzt.

Die Experimente der Pflanzenphysiologen werden in den kommenden Jahren zweifellos noch eine ganze Reihe anderer derartiger Mechanismen zutage fördern, mit deren Hilfe sich Pflanzen in weitaus höherem Maße über ihre Umwelt informieren können, als man das bisher vermutete. Alle diese Untersuchungen sind von höchstem Interesse weit über die Botanik selbst hinaus. Denn sie geben Auskunft über die Schritte der Entwicklung, die von vegetativen Funktionen über einfache Orientierungsreaktionen bis zu den Anfängen echter Wahrnehmung geführt haben, oder, anders ausgedrückt: vom Licht als der Quelle aller Lebensenergie hin zu jenem Licht, in dem ein erlebendes Subjekt seine Umwelt zu erkennen vermag.

(1966)

Ein übernatürlicher Vorgang?

Die Entstehung des Lebens auf der Erde

Vor rund zehn Jahren machte der amerikanische Biochemiker Stanley Miller ein Experiment, das historische Bedeutung erlangt hat. Er füllte in einen sorgfältig sterilisierten Glaskolben Ammoniak, Wasser, Kohlendioxid und Methan, schmolz den Kolben zu und setzte ihn mehrere Tage lang kräftigen elektrischen Entladungen aus. Als er den Inhalt des Kolbens anschließend chemisch untersuchte, ergab die Analyse, daß in der Lösung winzige Spuren von Glyzin, Alanin und Asparagin entstanden waren, also von drei Aminosäuren, die zu den Bausteinen von Eiweiß gehören. Erst nach mehrmaliger Wiederholung entschloß sich Miller damals, das Resultat seiner Versuche zu veröffentlichen.
Noch größer war anfangs die Skepsis unter seinen Fachkollegen in aller Welt. Aber das relativ einfache Experiment wurde innerhalb kurzer Zeit in mehreren Laboratorien wiederholt, und zwar tatsächlich jedesmal mit dem gleichen Erfolg. Die ungeheure Bedeutung dieses Versuchs besteht darin, daß Stanley Miller mit ihm erstmals die »abiotische Entstehung biologisch aktiver Monomere aus einfachsten Ausgangsmolekülen« nachgewiesen hatte. Mit anderen Worten: Er hatte gezeigt, daß komplizierte Moleküle, die uns heute nur in lebenden Organismen als Aufbauprodukte ihres Strukturstoffwechsels begegnen, unter bestimmten Umständen auch als Folge der Einwirkung relativ einfacher physikalischer Kräfte entstehen können. Sein Experiment hatte darüber hinaus noch eine zusätzliche Pointe insofern aufzuweisen, als sowohl die Zusammensetzung der Ausgangslösung als auch die Form der physikalischen Einwirkung, der sie ausgesetzt worden war, in ihren Einzelheiten den Bedingungen entsprachen, die – soweit wir das heute wissen – auf der Oberfläche der Urerde vor etwa drei Milliarden Jahren geherrscht haben.
In den auf Millers historischem Versuch folgenden Jahren wurden

aus den biochemischen Laboratorien in kurzen Abständen weitere Erfolge gemeldet. Bereits Ende 1968 war die künstliche abiotische Synthese der Bausteine aller von der Natur verwendeten lebensnotwendigen Polymere, nämlich Eiweiß, Zucker und Nukleinsäuren, gelungen und darüber hinaus auch noch die von ATP (Adenosintriphosphat), dem wichtigsten Energielieferanten aller Stoffwechselprozesse. Fast gleichzeitig wurde die Synthese von Porphyrinen durchgeführt, einer Gruppe biologisch wichtiger Katalysatoren, welche die Entstehung größerer und komplizierterer Moleküle aus den einfacheren Bausteinen begünstigen. Kurz darauf gelang die Erzeugung der Polymere selbst, also der Moleküle, die wie zum Beispiel das Eiweiß ihrerseits die Bausteine lebender Organismen darstellen oder aber wie die Nukleinsäuren der Speicherung und Übertragung von Informationen fähig sind und daher als die spezifische Erbsubstanz den Bauplan eines bestimmten Individuums in sich aufnehmen und durch seine Weitergabe an die nächste Generation über die Zeit hinweg konservieren können.
Eines der entscheidenden Kennzeichen aller dieser Versuche besteht darin, daß bei jedem von ihnen die Synthese gewissermaßen unter »natürlichen Bedingungen« gelang. Man könnte zunächst ja auf den Gedanken kommen, daß solche Experimente im letzten Jahrzehnt eben deshalb möglich geworden seien, weil irgendwelche neuen technischen Möglichkeiten – ungewöhnlich hohe Temperaturen oder Drücke, atomare Kernreaktionen oder was auch sonst – die wesentliche Voraussetzung ihres Erfolgs gebildet hätten. Davon aber kann nicht die Rede sein. In allen Fällen entsprach die Ausgangslösung – im allgemeinen ein Gemisch aus Methan, Wasser, Kohlendioxid und Ammoniak, bei den späteren Versuchen versetzt mit bestimmten Katalysatoren und Cyanwasserstoff – der heute anzunehmenden Zusammensetzung der irdischen Uratmosphäre. Und auch die Kräfte, die man auf diese »Ursuppe«, wie die Biochemiker diese Lösung ein wenig respektlos getauft haben, einwirken ließ, nämlich entweder elektrische Blitzentladungen oder infrarote Strahlung, gab es im »Urmilieu«.
Diese in ihren praktischen und philosophischen Konsequenzen so außerordentlich bedeutsame Forschungsrichtung der Biochemie hat also nicht etwa deshalb Anfang der fünfziger Jahre eingesetzt, weil ihre experimentellen Voraussetzungen sich erst damals hätten

verwirklichen lassen. Der wirkliche Grund ist vielmehr der, daß erst zu dieser Zeit die Vorstellung einer grundsätzlichen und unübersteigbaren Grenze zwischen unbelebter und belebter Materie geistig und psychologisch so weit überwunden war, daß namhafte Naturwissenschaftler überhaupt auf den Gedanken verfallen konnten, derartige Versuche anzustellen. Nachdem sie damit aber begonnen hatten, gab es im Handumdrehen eine Erfolgsmeldung nach der anderen.

Die Schlußfolgerung liegt auf der Hand: Die Biochemie hat begonnen, sich mit naturwissenschaftlicher Methodik der Frage zuzuwenden, wie das Leben auf der Erde entstanden ist. Und ihre Antwort auf die Frage, ob es dabei »übernatürlich« zugegangen ist, ist ein entschiedenes Nein. Kein Biochemiker zweifelt heute mehr daran, daß die ersten Biopolymere, also die für den Aufbau lebender Strukturen notwendigen Rohstoffe, aus den ursprünglich zur Verfügung stehenden einfachsten anorganischen Ausgangsmolekülen abiotisch, also aufgrund elementarer physikalischer und chemischer Gesetze, entstanden sind. Die von alters her angenommene Grenze zwischen toter und biologisch aktiver Materie ist damit bereits prinzipiell überwunden: Sie hat sich als Vorurteil, als nicht existent herausgestellt. Und kein Naturwissenschaftler zweifelt mehr daran, daß auch die weitere Entwicklung, die von der Entstehung der Biopolymere zur Bildung der ersten »lebenden«, also zur Selbstreduplikation fähigen, Strukturen führte, von den gleichen Gesetzen gelenkt worden ist – ohne Hinzutreten grundsätzlich unerklärbarer, transzendentaler Faktoren.

Damit aber wird ein erster interessanter Einwand denkbar: Wenn die bestehenden und bekannten Naturgesetze ausreichen, um aus den auf der Erdoberfläche zur Verfügung stehenden anorganischen Ausgangsmolekülen biologisch aktive Strukturen entstehen zu lassen, so müßten sich auch heute noch auf der Erde fortlaufend solche Strukturen spontan bilden und nachweisen lassen. Das aber ist, soweit wir wissen, nicht der Fall. Wie läßt sich diese Tatsache mit der naturwissenschaftlichen Betrachtung der Entstehung des Lebens auf der Erde vereinen?

Die Antwort besteht in dem Hinweis auf die im Vergleich zur chemischen Evolution sehr viel größere Schnelligkeit und Leistungsfähigkeit der biologischen Evolution. Der amerikanische

Biochemiker und Nobelpreisträger Melvin Calvin schätzt, daß bis zur Entstehung der ersten lebenden Zelle der gleiche Zeitraum verstrichen ist wie von diesem Ereignis bis zur Entstehung der ersten Säugetiere und Primaten einschließlich des Menschen, nämlich in beiden Fällen rund zwei Milliarden Jahre. Die »biotische« Entstehung der Biopolymere und der aus ihnen bestehenden lebenden Strukturen, mit anderen Worten also ihre Erzeugung durch biologische Prozesse und bereits vorhandene lebende Organismen, hat sich damit als gleichsam sehr viel »rationeller« und erfolgreicher erwiesen als ihre vergleichsweise unendlich mühsame, unendlich langsame »abiotische« physikalische Entstehung in wahrscheinlich – vergleichsweise – nur winzigen Mengen.

Dieser Unterschied ist, am Rande bemerkt, unter naturwissenschaftlichem Aspekt übrigens auch der eigentliche Grund dafür, daß sich an die chemische Evolution dieser ersten polymeren Moleküle eine biologische Evolution überhaupt angeschlossen hat.

Mit diesem Unterschied kam aber erstmals in der Geschichte der Erde jenes Element ins Spiel, das von da an die weitere Richtung der Entwicklung entscheidend bestimmte: die Konkurrenz! Die biologische Evolution erwies sich der chemischen Evolution als in solchem Maße überlegen, daß sie diese – jedenfalls auf der Erde – abgelöst hat. Mit dem Auftreten der neuen Form der Evolution ging die bisherige zu Ende.

Auf welche Weise die chemische Entstehung von Biopolymeren konkret zum Erliegen kam, läßt sich zumindest an einem drastischen Beispiel zeigen: Eine beschränkte Zeit dürfte es wohl beide Entwicklungsformen gleichzeitig nebeneinander gegeben haben. Die alsbald stürmisch einsetzende biologische Evolution überzog aber bald die ganze Erdoberfläche und veränderte sogar die Erdatmosphäre. In der ersten Phase des Lebens muß die Erde von primitiven, algen- oder bakterienähnlichen Organismen besiedelt gewesen sein, deren Stoffwechsel noch nicht auf dem relativ komplizierten Prozeß der Photosynthese beruhte. Noch heute gibt es einige wenige primitive Bakterienarten, deren Stoffwechsel seine Energie aus anderen, »anaeroben« chemischen Prozessen bezieht. Als aber von den ersten chlorophyll-

haltigen Pflanzen die Möglichkeit, die Strahlung der Sonne als Energiequelle anzuzapfen, erst einmal entdeckt war, setzte sich diese Richtung der biologischen Evolution rasch durch.
Die Photosynthese aber geht bekanntlich mit einer ständigen Abgabe von Sauerstoff einher. Und man glaubt heute, daß der gesamte ungeheuer große Sauerstoffvorrat der ursprünglich ja sauerstofflosen Erdatmosphäre im Verlauf unvorstellbar langer Zeiträume von der ersten Generation photosynthetisch aktiver Pflanzen erzeugt worden ist. Auf diese Weise wurde die uns giftig erscheinende, in Wirklichkeit aber in jeder Hinsicht lebenspendende methan- und ammoniakhaltige Uratmosphäre allmählich durch die heute noch allein durch den pflanzlichen Stoffwechsel gewährleistete Sauerstoffatmosphäre verdrängt. Damit war dem Fortbestehen einer chemischen Evolution die Grundlage entzogen.
Melvin Calvin hat in den letzten Jahren in mehreren Fällen eindrucksvolle Beispiele für die Art und Weise veröffentlicht, in der schon hochkomplizierte biologisch aktive Substanzen aus einfacheren Polymeren entstehen und sich zum Teil auch bereits künstlich im Laboratorium herstellen lassen. Diese Beispiele bezogen sich unter anderem auf die Entstehung der typischen spiraligen sogenannten Helixstruktur, zu der sich Aminosäuren bei der Bildung eines Eiweißmoleküls anordnen, aber wenigstens in einem Fall sogar schon auf die Entstehung der komplizierten sogenannten Tertiärstruktur eines biologisch wirksamen Ferments. In allen Fällen ließ sich nachweisen, daß bei der Entstehung aller dieser unendlich komplizierten Strukturen und Moleküle ein Schritt dem nächsten mehr oder weniger zwangsläufig folgt, und zwar unter dem Zwang physikalischer und chemischer Gesetze. In der Sprache der Wissenschaft ausgedrückt: Die gesamte »Information«, die etwa zum Aufbau eines Enzyms aus einer Kette von Aminosäuren notwendig ist, liegt in der spezifischen Sequenz der einzelnen Aminosäuren bereits vor. Die enzymatisch aktive Form entsteht aus dieser Sequenz einfach deshalb, weil sie – ungeachtet ihrer komplizierteren Struktur – die thermodynamisch stabilste Molekülkonfiguration darstellt.
Die bisherige Krönung dieses aktuellsten Zweiges der Biochemie war die Anfang 1966 aus Illinois eintreffende Meldung, daß es dem amerikanischen Wissenschaftler Sol Spiegel gelungen sei, aus ge-

wöhnlichen Nukleotidmolekülen lebende Viren entstehen zu lassen, die in der Lage waren, Zellen in der gleichen Weise zu infizieren wie »natürliche« Viren. Spiegel benötigte dazu zwar noch ein »Replicase« genanntes Enzym, das er aus lebenden, von Viren befallenen Zellen gewinnen mußte, weil es sich bisher noch nicht synthetisch erzeugen läßt. Es ist jedoch kein Zweifel mehr möglich daran, daß die künstliche Erzeugung lebender Strukturen im biochemischen Laboratorium in greifbare Nähe gerückt ist. Voraussichtlich wird es noch mehrere Jahre dauern, bis die Nachricht vom ersten »vollsynthetischen« Erfolg eintrifft. Überraschungen sind jedoch jeden Tag möglich!

Hat sich damit nun, wie nicht wenige befürchten, eine »materialistische« Auffassung des Lebens durchgesetzt? Heißt das alles womöglich, daß wir von jetzt an bei unseren Versuchen, das Leben und die Natur zu verstehen, ohne jede transzendente Instanz auskommen können? Heißt es, konkret und mit den Worten überzeugter Materialisten formuliert, daß diese neueste Entwicklung in der Biochemie zum Beispiel die kirchliche Schöpfungslehre »endgültig widerlegt« hat? Bei genauerer Betrachtung hat sich, wissenschaftlich nüchtern gesprochen, das Problem nur verlagert. Gewiß, wir sind nahe daran, das Leben naturwissenschaftlich zu verstehen, das heißt, es aus den Gesetzen abzuleiten, denen die Materie unterliegt. Dieses »Verständnis« aber schließt, wie wir gesehen haben, die Einsicht in sich, daß die »Informationen«, die Prinzipien, die zur Entstehung lebendiger Strukturen führen – und über deren Grund und Ursache wir nicht einmal Vermutungen anstellen können! –, bereits in der Materie enthalten sind. Hat womöglich, während wir mit Erfolg dabei sind, das Leben aus der Materie abzuleiten, diese selbst unversehens geistige Qualitäten angenommen?

(1966)

Die Urform des Lebens

Molekularbiologische Aspekte der Artverwandtschaft

Die einst so provozierend wirkende Behauptung von Charles Darwin, daß der Mensch mit den höheren Affen durch Abstammung verwandt sei, daß beide in ihrem Stammbaum also einen gemeinsamen Vorfahren haben müßten, ist in den letzten Jahren nicht nur direkt bewiesen, sondern durch den Nachweis einer ganzen Reihe weiterer derartiger Verwandtschaften zwischen Lebewesen der verschiedensten und entferntesten Gattungen auch erweitert und ergänzt worden. Die Resultate dieser neuen Forschungsrichtung setzen uns tatsächlich instand, den Grad der jeweils bestehenden Verwandtschaft in exakten Prozentsätzen anzugeben. So steht etwa fest, daß uns mit allen anderen Säugetieren, bis hinunter zu Hamster und Maus, eine Übereinstimmung der Erbanlagen von immerhin zwanzig Prozent verbindet. Bei einem Vergleich unserer Erbanlagen mit denen der Vögel, zum Beispiel dem Huhn, schrumpft die Verwandtschaft schon auf acht Prozent zusammen. Aber selbst mit den Fischen haben wir noch fünf Prozent unserer genetischen Anlagen gemein, und sogar mit einer Hefezelle verbindet uns noch ein, wenn auch nur winziger Rest gemeinsamer Erbeigenschaften, beispielsweise im Hinblick auf die Zusammensetzung bestimmter Eiweißbausteine.

Bei allen diesen Aussagen handelt es sich um Entdeckungen, die erst in den letzten Jahren gemacht worden sind. Mit ihnen sind die Thesen der Entwicklungstheoretiker, für die bisher schon überwältigende indirekte Beweise sprachen, erstmals direkt und unwiderleglich bestätigt worden. Ihre wichtigste Konsequenz ist der Nachweis, daß alles Leben auf dieser Erde eines gemeinsamen Stammes ist, daß Einzeller, Fische und Insekten, Kaltblüter und Warmblüter, Vögel und Säugetiere sich aus einer allen gemeinsamen Urform des Lebens durch Artenwandel gebildet haben müssen.

Die Evolutionisten hatten es schon immer behauptet, die Paläontologen hatten überzeugende Indizien zusammengetragen. Heute steht es jenseits jeden Zweifels fest: Wir sind nicht nur mit den Affen, sondern wahrscheinlich mit allen anderen Lebewesen verwandt, die es gibt.

Aber das war nicht die einzige Entdeckung: Die gleiche Methode, mit der es gelang, diesen Nachweis zu führen, lieferte zum ersten Mal auch brauchbare Hinweise auf den zeitlichen Ablauf der Stammesgeschichte des Lebens. Erstmals erfahren wir etwas darüber, wann etwa sich die einzelnen Arten vom Ursprungsast trennten und in welchen Abständen sich derartige Ereignisse abspielten.

Das sind wichtige und faszinierende Entdeckungen, die wir einer neuen Disziplin verdanken, einem Spezialgebiet der Molekularbiologie, das sich dem Verständnis des Nichtfachmanns nicht leicht erschließt. Es ist jedoch dem Laien möglich, wenigstens das Prinzip zu verstehen, um das es hier geht. Die Mühe lohnt sich, denn sie verschafft einen Einblick in eines der aktuellsten Kapitel der heutigen biologischen Grundlagenforschung und einen Eindruck von dem phantastischen Scharfsinn und Einfallsreichtum, mit dem Wissenschaftler heute in geradezu kriminalistisch anmutender Kleinarbeit den Ablauf von Ereignissen rekonstruieren, die sich vor Hunderten von Millionen Jahren in der Vergangenheit abgespielt haben.

Wir müssen zum Verständnis ein klein wenig ausholen. Beginnen wir mit der Besinnung darauf, daß zwischen den chemischen Reaktionen, die der Chemiker im Laboratorium durchführt, und den chemischen Prozessen, die sich in der lebenden Zelle abspielen, ein sehr eigenartiger Unterschied besteht: Der Chemiker muß, um eine chemische Reaktion herbeizuführen, mit verhältnismäßig aktiv wirksamen Substanzen, etwa mit Säuren und Laugen, arbeiten, die er darüber hinaus oft im Reagenzglas über der Bunsenflamme noch erhitzen muß, um die Reaktion in Gang zu bringen. Demgegenüber müssen alle die vielfältigen und komplizierten chemischen Prozesse, die in ihrer Gesamtheit den Stoffwechsel und damit die biologische Grundlage des Lebensprozesses bilden, in der Zelle bei Körpertemperatur und in einem Milieu ablaufen, das zwischen sauer und basisch ziemlich genau die Waage hält, also chemisch neutral ist.

Zur Lösung dieses Problems hat die Natur sogenannte Biokatalysatoren entwickelt, kompliziert gebaute Eiweißkörper, welche die Fähigkeit haben, chemische Reaktionen auch unter diesen Umständen in Gang zu setzen. Diese Eiweißkörper werden Enzyme genannt. Alle derartigen Enzyme sind hochspezifisch, das heißt, jedes von ihnen löst nur eine einzige ganz bestimmte chemische Reaktion aus. Der daraus resultierende Aufwand ist beträchtlich: Zum Beispiel erfolgt der Abbau von Traubenzucker zu Milchsäure, aus der unsere Muskeln ihre Arbeitsenergie speisen, in nicht weniger als elf verschiedenen aufeinanderfolgenden chemischen Schritten. Wegen der absoluten Spezifität der Enzymwirkung werden also allein für diesen einen relativ einfachen chemischen Prozeß in der Muskelzelle nicht weniger als elf verschiedene Enzyme benötigt, für jeden einzelnen Schritt der Umwandlung des Traubenzuckers ein anderes. Dieser Aufwand ist gerechtfertigt durch einen ganz enormen biologischen Vorteil: Auf diese Weise allein ist es nämlich möglich, daß in einer einzigen Zelle Hunderte und Tausende von komplizierten chemischen Prozessen gleichzeitig nebeneinander ablaufen, ohne sich gegenseitig zu stören, und daß jeder einzelne von ihnen isoliert gesteuert werden kann.
Damit haben wir die Hälfte des Weges zum Verständnis bereits zurückgelegt, denn die Möglichkeit einer molekularbiologischen Untersuchung von Verwandtschaft und Abstammung der verschiedenen irdischen Lebensformen hat sich aus der Erforschung des Baues und der Wirkungsweise derartiger Enzyme ergeben. Dieser Zusammenhang zwischen zwei scheinbar weit voneinander getrennten Forschungsrichtungen ist sehr leicht einzusehen.
Dafür ein ganz einfaches Beispiel, uns allen aus alltäglicher Erfahrung geläufig, wenn auch in seiner Bedeutung so gut wie nie bedacht. Wie jeder weiß, benötigen wir Vitamine, die wir uns mit der Nahrung zuführen. Wie die Wissenschaft inzwischen herausgefunden hat, sind die Vitamine aber nichts anderes als die Ausgangsstoffe, gleichsam die Rohmaterialien, die sich unser Körper von außen zuführen muß, um bestimmte Enzyme aufbauen zu können. Fehlen diese Rohstoffe in unserem Nahrungsangebot, so entwickelt sich allmählich eine Vitaminmangelkrankheit. Ihre genauere Ursache besteht also darin, daß unser Organismus bestimmte Enzyme nicht mehr aufbauen kann und deshalb in unse-

ren Zellen die chemischen Stufen bestimmter Stoffwechselprozesse, die normalerweise durch diese Enzyme bewirkt werden, blockiert sind. Alle diese Folgen können wir vermeiden, wenn wir Vitamine zu uns nehmen.

An dieser Stelle sei mir eine kleine Abschweifung gestattet, die mir im Interesse der medizinischen Aufklärung wichtig zu sein scheint. Nach dem bisher Gesagten ist es reiner Aberglauben, wenn viele Menschen meinen, es sei »gesund«, möglichst *viele* Vitamine zu sich zu nehmen, also etwa zusätzlich Vitaminbonbons zu lutschen, wie es in den USA seit Jahren große Mode ist. Wissenschaftlich gesehen ist das ein absoluter Unfug. Jede normale Nahrung enthält die Vitamine, die wir brauchen, im Überfluß. Damit ist aber bereits gewährleistet, daß die von ihnen angeregten Stoffwechselvorgänge ablaufen. Und mehr tun als ablaufen können diese Prozesse nicht. Jede zusätzliche Vitamingabe erscheint daher vollständig und ungenutzt wieder in den Körperausscheidungen.

Aber zurück zu unserem Thema. Was hat dieses alltägliche Beispiel von der Notwendigkeit der Vitaminzufuhr mit der Verwandtschaft zwischen verschiedenen Lebewesen zu tun? Sehr viel, denn tatsächlich ist es, so überraschend das zunächst klingen mag, sogar schon ein erster Beweis für eine solche Verwandtschaft. Wie jeder weiß, enthalten Zitronen, Bananen, Salat und viele andere Pflanzen das für uns lebensnotwendige Vitamin C. Wie kommt das eigentlich?

Wir haben vorhin schon eingehend von der Spezifität der Enzyme gesprochen, also davon, daß ein bestimmter Stoffwechselschritt nur von einem einzigen ganz bestimmten Enzym in Gang gesetzt werden kann. Wie ist es nun zu erklären, daß ein solches Enzym beziehungsweise sein Ausgangsstoff, der für unseren Organismus hochspezifisch ist, ausgerechnet in einer Zitrone existiert? Die einzig mögliche Antwort lautet: Weil wir auch mit dem Zitronenbaum noch durch die gemeinsame Abstammung von nicht mehr bekannten Urzellen verwandt sind. Ganz allgemein kann man sagen, daß die Synthese der meisten Vitamine durch Pflanzen und ihre Verwertbarkeit durch Menschen und Tiere bezeugt, daß die Natur bestimmte elementare Stoffwechselprozesse im ganzen Reich des Lebendigen in genau der gleichen Weise durchführt. Das ist kaum anders zu verstehen als durch die Annahme, daß alle diese Lebensformen miteinander verwandt sein müssen.

Über diese noch sehr allgemeine Formulierung haben nun neuere molekularbiologische Untersuchungen weit hinausgeführt und zur Aufklärung des Baues und der Wirkungsweise bestimmter Enzyme geführt.

Ein Enzym ist ein kompliziert gebautes Kettenmolekül, und zwar ein sogenanntes Polypeptid. Es besteht aus einer größeren Zahl von Aminosäuren, die man sich ihrerseits wie lauter kurze Ketten vorzustellen hat. Diese Aminosäuren sind nun in dem Polypeptid, aus dem das Enzym besteht, nicht etwa längs »aufgefädelt«, sondern quer, so daß sie von dem Polypeptidstrang nach allen Seiten rundherum abstehen wie die Borsten einer Flaschenbürste. Da ihre freien Enden aber unterschiedliche elektrische Eigenschaften haben, knäuelt sich der Polypeptidstrang zu einer schraubenartig gewundenen Spirale auf. Dadurch geraten ganz bestimmte Aminosäuren, die im ursprünglichen Strang weit voneinander getrennt waren, an benachbarten Punkten nebeneinanderliegender Schraubenwindungen direkt nebeneinander. Sie bilden auf diese Weise die sogenannten Wirkungsgruppen des Enzyms und erklären dessen Spezifität: Die Eigenschaften des Enzyms werden durch diese Wirkungsgruppen so präzise definiert wie durch die Kombination eines Zahlenschlosses.

Diese Wirkungsgruppen eines bestimmten Enzyms scheinen bei allen Lebensformen die gleichen zu sein. So ist die Wirkungsgruppe des Cytochrom c bei Mensch, Pferd, Kaninchen, Huhn, Thunfisch und Bäckerhefe identisch. Es ist leicht zu verstehen, warum das so sein muß. Das Enzym Cytochrom c ist für die »innere Atmung«, also die Sauerstoffaufnahme in die Zelle, notwendig. Sicher ist auch sein Molekül im Laufe der riesigen Zeiträume der Erdgeschichte wiederholt durch Mutationen verändert worden. Immer dann aber, wenn das an der Wirkungsgruppe geschah, war der Effekt der sofortige Tod des betroffenen Lebewesens an innerer Erstickung. Alle Arten, die heute noch leben, *müssen* daher einfach identische Wirkungsgruppen an ihren Enzymen haben. Von den 104 Aminosäuren, aus denen der spiralig aufgeknäuelte Strang des Cytochrom-c-Moleküls besteht, ist aber nur der kleinere Teil an der Bildung der Wirkungsgruppe beteiligt. Die übrigen stellen gleichsam nur das statische Gerüst des Moleküls dar und können ohne schädliche biologische Folgen durch Mutationen ausgetauscht werden. Aus komplizierten Berechnungen und Kalkulationen ergibt sich, daß etwa alle elf Millionen Jahre in einer solchen Polypeptidkette eine ganze Aminosäure gegen eine komplette andere mutativ ausgetauscht wird. Jetzt braucht man folglich »nur noch« festzustellen, an wie vielen Stellen sich die Aminosäuren im Cytochrom-c-Molekül verschiedener Arten unterscheiden, um exakt ausrechnen zu können, wie lange es her sein muß, daß diese Arten sich voneinander trennten, von wann ab also sich ihre Enzyme getrennt voneinander mutativ weiter abwandelten.

Wie kompliziert die Feststellung der Aminosäuresequenz eines Polypeptids ist, eine der Glanzleistungen der modernen chemischen Analytik, kann hier nicht einmal angedeutet werden. Vergleiche dieser Art sind in den letzten Jahren aber schon in mehreren Fällen durchgeführt worden. Und so haben wir aus den Unterschieden im Aminosäureaufbau bestimmter Enzyme gelernt, daß wir und das Huhn noch vor 280 Millionen Jahren einen gemeinsamen Vorfahren gehabt haben müssen. 490 Millionen Jahre ist es her, seit unsere damals noch amphibischen Vorfahren sich von den Fischen trennten. Und vor 750 Millionen Jahren muß es auf der Erde ein Lebewesen gegeben haben, das der gemeinsame Stammvater nicht nur aller Wirbeltiere, sondern auch der Insekten gewesen ist.

(1967)

Marionetten der Gene?

Provozierende Resultate der Zwillingsforschung

Ende des Jahres 1979 trafen auf dem Flughafen von Minneapolis, USA, kurz nacheinander zwei Männer ein, die einander zum Verwechseln ähnelten. Beide waren untersetzt und von gleicher Größe. Beide hatten das gleiche Gesicht, eine beginnende Stirnglatze, die gleiche Art, sich zu bewegen, und die gleiche Stimme. Es war nicht leicht, sie auseinanderzuhalten.

Die Erklärung war sehr einfach: Es handelte sich um eineiige Zwillinge.

Beide trugen auch den gleichen Schnauzbart und fast identische Brillen, nickelgefaßte und getönte sogenannte Pilotenbrillen. Beide hatten ein blaues Sporthemd mit Schulterklappen und Brusttaschen an, beide hatten sich Gummibänder über das linke Handgelenk gestreift.

Diese Übereinstimmungen waren nun schon weniger leicht zu erklären. Denn Oskar und Jack, die beiden Zwillingsbrüder, hatten sich bis zu diesem Augenblick, 46 Jahre nach ihrer Geburt, nur ein einziges Mal gesehen. Sie trugen nicht nur unterschiedliche Familiennamen, sondern waren auch aus entgegengesetzten Richtungen nach Minneapolis angereist. Oskar aus Deutschland, Jack aus Südkalifornien.

Hier die abenteuerliche Vorgeschichte dieses denkwürdigen Treffens: 1932 heiratete eine junge Deutsche auf Trinidad einen Amerikaner jüdischer Abstammung. Im Jahr darauf wurden Zwillinge geboren. Man taufte sie Oskar und Jack. Wenige Monate nach der Geburt kam es zur Trennung und Scheidung der Eltern.

Jack blieb beim Vater, Oskar wurde von seiner Mutter mit zurück nach Deutschland genommen. Von da an, von 1933 bis zu jenem Augenblick auf dem Flugplatz von Minneapolis im Jahre 1979, verlief das Leben der beiden Brüder getrennt. Mehr als das: Sie wuchsen in unterschiedlichen Welten auf.

Oskar, dessen Mutter es alsbald wieder ins Ausland zog, wurde der alleinstehenden Großmutter anvertraut. Sie erzog ihn. Gut katholisch, aber auch gut nationalsozialistisch. Von der Existenz eines Zwillingsbruders jenseits des großen Teichs erfuhr Oskar nichts.

Ganz anders die Welt, in der Jack groß wurde. Sein Vater erzog ihn zu einem strenggläubigen, orthodoxen Juden. Jack wanderte nach dem Kriege nach Israel aus, lebte vorübergehend in einem Kibbuz und diente als Freiwilliger in der israelischen Kriegsmarine. Nach einigen Jahren ging er zurück nach Amerika. Heute besitzt er in Kalifornien ein eigenes Textilgeschäft.

Gesehen hatten die beiden einander seit ihrer Geburt nur einmal. Jack, dem der Vater einst von der Existenz eines Zwillingsbruders im fernen Nazi-Deutschland erzählt hatte, wurde nach dem Kriege von der Neugier gepackt. Es gelang ihm, Oskar ausfindig zu machen, und sie trafen sich während einer Europareise.

Die Begegnung war ein totaler Mißerfolg. Die beiden konnten nicht einmal miteinander reden, weil Jack nur Englisch spricht und Oskar nur Deutsch. Außerdem war es für Oskar ein sichtlicher Schock, auf der Brust seines Bruders einen großen Davidstern zu entdecken und zu erfahren, daß er einen jüdischen Vater hatte.

Jack nahm die Reaktion seines Bruders mit bemerkenswerter Gelassenheit zur Kenntnis. »Da sieht man mal wieder«, war sein einziger Kommentar, »was Erziehung aus einem Kind alles machen kann.« Eine höchst treffende Bemerkung, deren ganze Hintergründigkeit Jack in diesem Augenblick freilich sicher nicht bewußt war.

Die Verbindung brach wieder ab, bis zu jenem Herbsttag auf dem Flugplatz in Minneapolis.

Daß beide sich äußerlich ähnelten wie ein Ei dem anderen, wird niemanden erstaunen. Aber die gleiche Barttracht? Die gleichen Brillen, das gleiche Sporthemd? Ganz zu schweigen von der ausgefallenen Marotte, mit ein paar Gummibändern am Handgelenk herumzulaufen?

Professor Thomas »Tom« Bouchard, Psychologe an der University of Minnesota in Minneapolis, der die beiden Brüder am Flugplatz abholte, wunderte sich auch darüber nicht. Denn Zufälle dieser Art – und noch weitaus skurrilere Übereinstimmungen – hat-

ten sich im Verlauf des Forschungsprojekts, das er seit 1979 verfolgte, in solchem Maße gehäuft, daß er schon begonnen hatte, sie fast für normal zu halten.
Ende Februar 1979 war der Wissenschaftler bei der morgendlichen Lektüre der »Minneapolis Tribune« auf eine Geschichte gestoßen, die ihn sein Frühstück vergessen ließ. Es handelte sich um den herzbewegenden Bericht vom Treffen zweier Zwillingsbrüder, die wenige Wochen nach ihrer Geburt durch Adoption in verschiedene Familien gekommen waren und sich nun im Alter von 39 Jahren zum ersten Male wiedergesehen hatten. Obwohl der eine vom anderen bis kurz vor dem Treffen nichts wußte, hätten beide, so stand es in der Zeitung, zu ihrer Verblüffung eine Fülle von Gemeinsamkeiten in ihrem Lebenslauf festgestellt.
Tom Bouchard warf an diesem Tag sein sonst pedantisch eingehaltenes Programm um. Er fuhr sofort zum Präsidenten seiner Universität. Nach einer Stunde hatte er erreicht, daß ihm Geld genug bewilligt worden war, um die Zwillingsbrüder in sein Institut einladen und eine Woche lang gründlich untersuchen zu können.
»Mir ist damals sofort aufgegangen, daß sich mir da eine einzigartige Gelegenheit bot, eine der wichtigsten Fragen unseres kulturellen Selbstverständnisses zu überprüfen«, erzählte er mir, als ich nun sein Institut besuchte.
»Natürlich war ich von Anfang an vor allem darauf aus, die *Unterschiede* zwischen solchen getrennt aufgewachsenen Zwillingen aufzuspüren. Ich bin meiner ganzen Ausbildung nach ein hundertprozentiger ›Environmentalist‹, ein Milieutheoretiker. Für mich war es eine bare Selbstverständlichkeit, daß es die Umwelt ist, die eine Persönlichkeit prägt, das Elternhaus, die Schule, das soziale Umfeld – daß die Umwelt also einen Menschen zu dem werden läßt, was er dann sein Leben lang ist.«
Diese seine Überzeugung hoffte Tom Bouchard mit Hilfe der beiden Zwillingsbrüder – und weiterer Fälle gleicher Art, die es aufzuspüren galt – ein für allemal beweisen zu können. Denn soviel war klar: Wenn eineiige Zwillinge, also zwei Menschen mit absolut identischer erblicher Veranlagung, in verschiedenen Umwelten aufwachsen, dann müssen alle zwischen ihnen bestehenden Unterschiede eine Folge der unterschiedlichen Einflüsse sein, die von diesen verschiedenen Umwelten ausgegangen sind. Als Beweis da-

für geben »normale«, also gemeinsam aufgewachsene eineiige Zwillinge sehr viel weniger her. Die im Gegensatz zu den Milieutheoretikern stehenden »Anlagetheoretiker« unter den Wissenschaftlern haben zwar schon immer behauptet, daß die sprichwörtliche Ähnlichkeit den übermächtigen Einfluß der genetischen Veranlagung unübersehbar belege. Aber dieses Argument konnten die Milieutheoretiker unschwer neutralisieren, indem sie auf die unbestreitbare Tatsache hinwiesen, daß eineiige Zwillinge eben auch in exakt identischen Umwelten aufwachsen und daß zudem deren Eltern erfahrungsgemäß dazu neigen, die Ähnlichkeiten zusätzlich, etwa durch gleichartige Kleidung, zu unterstreichen und damit pädagogisch zu verstärken.

Die uralte Streitfrage, ob wir das Produkt unserer Erziehung oder das unserer Erbanlagen sind, ließ sich auf diesem Wege daher nicht entscheiden. Doch eineiige Zwillinge, die getrennt in möglichst unterschiedlichen »Milieus« aufgewachsen sind – das ist etwas ganz anderes, das sind wahre Glücksfälle für die Wissenschaft.

Denn da gibt es nichts zu kritteln und zu deuteln: Alle Ähnlichkeiten und Übereinstimmungen, die unter solchen Umständen entstehen, müssen dem Konto der genetischen Veranlagung zugeschrieben werden. Und umgekehrt gilt ebenso, daß alle Unterschiede, die sich gegen das für beide Zwillinge gemeinsame erbliche »Programm« durchgesetzt haben, als verläßlicher Maßstab für die Wirksamkeit äußerer Einflüsse anzusehen sind.

Der »eingeschworene Milieutheoretiker« Tom Bouchard zweifelte keinen Augenblick daran, daß er auf eine Fülle bedeutsamer Unterschiede stoßen werde, als er Anfang März 1979 mit seinen Untersuchungen begann.

Er und seine Kollegen ließen es an Sorgfalt nicht fehlen. So wurden die Zwillingsbrüder Jim Lewis und Jim Springer, wie alle späteren Paare, in den Kliniken der Universität Minnesota acht Tage lang ärztlich gründlicher untersucht als jemals zuvor in ihrem Leben. Gleichzeitig kümmerte sich ein ganzer Stab von Psychologen um die beiden. Alle psychologischen Tests wurden getrennt und von verschiedenen Untersuchern durchgeführt und sicherheitshalber von verschiedenen und wiederum anderen Psychologen, zum Teil in auswärtigen Instituten, ausgewertet.

Und das Ergebnis? Tom Bouchard zuckt die Achseln. Dann sieht er mich ein wenig spöttisch an und sagt: »Sie kennen es ja.« In der Tat. Ich kenne es, denn vor allem die Geschichte der »Jim twins« hat längst eine gewisse Berühmtheit erlangt.

Die gründliche achttägige Untersuchung konfrontierte das Wissenschaftlerteam mit Resultaten, die genau das Gegenteil von dem darstellten, womit es so fest gerechnet hatte. Die Forscher stießen keineswegs auf die Unterschiede, die ihnen den überwiegenden Einfluß der verschiedenen Umweltfaktoren bestätigen sollten. Je länger die Zahlenkolonnen wurden, die Befundlisten und all die anderen Daten, die sie in ihre Computer fütterten, desto umfangreicher wuchs die Liste der Übereinstimmungen an.

Den Wissenschaftlern wurde unabweisbar vor Augen geführt, mit welcher Durchschlagskraft sich das beiden Brüdern gemeinsame erbliche »Programm« trotz aller Unterschiede der Umwelteinflüsse durchgesetzt hatte. Da stimmten eben nicht nur Augenfarbe, Körpergröße und Schuhnummer überein und meistens sogar das Gewicht. Da waren nicht nur die Grundmuster der Fingerabdrücke identisch. Auch die Stimmen der beiden ähnelten sich so sehr, daß die Brüder selbst oft nicht in der Lage waren, sie am Tonband zu unterscheiden.

Wohl noch bedeutsamer waren die Übereinstimmungen in Haltung, Gang und Mimik, im Temperament, in der emotionalen Reaktion auf bestimmte Testbilder. Die Ergebnisse des Intelligenztests gar waren bis auf die Stelle hinter dem Komma identisch. Dazu Bouchard: »Eine so weitgehende Übereinstimmung findet man sonst nur dann, wenn man den gleichen Test bei ein und demselben Menschen in kurzem zeitlichem Abstand wiederholt.«

Verblüffend, fast schon unheimlich waren die biographischen Übereinstimmungen – mitunter bis hinein in wahrhaft skurrile Details. Zum Beispiel: Beide Jims arbeiteten vorübergehend als Tankstellenwärter, dann als Hilfssheriffs. Beide verbrachten mehrere Jahre hintereinander den Urlaub mit ihren Familien in dem gleichen, von ihrem Wohnort weit entfernten Seebad. Beide sind zwanghafte Nägelkauer. Beide sind Kettenraucher und rauchen die gleiche Marke. Beide basteln passioniert mit Holz und haben sich in ihren Kellern nahezu professionelle Tischlerwerkstätten eingerichtet.

Alles das, ohne voneinander irgend etwas zu wissen.

Nur zögernd, weil kaum glaublich, getraut man sich, weitere Übereinstimmungen anzusprechen: Beide Brüder sind zum zweiten Male verheiratet. Beider erste Frau hieß Linda. Beide heirateten danach Frauen, die Betty hießen. Der eine taufte seinen ältesten Sohn James Allan. Der anderen den seinen James Alan. Beide hatten in ihrer Jugend einen Hund namens Toy.

Ich sage Tom Bouchard, ich könnte mir beim besten Willen nicht vorstellen, daß etwa bestimmte Namen genetisch programmiert seien.

Er lacht. »Ich auch nicht. Natürlich ist diese Vorstellung absurd.«

Also alles reiner Zufall?

46 Chromosomen hat der Mensch – in jedem Kern der Billionen Zellen, aus denen unser Körper besteht, immer jeweils 23 vom Vater und 23 von der Mutter. In ihnen, den DNS genannten Erbmolekülen, sind die einzelnen Erbanlagen – die Gene – fadenförmig aneinandergereiht und zu einem submikroskopisch winzigen molekularen Knäuel auf engstem Raum verpackt. Alle zusammen bilden sie den vollständigen »Plan«, die »Information«, unter deren Einfluß sich nach der Empfängnis der Körper eines jeden Menschen in allen seinen Einzelheiten bildet.

So ungeheuer und erstaunlich die Entdeckung auch gewesen ist, daß alle unsere ererbten Anlagen – von der Haarfarbe bis zum Ausmaß unserer zeichnerischen Begabung – als das Ergebnis einer ganz bestimmten Zusammensetzung und räumlichen Anordnung von Molekülen in den Kernen unserer Zellen anzusehen sind: Allzu einfach, allzu »materialistisch« darf man sich die Angelegenheit nun auch wieder nicht vorstellen.

Die ursprüngliche Vermutung gar, daß jede erbliche Eigenschaft, also jedes »Phän«, grundsätzlich jeweils auf ein ganz bestimmtes Gen zurückzuführen sein könnte – die »Ein-Gen-ein-Phän-Hypothese« –, hat sich längst als viel zu primitiv erwiesen. Denn wo gibt es auch nur eine einzige unserer Eigenschaften, die als einheitliche Größe angesehen werden könnte?

Nehmen wir einmal die erwähnte zeichnerische Begabung. Sie sei groß oder noch so klein. Als eine einfache Eigenschaft kann sie in keinem Falle gelten. Was muß da alles, und das auch noch zueinander passend, zusammenkommen: psychische Voraussetzungen in Gestalt bestimmter Fähigkeiten des Sehens und der optischen Vorstellung, körperliche Talente, diese Vorstellungen mittels Zeichenstift in die Realität zu übersetzen, und ungezählte andere Voraussetzungen mehr.

Und selbst die so einfache Eigenschaft einer blauen Augenfarbe erweist sich bei näherer Untersuchung als das Resultat vieler verschiedener Einzelkomponenten. Erst das Vorhandensein oder Fehlen verschiedener Pigmente und Strukturen der Regenbogenhaut und deren ganz bestimmte Mischung entscheidet darüber, ob Augen »blau« aussehen oder anders gefärbt.

Daher kann es von vornherein, allein schon aus theoretischen Gründen, gar kein einzelnes Gen für ein Zeichentalent oder irgendeine andere unserer Eigenschaften geben.

Die Anleitung für den Bau eines menschlichen Körpers, die da in Form langer DNS-Fäden in den Chromosomen unserer Zellkerne verschlüsselt vorliegt, ist auch nicht etwa einfach »linear«, also von dem einen Ende eines Fadens bis zum anderen ähnlich den Druckzeilen eines laufenden Textes abzulesen.

Die Zahl der einzelnen Gene ist zwar groß, aber doch nicht so riesengroß, wie die Kompliziertheit der Aufgabe, den Menschen zu »bauen«, erwarten lassen könnte: 40 000 bis 50 000 Gene, so schätzt man heute, reichen aus. Sie reichen aber eben nur deshalb, weil zu den 40 000 bis 50 000 Genen, von denen bisher die Rede war, den »Strukturgenen«, noch mindestens 500 000, vielleicht sogar eine Millionen »Regulatorgene« hinzukommen. Diese Regulatorgene bestimmen nicht – wie die Strukturgene – direkt über Einzelheiten des menschlichen körperlichen Bauplans, doch sie »regulieren« die Beziehungen der Strukturgene.

Innerhalb des komplizierten Raummusters, das ein DNS-Molekül darstellt, werden durch die Regulatorgene bestimmte Genbeziehungen »gewichtet«: Gengruppierungen werden auf die verschiedenartigste Weise in Zusammenhang gebracht. Insgesamt entsteht so ein nicht mehr entwirrbares, dabei mit Sicherheit höchst sinnvoll gegliedertes Netz wechselseitiger Beziehungen innerhalb des Moleküls.

In der Tat, die Vorstellung, bestimmte Namen könnten durch bestimmte einzelne Gene programmiert sein, wirkt vor diesem Hintergrund absurd.

Also reiner Zufall, daß beide Jims ihre Hunde »Toy« tauften und ihre ältesten Söhne »James Alan« beziehungsweise »James Allan«? Tom Bouchard mag sich nicht festlegen. »Ich weiß es einfach nicht«, sagt er, als ich ihn zu einer Antwort dränge. Natürlich könne es reiner Zufall sein. Allerdings hätten er und seine Kollegen bei den 31 Paaren getrennt aufgewachsener Zwillinge, die bisher in Minneapolis untersucht wurden, noch einige andere derartiger »Zufälle« festgestellt.

Da sind zum Beispiel die beiden Schwestern Bridget und Dorothy. Sie wurden 1945 wenige Wochen nach ihrer Geburt getrennt und sahen sich erst 1979 zum erstenmal wieder. Neben einer Fülle anderer Gemeinsamkeiten – Lieblingsschriftsteller, Klavierstunden, Katzen mit den gleichen Namen, Benutzung des gleichen Parfüms, Schlafen bei offener Schlafzimmertür u.a. – war die wohl verblüffendste: Dorothy hatte ihren Kindern die Namen Richard Andrew und Catherine Louise gegeben, und Bridget die ihren Andrew Richard und Karen Louise getauft – obwohl in dieser Zeit nachweislich keine der beiden auch nur wußte, daß sie überhaupt eine Zwillingssschwester hatte. Tom Bouchard räumt ein, daß das »spooky« sei. Unheimlich. Aber er beharrt darauf, daß es immer noch ein Zufall sein könnte. »Ich war auf das alles ja nicht im geringsten gefaßt«, erklärt er mir in einem Ton, der noch immer spüren läßt, welchen Schock die Untersuchungsresultate für ihn anfangs bedeutet haben müssen. »Ich war so fest von der alles entscheidenden Wirksamkeit gesellschaftlicher Einflüsse überzeugt, daß ich 1968 in Berkeley buchstäblich auf die Barrikaden gegangen bin, um sie zu verändern.« So sehr, daß der studentische Rebell vorübergehend im Gefängnis saß.

Ich frage ihn, was aus dieser Überzeugung inzwischen geworden sei. Wieder bekomme ich keine direkte Antwort. »Sehen Sie sich doch unsere Resultate an«, ist alles, was er erwidert.

Er ist sichtlich ein »gebranntes Kind«. Er hütet sich ganz bewußt, vorschnell neue Überzeugungen und Meinungen zu bilden. »Ich sammele Tatsachen«, sagt er, »so viele Tatsachen wie irgend möglich. Wir haben bis heute 31 Paare untersucht, bevor wir 50 Paare zusammenhaben und die Resultate nach allen Gesichtspunkten durchgerechnet und überprüft sind, werde ich Ihre Frage nicht beantworten.«

Immer dann, wenn Überzeugungen und Tatsachen in Widerspruch zueinander geraten, zeigt sich, ob jemand ein Ideologe ist oder nicht. Tom Bouchard jedenfalls ist keiner. Welch Glück für die Wissenschaft, daß er in den USA arbeitet, wo er ungeachtet seiner revolutionären Vorgeschichte von einer Staatsuniversität als Institutschef beschäftigt werden kann.
Die Resultate, die sich bei der Untersuchung der bisher 31 Paare ergeben haben, widersprechen jedenfalls – das immerhin räumen auch Bouchard und seine Kollegen ein – allen Erwartungen. Denn was erwartet der »gesunde Menschenverstand«, wenn er erbgleiche Zwillinge vor sich hat, die in verschiedenen Familien, in zum Teil völlig unterschiedlichen Milieus aufgewachsen sind?
Ich glaube, niemand von uns würde daran zweifeln, daß eineiige Zwillinge sich auch unter diesen besonderen Umständen äußerlich ähneln werden »wie ein Ei dem anderen«. Hinsichtlich der Körpergröße, der Augenfarbe und anderer körperlicher Eigenschaften, einschließlich der Anfälligkeit für bestimmte »Anlagekrankheiten« – Zuckerkrankheit, Bluthochdruck –, würden wir eine Übereinstimmung zwischen den beiden erwarten, die größer ist als die zwischen »normalen« Geschwistern.
Schwieriger wird die Antwort schon im Falle der Intelligenz. Zwar ist die Meinung in der Wissenschaft wohl einhellig, daß Begabungen vererbbar sind. Trotzdem würden wohl die meisten von uns annehmen, daß den Ausschlag in der Ausprägung solcher Begabungen das Niveau der Adoptionsfamilie geben dürfte. Hinsichtlich ihrer Intelligenz und ihrer speziellen Talente sollten die beiden Zwillinge daher ihren jeweiligen Adoptiveltern und Adoptivgeschwistern ähnlicher sein als ihren biologischen Angehörigen, die sie ja niemals zu Gesicht bekommen haben.
Völlige Einigkeit schließlich dürfte in der Frage zu erzielen sein, ob Übereinstimmungen oder auch nur Ähnlichkeiten hinsichtlich der eigentlichen Individualitätsmerkmale des Menschen zu erwarten wären: Was das Temperament betrifft, den Grad der Empfindlichkeit oder, umgekehrt, der Dickfelligkeit, bestimmte Vorlieben, Abneigungen oder zwanghafte Befürchtungen, den Grad der Selbstsicherheit oder das Bestehen von »Minderwertigkeitskomplexen« – in allen diesen Fällen würde wohl niemand von uns mit nennenswerten Übereinstimmungen rechnen.

Und der Gedanke gar, daß sich konkrete Manierismen oder Phobien, »dumme Angewohnheiten« oder womöglich politische und soziale Grundeinstellungen bei beiden Partnern in gleicher Weise entwickelt haben könnten, dürfte jedem von uns abstrus erscheinen.

Das Ausmaß des Schocks, den die Mitglieder des Forschungsteams in Minneapolis durchgemacht haben, wird erahnbar, wenn man erfährt, daß sich alle diese so selbstverständlich scheinenden Erwartungen als falsch herausgestellt haben.

Daß sich körperliche Eigenschaften auch bei getrennt aufgewachsenen Zwillingen mit in der Tat nahezu photographischer Detailtreue wiederfinden – nur das hatte man erwartet. Aber die Übereinstimmung gilt gegen alle »vernünftige« Erwartung auch für die anderen Eigenschaftskategorien in gleicher Weise. Jedenfalls ist das in Minneapolis in allen bisher 31 Fällen festgestellt worden.

Da waren die Ergebnisse des Intelligenztests auch dann so gut wie identisch, wenn der eine der beiden Probanden schon durch seinen Dialekt verriet, daß die Adoption ihn in ein »proletarisches Milieu« versetzt hatte, während seinem Bruder die Fürsorge eines Bildungsbürgerheims zuteil geworden war. In ausnahmslos allen Fällen ähnelten die Untersuchten in dieser Hinsicht ihren biologischen Eltern – zu denen in den meisten Fällen überhaupt kein Kontakt bestanden hatte – und nicht den Mitgliedern der Familie, in der sie aufgewachsen waren.

Und da haben sich nicht nur die gleichen Temperamente und Empfindlichkeiten, da haben sich selbst Marotten identisch entwickelt.

Sowohl Jack als auch Oskar, der eine in Kalifornien, der andere in der Bundesrepublik, haben nicht nur die ausgefallene Gewohnheit angenommen, sich Gummibänder über das linke Handgelenk zu streifen, beide machen sich auch einen Spaß daraus, in überfüllten Fahrstühlen laut zu niesen, um sich dann an der Betroffenheit der Umgebung zu weiden. Beide lesen Zeitschriften grundsätzlich von hinten nach vorn, spülen die Toilette, auch bevor sie sie benutzen, schlafen oft vor dem laufenden Fernseher ein und stippen ihr Brot mit der Butter in den Morgenkaffee.

Bridget und Dorothy erschienen in Minneapolis jede mit sieben Ringen an den Fingern, vier an der einen, drei an der anderen

Hand. Zwei Brüder aus England – natürlich getrennt befragt – entgegneten auf alle politischen Fragen, daß sie keine Lust hätten, darauf zu antworten, weil sie an politischen Diskussionen grundsätzlich nicht teilnähmen. Dianna und Lucky, aus Florida die eine, die andere 700 Kilometer weiter nördlich in Georgia lebend, beide Sekretärinnen, lieben große Hunde, die sie in ihrer Freizeit abrichten. Beide waren leidenschaftliche Bowlingspielerinnen, bis sie, ein Jahr vor ihrem ersten Wiedersehen, Anfang Juli 1982, wegen Gelenkbeschwerden aufhören mußten – beide bei dem gleichen Leistungsstand von durchschnittlich 155 Punkten.
Was soll man dazu sagen, wenn Zwillingsbrüder unabhängig voneinander die gleiche Phobie entwickeln, nämlich eine geradezu krankhafte Angst vor Spinnen? Wenn andere übereinstimmend berichteten, daß sie zwanghaft zählen müßten, die Räder vorbeifahrender Züge, die Fenster von Häuserfassaden.
Da gab es, und zwar nicht nur einmal, Brüder, die herausfanden, daß sie die gleiche Zahnpasta und das gleiche – ausgefallene – Rasierwasser benutzten. Die Zwillingsschwestern Irene und Jeanette, sechs Wochen nach der Geburt getrennt, entwickelten als Erwachsene die skurrile Manier, beim sommerlichen Baden nur bis zu den Knien ins Wasser zu gehen, und zwar grundsätzlich rückwärts. Dann die Fülle der biographischen Übereinstimmungen: berufliche Vorlieben, Freizeitbeschäftigungen, Lesegewohnheiten, Lieblingsspeisen …
Das alles ist nur eine kleine Auswahl. Die Liste ist überwältigend lang. Sie ist nicht nur unheimlich, ihre Schlußfolgerungen können im ersten Augenblick sogar Angst einflößen.
Solcher Angst läßt sich natürlich am leichtesten entgehen, indem man das alles einfach nicht glaubt. Die ganze Geschichte ist in der Tat so ungeheuerlich, daß Zweifel an der Richtigkeit der ihr zugrundeliegenden Fakten nur allzu verständlich sind. Ich gestehe, daß es mir selbst anfänglich nicht anders ging.
Inzwischen aber bin ich zweimal in Minneapolis gewesen, habe ich mit Tom Bouchard und dem Psychologen und Neurologen David T. Lykken, dem zweiten Mann des Forschungsteams, Stunden um Stunden diskutiert. Habe mir tagelang Videofilme von den Untersuchungen und Befragungen der meisten Zwillingspaare angesehen. Und in drei Fällen habe ich bereits untersuchte Zwillings-

paare selber aufgesucht, mit ihnen gesprochen und mir die Urkunden und Fotoalben angesehen, die unwiderleglich beweisen: Das kaum Glaubliche ist wahr.

Tom Bouchard und seine Kollegen haben, während sie arglos Tatsachen sammelten, unversehens einen Tiger am Schwanz erwischt. Das haben sie inzwischen auch selbst gemerkt. Trotzdem ist das Team fest entschlossen, nicht wieder loszulassen.

Für die auffallende Zurückhaltung, mit der Tom Bouchard auf alle Fragen nach den Konsequenzen des von ihm geleiteten Projekts reagiert, gibt es gute, sozusagen schlagende Gründe. Er und seine Mitarbeiter sind, seit die ersten Resultate durchsickerten, schon wiederholt von Studenten beschimpft und bei einigen Gelegenheiten sogar körperlich angegriffen worden. Telefonisch hat es schon Morddrohungen gegeben.

Denn das, was sich dort in Minneapolis an Fakten und Zusammenhängen ansammelt, das widerspricht nicht nur den selbstverständlichen Erwartungen des »gesunden« Menschenverstandes. Es widerspricht – viel schlimmer – den Grundlagen unseres gewohnten sozialen Selbstverständnisses. Und wenn Tom Bouchard noch so schweigsam ist – die wichtigsten Daten, nämlich die Befunde der psychologischen Tiefenbefragungen hat er überhaupt noch nicht herausgerückt –, so steht doch heute schon fest, daß die Ergebnisse seines Projekts uralte, liebgewordene, als sakrosankt geltende Überzeugungen vom Wesen menschlicher Entwicklung und personaler Individualität in Frage stellen. Wer es aber unternimmt, heiligen Kühen den Garaus zu machen, der lebt nicht nur in Indien gefährlich.

Seit mehr als einem Jahr macht Tom Bouchard die Erfahrung, daß es immer schwerer wird, die für die Fortsetzung des Projekts notwendigen Gelder aufzutreiben. Einer der Gründe sind gezielte Kampagnen, mit denen Wissenschaftlerkollegen, die auf das Milieutheoriekonzept eingeschworen sind, seine Arbeit öffentlich in Mißkredit zu bringen suchen. Der prominenteste von ihnen ist Leon Kamin, Psychologe in Princeton, der in den siebziger Jahren die Ergebnisse von Intelligenzuntersuchungen an eineiigen Zwillingen, mit denen der Engländer Sir Cyril Burt Aufsehen erregte, als »getürkt« entlarvt hatte. Er hat das Minneapolis-Projekt in Zeitungen mehrfach als bloßes »Showbusineß« angegriffen. Kern sei-

nes Vorwurfs ist die Behauptung, die Zwillinge hätten in Wirklichkeit vorher sehr wohl Kontakt miteinander gehabt und die behaupteten Gemeinsamkeiten seien durch vorherige Verabredung zu erklären, mit dem einzigen Ziel, ins Fernsehen zu kommen.
Kamin spielt damit auf Fernsehinterviews an, die Bouchard mehrfach, meist gemeinsam mit einem der Zwillingspaare, gegeben hat. »Wie anders als durch solche Auftritte hätte ich denn wohl immer neue getrennt aufgewachsene Paare auftreiben können?« hält er dem Vorwurf entgegen. Selbstverständlich hätten er und seine Kollegen nicht einfach alle Angaben unbesehen übernommen. In jedem Falle seien alle verfügbaren Dokumente, Urkunden und Photos, Tagebücher und was es sonst noch gegeben habe, zur Überprüfung herangezogen worden. Wo immer möglich, habe man auch die Familienangehörigen einzeln ins Gebet genommen und, soweit erreichbar, sogar Nachbarn und Freunde ausgefragt.
In dem Städtchen Binghamton im Staate New York begegne ich Roger Brooks und Tony Milasi. Zwillingsbrüder auch sie, wie niemand übersehen kann. Auch sie wurden, wie schon die Nachnamen verraten, durch Adoption getrennt, und zwar, Papiere belegen es, bereits eine Woche nach ihrer Geburt. Daß sie heute im selben Ort wohnen, hat eine sehr einfache Erklärung. Wie viele der Minneapolis-Zwillinge sind sie bald nach ihrem Wiedersehen zusammengezogen, »weil es einfach überwältigend ist, jemanden in der Nähe zu haben, der einem näher und vertrauter ist als irgendein anderer in der Welt«.
Während der Tage, die ich mit den beiden verbringe, verliere ich bald das Interesse an den vielen Gemeinsamkeiten, von denen mir auch hier sofort wieder berichtet wird. Natürlich ist es verblüffend, daß sie, zum Beispiel, sich zum ersten Weihnachtsfest nach dem »Wiederfinden« unabgesprochen ein Geschenkpaket mit gleichem Inhalt schickten, ein Paar Schuhe und einen Pullover.
Was mich viel mehr beschäftigt, ist etwas ganz anderes: die Tatsache, daß sich die beiden nicht nur äußerlich, sondern auch in ihren Veranlagungen, in ihrer ausgeglichenen, humorvollen Gelassenheit und ihrer selbstsicheren Aufgeschlossenheit anderen Menschen gegenüber zum Verwechseln gleichen. Denn das muß gerade in diesem Fall alles andere als selbstverständlich erscheinen.
Bei Tony Milasi freilich gibt es da nichts zu wundern. Er wuchs

wohlbehütet in einer intakten, gutsituierten italienischen Einwandererfamilie auf. Noch auf den alten Fotos strahlt seine Adoptivmutter die Aura liebevoller Warmherzigkeit aus.
Ganz anders im Falle Roger. Er kam gleich als Säugling in ein Heim. Jahre später nahm sein Vater ihn zwar zu sich, aber zwei Jahre darauf lieferte er ihn in wiederum einem anderen Heim ab. Elf Heime habe er insgesamt hinter sich gebracht, erzählt mir Roger. Müßte er also nicht – allen überzeugend begründeten Theorien der Entwicklungspsychologen zufolge – heute ein seelisches Wrack sein?
Tatsächlich aber ist Roger genauso ausgeglichen und sozial genauso erfolgreich wie sein Bruder Tony. Einen einzigen Punkt gibt es, in dem seine so unvergleichlich viel unglücklichere Jugend eine Spur hinterlassen hat: seine Berufswahl. Er ist heute Leiter eines Heims für elternlose und schwererziehbare Kinder, weil deren Schicksal ihn, wie er mir erzählt, »von jeher stark beschäftigt«.
Spätestens an dieser Stelle ist nun eine deutliche Warnung angebracht: Die Geschichte von Roger und Tony widerlegt keineswegs etwa die Erfahrung, daß Kinder in den ersten, für ihre »soziale Prägung« entscheidenden Lebensjahren eine ganz bestimmte »Bezugsperson« brauchen. Es muß nicht die eigene Mutter sein, aber an der Erfahrung, daß Kinder seelisch schweren, meist nicht wiedergutzumachenden Schaden nehmen, wenn ihnen in dieser Zeit nicht die Möglichkeit gegeben ist, in der Bindung an einen ganz bestimmten, betreuenden Menschen eine Art Grundvertrauen zu entwickeln, gibt es nichts zu rütteln. Roger muß in dieser Hinsicht unglaubliches Glück gehabt haben.
Der Fall dieser beiden gleichen Brüder mit ihrer so unterschiedlichen Lebensgeschichte belegt jedoch unübersehbar die Tatsache, daß nicht allein die Umweltbedingungen, in denen man aufwächst, über die Persönlichkeit entscheiden, die dabei herauskommt. Eben dieses aber predigen radikale Milieutheoretiker bis auf den heutigen Tag. Und sie finden damit in der Öffentlichkeit Gehör, weil sie nicht nur den »gesunden« Menschenverstand auf ihrer Seite haben, sondern auch, so scheint es jedenfalls im ersten Augenblick, Menschlichkeit und Moral.
Denn wenn die Umwelt darüber entscheidet, was aus einem wird, dann kann es nur an dieser Umwelt liegen, wenn es immer noch

asoziale, kriminelle, dumme oder süchtige Menschen gibt. Die unabweisbare Logik dieses Arguments löste bekanntlich einen wahren Schub idealistischer Reformen aus, in deren Zentrum verständlicherweise das Schulsystem stand.

Der Grundgedanke war keineswegs so neu, wie mancher glaubt, und er stammte auch keineswegs aus der in solchen Fällen stets verdächtigten »linken Ecke«. Schon vor mehr als 200 Jahren hielt Jean-Jacques Rousseau einer dekadenten Gesellschaft die Idealgestalt des »edlen Wilden« vor Augen, fand er bei seinen Zeitgenossen Glauben mit der Behauptung, nur die gesellschaftlichen Verhältnisse seien es, die den ursprünglich reinen und guten Menschen verdorben hätten.

In der Tat, wenn der Mensch zu dem, was er ist, allein durch den Einfluß der Gesellschaft wird, dann sind Armut, Verbrechen, Geisteskrankheit und Dummheit Schuld eben der Gesellschaft. Daß andererseits aber auf diesem Argument aufbauende Reformen bisher noch immer ohne die erhofften Resultate geblieben sind, muß folglich einen Grund haben. Die Wissenschaftler in Minneapolis sind allem Anschein nach dabei, ihn vor aller Augen freizulegen: Die Voraussetzungen des Arguments stimmen nicht. Der Mensch kommt *nicht* als tabula rasa zur Welt. Nicht als unbeschriebene Wachstafel, auf der erst die Erfahrungen, die er mit seiner Umwelt macht, bleibende, ihn prägende Spuren hinterlassen.

»Eigentlich ist es doch seltsam: Niemand nimmt Anstoß daran, daß sich körperliche Merkmale – die Form einer Nase, Augen- und Haarfarben – vererben. Daß das gleiche aber auch für Verhaltenseigentümlichkeiten und psychische Veranlagungen gelten könnte, gegen diese Möglichkeit sträuben sich viele Menschen leidenschaftlich.« David Lykken findet das deshalb seltsam, »weil doch auch unser Gehirn ein körperliches Organ ist und weil unsere psychischen Funktionen nach allem, was wir wissen, von dem Feinbau dieses Organs abhängen«.

Er zeigt mir die Hirnstromkurven eineiiger Zwillinge. Während diese sich bei anderen Menschen in aller Regel so deutlich unterscheiden wie Fingerabdrücke, sind die Kurven, die er bei den Zwillingen ableitet, in allen typischen Einzelheiten identisch. »Läßt das nicht die Vermutung zu, daß auch die Schaltmuster der Gehirne dann in allen Details übereinstimmen?«

Auch David Lykken glaubt keineswegs, daß wir nichts anderes seien als die Marionetten unserer Gene. Er ist jedoch, wie die anderen Mitglieder des Teams auch, inzwischen fest davon überzeugt, daß der »gesunde« Menschenverstand den tatsächlichen Einfluß erblicher Veranlagungen hoffnungslos unterschätzt. Er hat sich zu der Einsicht durchgerungen, daß wir alle aufgrund unserer subjektiven, psychischen Selbsterfahrung unsere individuelle Handlungsfreiheit maßlos überschätzen.
Das hört nicht jeder gern. Und so gibt es manchen, der den Gedanken daran als »Biologismus« beiseite zu schieben trachtet. Das zieht jedoch nicht. Denn niemand behauptet, daß wir nichts anderes seien als das, was unsere Gene aus uns machen. Die Indizien, die das Team in Minneapolis seit einigen Jahren sammelt, zeigen lediglich, daß wir den Anteil genetischer Einflüsse auf die individuelle Besonderheit menschlichen Wesens sehr zu Unrecht – und zu unserem eigenen Nachteil – zu übersehen pflegen. Mehr wird nicht behauptet.
Deshalb ist auch der Vorwurf unberechtigt, das Minneapolis-Projekt könne nur zu pädagogischem Nihilismus führen, da es allen erzieherischen Elan lähmen müsse. Ich muß an Jack denken, der unter dem Einfluß seines Vaters zum orthodoxen Juden wurde. Und an seinen Zwillingsbruder Oskar, der als Spätfolge seiner Kindheitserziehung noch heute Probleme hat, damit fertig zu werden, daß sein Vater Jude war. »Da sieht man, was Erziehung aus einem Kind alles machen kann.«
Starke Anlagen setzen sich, so scheint es, auch bei ungünstigen Umweltbedingungen durch. Carl Friedrich Gauß kam 1777 als Sohn eines Handwerkers und einer des Lesens und Schreibens unkundigen Mutter auf die Welt. Weder diese »Startbedingungen« noch die feudalistische Klassengesellschaft seiner Epoche hinderten ihn daran, sich zu einem der größten Mathematiker zu entwikkeln, den es je gab. Umgekehrt dürften aber auch extreme äußere Belastungen die Entfaltung selbst einer überdurchschnittlichen Begabung unmöglich werden lassen. Man wird es als fraglich ansehen müssen, daß Einstein die allgemeine Relativitätstheorie auch dann hätte ausarbeiten können, wenn er etwa als Sohn eines indischen Bauern von frühester Kindheit an zu schwerer Feldarbeit gezwungen gewesen wäre.

Was sollen wir daraus für uns selbst folgern, die wir als durchschnittlich Begabte in einer Umwelt leben, die positive wie negative Einflüsse in durchschnittlicher Dosierung für uns bereit hält? Ganz sicher nicht, daß ausgeklügelte oder gar wissenschaftlich »getestete« pädagogische Strategien uns selbst oder unsere Kinder zu Genies machen könnten.

Es ist haarsträubend, was »gesunder« Menschenverstand in diesem Punkt alles für möglich hält und sogar zu bezahlen bereit ist. Glenn Doman, ein pensionierter amerikanischer Offizier, hat diesen Umstand als Marktlücke zu nutzen gewußt. »Jedes Kind kommt mit einem geistigen Potential auf die Welt, das größer ist als das von Leonardo da Vinci«, verkündet er. Es komme nur darauf an, dieses Potential durch geeignete Erziehungsmaßnahmen zur Entfaltung zu bringen. Für die angesichts solcher Aussichten bescheiden wirkende Gebühr von einigen hundert Dollar verspricht er den Eltern, eben dieses zu tun.

Nach mehrwöchigen Baby-Trainingskursen produzieren sich dann Zwei- und Dreijährige auf der Geige und an der Tafel. Ungläubig und ergriffen hören Mütter zu, wie ihre Kleinen auf japanisch von eins bis zehn zählen. Die Theorien des Oberstleutnant a. D. Doman seien »zwar umstritten«, meldete die Presse nach einer solchen Demonstration, »aber die Resultate sind wahrhaft sensationell«.

Auch ein deutsches TV-Wissenschaftsmagazin kommentierte seinen Bericht über die »Genie-Farm« des Amerikaners in solchem Sinne. Leider vergaß der Sprecher zu erwähnen, daß man schließlich auch einem Kakadu japanische Worte andressieren kann.

Wir werden uns hinsichtlich der Möglichkeit menschlicher Persönlichkeitsentwicklung, so scheint es, in einem bescheideneren Rahmen einrichten müssen. Niemand behauptet, daß der Mensch auf Umwelteinflüsse nicht reagiere, daß die Entwicklung von Kindern sich durch Erziehung nicht beeinflussen lasse. Nur: Wäre es eigentlich ein Schaden, wenn das Projekt von Minneapolis unserer Gesellschaft die Einsicht beschert, daß ihr Einfluß geringer ist, als wir bisher geglaubt haben? Ließe es sich nicht auch als eine ungeheure Entlastung verstehen, wenn man uns vor Augen führte, daß es nicht in das Belieben und damit

nicht in die Verantwortung der Gesellschaft gestellt ist, ob jemand ein Genie wird oder ein Gauner?
»Gebt mir ein Dutzend gesunder Kinder, und ich werde aus ihnen machen, was ich will: Ärzte, Künstler, Wirtschaftsführer oder auch Bettler und Diebe«, verkündete der amerikanische Psychologe John B. Watson vor einem halben Jahrhundert. Es ist das Glaubensbekenntnis des Behaviorismus, jener psychologischen Lehre, die sämtliche menschlichen Eigenschaften und Fähigkeiten auf spezifische Umwelteinflüsse zurückführt.
Das Dogma erwies sich nicht nur als Verheißung. Wer den Menschen einredet, es hänge allein von ihnen ab, ob ihre Kinder intelligent werden, erfolgreich und begabt, der liefert sie leicht der Verzweiflung aus. Denn die Zahl der Dichter, Komponisten und Genies, der intelligenten und sozial erfolgreichen Menschen in unserer Gesellschaft hat sich seit den Tagen von John Watson nicht nachweislich vergrößert, so sehr auch die Zahl derer zunahm, die als Pädagogen, Schulpolitiker oder »verantwortungsbewußte« Eltern auf sein Rezept gesetzt hatten.
In manchen Augen begann »die Familie« fast schon den Charakter eines psychologisch-pädagogischen Laboratoriums anzunehmen, wo Eltern sich in der möglichst fehlerlosen Anwendung bestimmter Erziehungskonzepte zu bewähren hatten. Doch Bouchard und Lykken sehen die Familie, soviel wurde mir während unserer tagelangen Diskussionen immer deutlicher, eher als eine Art »Modell der Welt«: voll von Anregungen, menschlicher Zuneigung und Befriedigung, aber ebenso auch von Spannungen, Enttäuschungen und Ängsten. Im besten Falle enthält sie das eine wie das andere, ausgewogen und in einer Dosierung, die einem Kind die Möglichkeit gibt, zu lernen, was es mit der Welt auf sich hat – eine Familie, die ihm die Möglichkeit gibt, den Umgang mit seinen Anlagen und Fähigkeiten und ebenso mit seinen Schwächen und Ängsten in der Auseinandersetzung mit einer Realität zu üben, die es noch nicht wirklich ernst mit ihm meint, mit einer Realität, die nicht über das Kind verfügt, sondern die ihm die Chance gibt, sich in seiner individuellen Einzigartigkeit zu dem zu entfalten, was es seiner Anlage nach ist. Denn einzigartig sind wir, jeder einzelne von uns. Unwiederholbar und unverwechselbar in unserer jeweils besonderen Individualität.

Das ist der eigentliche Kern der Botschaft, die da an der Universität von Minnesota ans Licht befördert wird.
Zwar sind es nur 46 Chromosomen, die unserer Individualität zugrunde liegen. Diese enthalten aber etwa 50000 einzelne Erbanlagen, Strukturgene, die ihrerseits durch mindestens eine halbe Million Regulatorgene zu jenem räumlichen Beziehungsmuster geordnet werden, dessen Komplexität und Informationsdichte unser Vorstellungsvermögen übersteigen.
Daher ist jedes dieser Muster einzigartig. Es entsteht im Augenblick der Empfängnis als ein im wahrsten Sinne des Wortes historisches Ereignis: einmalig, unwiederholbar und endgültig.
Seit sich die Erde dreht, hat sich noch niemals auch nur ein einziges dieser Genmuster wiederholen können. Bis in die fernste Zukunft ist diese Möglichkeit unter natürlichen Umständen ausgeschlossen. Dazu ist die Zahl der Elemente, aus denen jedes der Genmuster besteht, und dazu ist die Zahl der Beziehungen, die sich zwischen ihnen herstellen lassen, um ein unvorstellbares Vielfaches zu groß.
David Lykken erklärt mir, weshalb dies die eigentliche Erklärung dafür bilden dürfte, daß wir den Grad, in dem wir durch unsere erblichen Anlagen festgelegt sind, hoffnungslos zu unterschätzen pflegen. Denn die Einmaligkeit des Genmusters, auf dem unsere Individualität beruht, hat die scheinbar paradoxe Konsequenz, daß sich in diesem Falle Erbliches dennoch nicht vererbt.
Lykken sagt: »Da kann bei einem Sohn oder Enkel einmal die gleiche Nase wieder auftauchen, eine Ähnlichkeit der Stimme oder ein ähnliches Profil. Einzelheiten des Musters bleiben gelegentlich anscheinend über einige Generationen hinweg erhalten. Niemals aber das Muster insgesamt. Obwohl es angeboren ist und aus Erbanlagen besteht, wird es in keinem Falle als Ganzes unverändert an die nächste Generation weitergegeben.«
Als »erblich« vermögen wir aber nur zu erkennen, was in der Generationenfolge wiederkehrt. Unsere Intuition ist blind für den Teil unseres Erbes, für den das nicht gilt. Wie unerwartet groß dieser für unsere Vorstellung unsichtbare Teil des uns festlegenden Erbes ist, das führt uns erst die Zwillingsforschung vor Augen.
Eineiige Zwillinge, entstanden aus ein und derselben befruchteten Eizelle: Das ist der einzige Ausnahmefall der Existenz ein und des-

selben Gen-Musters bei zwei verschiedenen Menschen. Erst der Vergleich zwischen ihnen kann uns lehren, welchen Einfluß das genetische Programm in Wahrheit ausübt.
Wer würde daran zweifeln, daß Jim Springer fest davon überzeugt war, einem völlig freien Entschluß zu folgen, als er daran ging, sich eine Tischlerwerkstatt in seinem Keller einzurichten? Und wer könnte, nachdem er erfahren hat, daß der damals noch unbekannte Zwillingsbruder in einer fernen Stadt fast zur gleichen Zeit das gleiche tat, noch daran zweifeln, daß beide mit ihrem Entschluß einen Teil des in ihren Genen niedergelegten Programms realisierten?
Und schließlich: Wer könnte angesichts derartiger Befunde den Gedanken in den Wind schlagen, daß wir alle an jedem unserer Tage, mit jeder unserer Entscheidungen womöglich auch ein Programm exekutieren, das in den Kernen aller unserer Zellen steckt, seit die Eizelle, aus der wir hervorgingen, sich zu teilen begann? Ist unser Vertrauen in das Ausmaß unserer Willensfreiheit vielleicht nur deshalb so groß und unerschütterlich, weil uns die Begegnung mit einem erbgleichen Doppelgänger in aller Regel erspart bleibt?

(1983)

GEOLOGIE · PHYSIK · ASTRONOMIE

Links und rechts

Das Rätsel der Wirbelbildung

Der eine oder andere wird möglicherweise Zweifel an meiner Seriosität bekommen, wenn ich das Thema nenne, mit dem ich mich nun beschäftigen will. Es ist in der Tat höchst alltäglich, scheinbar banal: Es geht nämlich aus von der Frage nach der Drehrichtung des bekannten Wirbels, der sich beim Abfließen von Wasser aus einer Badewanne oder einem Waschbecken an der Abflußöffnung bildet. Ich beeile mich anzumerken, daß der Anlaß zu einer Besprechung dieses Phänomens ein Artikel ist, den A. Shapiro, Mitglied des renommierten Massachusetts Institute of Technology in Cambridge/USA, jetzt in der Zeitschrift »Nature« veröffentlichte. Der Inhalt dieses Artikels ist vor allem deshalb interessant, weil er ein besonders eindrucksvolles Beispiel dafür bietet, daß eine Analyse ganz alltäglicher, scheinbar simpler physikalischer Phänomene mitunter erstaunliche Zusammenhänge aufdecken kann, die in unserem Falle bis zu bestimmten Konsequenzen der Erdrotation reichen, deren Verständnis bereits gewisse Anforderungen an das Vorstellungsvermögen stellt.

Theoretisch müßte die sich spontan einstellende Drehbewegung eines jeden Abflußwirbels auf der nördlichen Erdhalbkugel im Gegensinne des Uhrzeigers erfolgen, während sich alle derartigen Wirbel auf der südlichen Erdhälfte in der umgekehrten, also in der Uhrzeigerrichtung drehen sollten. Praktisch ist es dagegen so, daß sich die Drehrichtung des Wirbels im Einzelfall unter gewöhnlichen Umständen nicht vorhersagen läßt und bei Wiederholungen oft willkürlich zu wechseln scheint. Große Serien solcher Wiederholungen ergeben dann allerdings, auch unter gewöhnlichen Umständen, gelegentlich ein geringes Überwiegen der Häufigkeit linksläufiger Wirbelbildungen in mittleren nördlichen Breiten, was den Erwartungen einer durchschnittlichen statistischen Verteilung widerspricht.

Es hat den Anschein, als wäre hier eine zusätzliche, vorerst unbekannte Kraft am Werke, die diesen Linksdrall hervorruft. Sie hat sogar einen Namen erhalten, und zwar wird sie nach einem französischen Physiker des vorigen Jahrhunderts »Corioliskraft« genannt. Diese Corioliskraft oder -beschleunigung ist ein lehrreiches Beispiel einer sogenannten »Scheinkraft«, womit gesagt sein soll, daß es sich bei ihr in Wirklichkeit nicht, wie der Augenschein zu beweisen scheint, um eine selbständige, zusätzliche Größe handelt, sondern um eine allerdings nicht leicht zu erkennende Konsequenz der Erdrotation.

Zum Verständnis des Phänomens müssen wir davon ausgehen, daß die einzelnen Punkte der Erdoberfläche in verschiedenen geographischen Breiten durch die Erdumdrehung in ganz verschiedene Geschwindigkeiten versetzt werden. Die größte Geschwindigkeit haben offensichtlich alle am Äquator gelegenen Punkte, die in 24 Stunden einmal die Strecke des größten Erdumfangs – 40 000 Kilometer – zurückzulegen haben. Je weiter wir nun in Gedanken nach Norden gehen, um so kürzer wird der in 24 Stunden bei einer Erdumdrehung zurückzulegende Weg – am Nordpol ist er gleich Null! –, um so geringer wird hier, mit anderen Worten, die Umlaufgeschwindigkeit jedes einzelnen Punktes der Erdoberfläche.

Nehmen wir nun einmal an, jemand startet eine Rakete am Äquator genau nach Norden. Dann verhält es sich so, daß das am Äquator gestartete Geschoß durch die Erdrotation eine seitliche, von West nach Ost gerichtete Geschwindigkeit mitbekommen hat, die der äquatorialen Umlaufgeschwindigkeit entspricht und die es während seines Fluges natürlich beibehält. Damit aber überschreitet dieses Geschoß, je weiter es sich auf seinem Fluge dem Pol nähert, die relativ zum Äquator geringere Umlaufgeschwindigkeit der von ihm überflogenen polnäheren Punkte der Erdoberfläche, was gleichbedeutend ist mit der Tatsache, daß es in nördlicheren Breiten der Erdumdrehung vorauseilt und damit nach Osten abweicht.

Allgemein ausgedrückt, besagt die Regel, daß als Folge der unterschiedlichen Umlaufgeschwindigkeit in verschiedenen geographischen Breiten jeder sich auf der Erdoberfläche in nordsüdlicher Richtung bewegende Gegenstand auf der nördlichen Halbkugel nach rechts von seiner Bahn abweicht, auf der südlichen Halbkugel dagegen nach links.

Jetzt endlich können wir wieder zu dem Problem des Abflußwirbels zurückkehren. Shapiro experimentierte mit einem kreisrunden flachen Wasserbecken von etwa zwei Metern Durchmesser in Cambridge, Massachusetts, also etwa in 42 Grad nördlicher Breite. Offensichtlich hatten die am nördlichen Rand des gefüllten Bekkens gelegenen Wasserteilchen eine – wenn auch nur minimal – geringere Umlaufgeschwindigkeit im Rahmen der Erdumdrehung als die zwei Meter weiter »südlich«, also äquatornäheren Wasserteilchen am entgegengesetzten Beckenrand. In dem Augenblick, in dem der Experimentator den in der Mitte des Gefäßbodens angebrachten Abfluß öffnete, begannen die »nördlichen« Teile der Füllung, sich nach Süden zu bewegen, auf den Abfluß zu; die ursprünglich »südlich« gelegenen Teile in umgekehrter Richtung. Beide Teilströme wichen, der eben erläuterten Regel entsprechend, ganz geringfügig nach rechts ab. Sie ergänzten sich, während sie in Richtung auf die Abflußöffnung aufeinander zuliefen, zu einem Linksdrall, der die Drehrichtung des entstehenden Abflußwirbels, der Vorhersage entsprechend, auf eine dem Uhrzeiger entgegengesetzte Richtung festlegte.
Natürlich sind die Corioliskräfte, die bei einem solchen Experiment auftreten, geradezu verschwindend gering. Allein die Schwerkraft würde, wenn der Boden des Experimentierbeckens nicht ideal eben geschliffen worden wäre, die Richtungsbildung des Abflußwirbels mit einer Intensität beeinflussen, welche den Einfluß der Erdrotation etwa dreißigmillionenfach überstiege. Bereits Veränderungen der Spannung der freien Wasseroberfläche durch Luftströmungen nicht einheitlicher Temperatur würden die in den Versuch eingehenden Corioliskräfte weit übersteigen und das Experiment scheitern lassen.
Es ist unter diesen Umständen eine bewundernswerte experimentelle Leistung, daß es Shapiro gelang, alle derartigen Störfaktoren auszuschalten und »ideale« Bedingungen zu verwirklichen, was sich daran zeigte, daß er bei seinen Versuchen tatsächlich nur noch der theoretischen Forderung entsprechende linksdrehende Wirbel erhielt. Diese praktischen Schwierigkeiten sind auch die sehr einfache Erklärung dafür, daß sich die unter Alltagsbedingungen entstehenden Abflußwirbel nicht nach der Coriolisregel richten.
Eine für die Physik der Erdbewegung grundlegende Bedeutung

hat dieses Prinzip dadurch bekommen, daß es mit seiner Hilfe möglich war, die Geschwindigkeit der Erdumdrehung – und die Tatsache der Erdumdrehung überhaupt! – ohne Beziehung auf astronomische Daten, zum Beispiel auf die scheinbare Bewegung der Fixsterne, im Laboratorium experimentell festzustellen.

Während Wirbelbildungen dieser Art immer noch eine relativ einfache Erklärung finden, führt die Beschäftigung mit der räumlichen Rechts-Links-Orientierung und mit dem Problem des Richtungssinns von Schraubenbewegungen zu wesentlichen Grundfragen und in ihrer letzten Konsequenz sogar zu einem grundlegenden Rätsel unseres Universums.

Zunächst ein bemerkenswertes, wenn auch nicht prinzipiell rätselhaftes Beispiel aus der Biologie. Das gewöhnliche Zuckermolekül, die Glukose, existiert in zwei chemisch völlig identischen Formen, oder »Isomeren«, die sich lediglich physikalisch in einer einzigen Eigenschaft unterscheiden: Die eine Form dreht die Ebene polarisierten Lichtes im Uhrzeigersinne, die andere in umgekehrter Richtung.

Obwohl sich beide chemisch völlig identisch verhalten und von allen Organismen auch in gleicher Weise verwertet und ausgenutzt werden können, synthetisieren dennoch alle bekannten Pflanzen Zucker immer nur in einer, und zwar der rechtsdrehenden Form, der sogenannten Dextrose. Es existiert keine biologische Notwendigkeit oder Zweckmäßigkeit für diese Bevorzugung einer einzigen von zwei in gleicher Weise möglichen räumlichen Orientierungen des durch pflanzliche Synthese entstandenen Zuckermoleküls.

Die Ursache dieses zunächst verblüffenden Phänomens ist, so nimmt man heute an, wahrscheinlich einfach ein Zufall, ein Zufall, der einige Milliarden Jahre zurückliegt. Irgendwann im grauen Nebel dieser Urzeit »erfand« die Natur die biologische Zuckersynthese, indem sich die erste Zelle bildete, die zur Synthese von Zucker aus einfacher gebauten Kohlenwasserstoffen in der Lage war. Die Chancen dafür, ob das auf diese neue Weise entstehende erste Zuckermolekül Dextrose oder die Spiegelbildisomere sein würde, standen damals 50 : 50. Offensichtlich ist es Dextrose gewesen, und ebenso offensichtlich hat diese erste zuckerbildende Zelle dann ihre »Erfindung« auf alle späteren, sich in so großer Mannigfaltigkeit entwickelnden Pflanzen in genau der Form als Erbe weitergegeben, in der sie sie zuerst gemacht hatte.

Auf ein immer noch ungelöstes, genauer: seit neuestem wieder ungelöst erscheinendes Grundsatzproblem stößt man bei der Untersuchung der Frage, ob es möglich ist, die Definition von rechts und links beziehungsweise, um das gleiche Problem anders zu formulieren, den Richtungssinn einer Schraubenbewegung ohne Beziehung auf Koordinaten, die durch Konvention festgelegt sind, allgemeingültig zu bestimmen. Der Physiker spricht hier von dem Phänomen der »Nichtinvarianz symmetrischer Paritäten«. In einem konkreten Gleichnis ausgedrückt, heißt das, daß es nicht möglich ist, außerirdischen Gesprächspartnern ohne gemeinsame räumliche Bezugspunkte – etwa gemeinsam beobachtete und identifizierte Sterne – durch Funk unsere Festlegung der Richtungsbegriffe »rechts« und »links« zu übermitteln. Daß es diese beiden entgegengesetzten Richtungen gibt, läßt sich sehr einfach übermitteln, nicht aber, welche der beiden bei uns links genannt wird und umgekehrt.

Daß es keinen physikalischen Sachverhalt beziehungsweise kein physikalisches Experiment gibt, in dessen Ergebnis eine dieser beiden Richtungen gesetzmäßig bevorzugt wird – die Beschreibung einer solchen Versuchsanordnung würde die geforderte »absolute« Definition des Richtungssinns darstellen –, scheint der Auffassung zu entsprechen, die spätestens seit Kant allgemein akzeptiert ist, daß das Räumliche eine bloße Form der Anschauung sei. Nach dieser Auffassung ist der Raum ein homogenes Kontinuum ohne ausgezeichnete Punkte. Falls es sich bestätigen sollte, daß bei bestimmten Experimenten mit radioaktiven Isotopen in der Nähe des absoluten Nullpunkts doch bestimmte Vorzugsrichtungen, zum Beispiel hinsichtlich des »spin«, des Drehmoments der emittierten Atome, statistisch ermittelt wurden, – für den ersten experimentellen Hinweis auf die Möglichkeit der Bevorzugung einer »Linksschraube« in der Elektronenemission in »unserem Raum« bekamen Yang und Lee vor einigen Jahren den Nobelpreis – so würde das eine Revolution bedeuten, die zu einer Korrektur wesentlicher Grundlagen unseres physikalischen Weltbildes führen müßte.

Das Leitthema der »Wirbelbildung« hat uns von dem scheinbar

trivialen Phänomen des Abflußwirbels in der Badewanne zur Erdrotation, in einer allgemeineren Form zum Problem der Richtungsbevorzugung in der räumlichen Konstitution organischer Moleküle, und schließlich zur Frage der »Symmetrie« des physikalischen Raumes geführt, die als so selbstverständlich galt und nun durch neueste Untersuchungen wider alles Erwarten in Frage gestellt worden ist.

Dem Thema ist es in gewissem Sinne also angemessen, wenn wir uns, auch hierin den Gesetzen der Symmetrie folgend, am Schluß wieder einem Wirbelphänomen zuwenden, das so trivial ist, daß es überhaupt keine Probleme aufzuwerfen scheint, und so alltäglich, daß es wiederum die Berufung auf einen Kronzeugen erforderlich macht. Das Phänomen, das ich meine, betrifft die Art der Wirbelbildung, die hervorgerufen wird, wenn man den Inhalt einer Teetasse umrührt, und der Kronzeuge ist kein geringerer als Albert Einstein, der es in einem seiner wenigen populären Aufsätze analysiert hat. Ich werde mir ausnahmsweise einmal erlauben, Ihnen das Problem nur zu schildern, die Lösung aber Ihnen selbst zu überlassen. Die Nuß ist hart, aber nicht so hart, daß sie sich nicht knakken ließe.

Wie kommt es, so lautet die Frage, daß sich die Teeblätter beim Umrühren in einer Teetasse *in der Mitte* des Tassenbodens ansammeln? Durch die Rotation des Tasseninhalts entsteht doch ohne Zweifel eine nach außen wirkende Zentrifugalkraft, welche die Teeblätter, so sollte man meinen, an den äußeren Rand des Tassenbodens befördern müßte. Wie jeder weiß oder doch selbst leicht feststellen kann, ist das Gegenteil der Fall. Wie kommt das Phänomen zustande? Ich wünsche viel Vergnügen bei der Beschäftigung mit dieser Nuß im Kreise der Freunde und Bekannten!

(1963)

Die Evolution der Automaten

Die Kybernetik hat die Grenzen einer technischen Methodenlehre überschritten

Was ist Intelligenz? Jeder glaubt es zu wissen, aber wie sie definieren? Der englische Mathematiker A. M. Turing hat vor einigen Jahren einen neuen, sehr bemerkenswerten Beitrag zu diesem Problem geliefert, das sogenannte »imitation game«. Bei diesem Spiel sitzt ein Prüfer einem unsichtbaren Partner gegenüber, mit dem er lediglich durch elektronische Nachrichtenmittel verbunden ist. Mit Hilfe dieser Apparaturen stellt er nun – im Rahmen der apparativen Möglichkeiten beliebige – Aufgaben. Er läßt seinen unsichtbaren Gegenspieler Vergleiche ziehen und logische Schlüsse, er stellt ihn vor mathematische oder Schachprobleme, fordert ihn auf, aus einer Fülle von Informationen unter verschiedenen Gesichtspunkten die wesentlichen Daten herauszusuchen oder hinsichtlich gegebener Situationen den wahrscheinlichen weiteren Verlauf vorherzusagen.

Dabei ist nun auch der Prüfer selbst in das Spiel mit einbezogen, und zwar fällt ihm eine sehr überraschende Aufgabe zu: Er hat nämlich herauszufinden, ob der Partner, dem er seine Aufgaben stellt und von dem er Antworten in Gestalt verschiedener Lösungsvorschläge bekommt, ein Mensch ist – oder ein Automat. Wenn ihm diese Entscheidung nach einiger Zeit nicht möglich ist, dann, so konstatiert Turing, bestehen keine Bedenken, dem an dem Spiel beteiligten Automaten »Denkfähigkeiten« zuzusprechen. Es bleibt hinzuzufügen, daß der menschliche Prüfer bei diesem Spiel meist der Verlierer ist.

Wohl durch kaum ein anderes Beispiel läßt sich mit gleicher Eindringlichkeit deutlich machen, welche bedeutungsvolle Entwicklung sich mit der Herausbildung jener Disziplin angebahnt hat, die den unverfänglichen und für den Laien nichtssagenden Namen »Kybernetik« trägt.

Das erste Argument, auf das jeder stößt, der von der »Intelligenz eines Apparates« spricht, ist der Einwand, daß es sich bei all den staunenerregenden Leistungen, welche elektronische Apparaturen zu vollbringen vermögen, immer nur um Leistungen handeln könne, die menschlichen intellektuellen Fähigkeiten allenfalls »ähnlich« seien, denn jeder Apparat werde ja von Menschen nicht nur konstruiert, sondern auch programmiert, weshalb bei ihnen grundsätzlich nichts anderes herauskommen kann, als vorher durch die allein schöpferische menschliche Intelligenz wenigstens potentiell hineingesteckt wurde. Es ist eine bemerkenswerte Erfahrung, sich von den Kybernetikern Schritt für Schritt nachweisen zu lassen, daß dieses einleuchtende – und beruhigende – Argument nicht stichhaltig ist.

Zunächst muß man sich klarmachen, daß auch der Mensch »programmiert« ist. Frei sind wir in unserem Verhalten in einem höchst relativen Sinne nur im Rahmen unserer körperlichen Leistungsmöglichkeiten, die das Ergebnis eines optimalen Kompromisses der Anpassung an unsere biologische Umwelt darstellen, und unserer psychischen Fähigkeiten, die als resultierende »Programmierung« unserer Verhaltensmöglichkeiten aufgrund der Erfahrungen unserer Art vom Beginn ihrer Entwicklung an in unsere Erbträger aufgenommen worden sind.

Ein konkretes Beispiel: Fundamentale Bestandteile dieser Programmierung sind bestimmte Gefühle, wie zum Beispiel die allen Menschen gemeinsame Angst vor dem Tode, die das Verhalten der Menschen in feinsten Verästelungen bis hinein in die Darstellungen der Kunst und bestimmte soziale Grundhaltungen prägt. Die Tendenz zu überleben, ist ein unwandelbares Motiv ersten Ranges menschlichen Verhaltens. Unter naturwissenschaftlichem Aspekt ist dabei die Annahme, dieses Motiv sei unserem Geschlecht als »biologisch zweckmäßig« nun durch irgendeine außerhalb ihrer Entwicklung gelegene oder gar metaphysische Instanz in die Wiege gelegt worden – auch wenn das heute, rückblickend, so aussehen muß –, genausowenig begründet, wie etwa das Staunen eines Kindes über den bemerkenswerten Umstand, daß gerade da, wo so eine große Stadt wie Hamburg liegt, nun auch ein großer Fluß fließt, der für das Gedeihen dieser Stadt so überaus zweckmäßig ist. Die wissenschaftliche Annahme geht vielmehr davon aus, daß

das Leben in der Urzeit der Erdgeschichte zahllose Versuche und Ansätze gemacht haben dürfte, von denen aber aus naheliegenden Gründen alle die zum Scheitern verurteilt waren, in deren »Programm« das Überlebensmotiv nicht an erster Stelle rangierte.
Dieses in unseren Chromosomen festgehaltene Fundamentalprogramm wird nun in der Individualgenese noch überformt durch Umwelteinflüsse, Erziehung und Lernen aus eigener Erfahrung.
Schon heute, in einer Zeit, da in der Kybernetik erst ein Entwicklungsstand erreicht ist, wie er in der Geschichte der Mechanik etwa durch die Erfindung des Rades dargestellt wird, lassen sich alle diese Schritte und Funktionen durch entsprechende Automaten prinzipiell verwirklichen. Es ist bereits möglich, Apparate zu konstruieren, die selbständig Erfahrungen machen. Diesen Apparaten wird ein internes Modell der Außenwelt – die vorerst natürlich auf eine relativ kleine Summe von Fakten reduziert ist – eingebaut, in welchem sie die Reaktionen der Außenwelt auf verschiedene Möglichkeiten eigener Entscheidungen erst einmal virtuell durchprobieren, um dann erst eine bestimmte, als optimal im Sinne der gestellten Aufgabe ausgewählte Entscheidung konkret durchzuführen. Wie anders als mit psychologischen Termini läßt sich die Funktionsweise eines solchen Apparates beschreiben?
So gibt es seit Jahren einen Schach spielenden Automaten, der drei Züge »vorausdenkt«, alle Eröffnungen natürlich sowieso »im Kopf« hat, aber der auch mindestens einmal schon ein zum Gewinn führendes Damenopfer gebracht hat! Fast noch unheimlicher ist ein im Grunde sehr viel einfacher zu konstruierender Automat, der in der Lage ist, bestimmte individuell typische Reaktionstendenzen verschiedener Menschen innerhalb von Minuten zu erfassen und entsprechende Antworten dadurch mit großer Sicherheit vorherzusagen, der seinen menschlichen Partner also gleichsam zu durchschauen vermag.
Das alles gibt es bereits, und das alles ist unheimlich. Warum eigentlich? Ich zweifele nicht daran, daß diese unsere Empfindung identisch ist mit den Gefühlen derer, die Galilei verurteilten und Giordano Bruno verbrannten, mit der empörten Ablehnung jener, die sich weltweit darüber entrüsteten, daß Darwin den Menschen als Tier unter Tieren beschrieb. Ich zweifle auch nicht mehr daran, daß die Kybernetik und die sie geistig untermauernde In-

formationstheorie innerhalb der Rangordnung dieser historischen Linie gesehen werden müssen. Um so angebrachter ist es, sich daran zu erinnern, daß Urteilsspruch, Scheiterhaufen und Entrüstung nicht nur schwache Argumente sind, sondern auch gänzlich außerstande, einen geistesgeschichtlichen Prozeß aufzuhalten oder rückgängig zu machen. Wir haben die Entwicklung als objektives Phänomen hinzunehmen, auch wenn die Reste des in uns immer noch wirksamen anthropozentrischen Vorurteils, als dessen fortschreitende Eliminierung der historische Erkenntnisprozeß insgesamt aufgefaßt werden kann, sich dagegen sträuben.

Was also ist das Wesen des Schrittes, den die Menschheit mit der Entwicklung der Kybernetik zu tun im Begriff steht, worin besteht seine mögliche Bedeutung, und wo liegen seine Grenzen? Zur eigenen Überraschung der Kybernetiker selbst, die zunächst in aller Unschuld nichts anderes beabsichtigten, als den Menschen von bestimmten »mechanischen« Denkoperationen zu entlasten, haben die letzten Jahre gezeigt, daß es schon heute fast nicht mehr möglich ist, eine prinzipielle Grenze hinsichtlich der kybernetischen Nachahmbarkeit intellektueller und sogar der meisten anderen, etwa emotionaler Funktionen der menschlichen Psyche anzugeben. Schon heute machen Automaten in vieler Hinsicht »eigene« Erfahrungen. Man kann sie so konstruieren, daß sie zwischen mehr oder weniger bedeutungsvollen Erfahrungen unterscheiden, mit der Konsequenz, daß sie Erfahrungen der zweiten Art nach einiger Zeit selbsttätig wieder aus ihren Speichern löschen, daß sie sich selbst kontrollieren und ihre Fehler verbessern. Entwicklungsarbeiten an Apparaten, die auch handschriftliche Zeichen »lesen«, die gesprochene Sprache aufnehmen und »verstehen« können, die aus einer Sprache in die andere übersetzen, sind längst im Gange.

Wo also liegen die Grenzen? Sie sind zunächst einmal praktischer Natur, eine Frage des Aufwandes. Das »Schaltschema des menschlichen Gehirns« würde, in winziger Schrift, voraussichtlich eine Papierfläche von einigen Quadratkilometern bedecken – und würde, auch wenn es existierte, seiner Unübersehbarkeit wegen niemandem nutzen. Ein moderner Miniaturtransistor hat immer noch eine Größenordnung von etwa einem Kubikzentimeter. Die Schaltelemente des Gehirns, die Nervenzellen, sind demgegenüber nur

0,000 000 1 Kubikzentimeter groß und zudem noch in ihrer Funktion (Vielzahl der Schalt- und Zustandsmöglichkeiten) allen technischen Schaltelementen unendlich überlegen.
Professor Karl Steinbuch, der Direktor des Instituts für Nachrichtenverarbeitung und Nachrichtenübertragung an der Technischen Hochschule Karlsruhe, sieht keine technischen Schwierigkeiten, einen Automaten zu bauen, der einen Witz erfassen und auch an der richtigen Stelle lachen könnte. Es wird ihn nur niemals jemand bauen, weil sich der Aufwand – grob geschätzt: einige Milliarden Mark – nicht lohnen würde. Die Ökonomie der Natur, die ihre Schaltelemente aus organischer Materie »wachsen« läßt und die die materielle Grundlage unserer psychischen Existenz in einer Schädelkapsel von wenig mehr als einem Liter Rauminhalt unterzubringen vermag, wird auch einer zukünftigen Nachrichtentechnik immer unerreichbar bleiben.
Von wirklicher Bedeutung aber sind die prinzipiellen Grenzen. Sie hängen mit dem Umstand zusammen, daß sich naturgemäß nur solche Nachrichten technisch verarbeiten lassen, die in eine den Funktionsprinzipien elektronischer Apparate angemessene Form umgewandelt werden können. Die Informationstheoretiker, deren Aufgabe die Analyse dieses Umwandlungsproblems ist, sehen überhaupt keine prinzipiellen Schwierigkeiten mehr, beliebige Probleme, Sachverhalte oder Beziehungen, speziell auch solche psychologischer, ästhetischer oder philosophischer Natur, in einer Sprache auszudrücken, die von den elektronischen Geschöpfen verstanden werden kann. Die Informationstheorie hat im Verlaufe ihrer Entwicklung auch folgerichtig bereits den Schluß gezogen, daß auch das menschliche Gehirn in allen seinen Äußerungsformen nach kybernetischen Prinzipien funktioniert. Der Einwand, daß wir »zwar eine Maschine bauen können, die mit dem Schwanz wedelt, jedoch niemals eine Maschine, die sich freut«, sieht sich der – logisch nicht zu widerlegenden – informationstheoretischen Interpretation des Bewußtseins gegenüber als eines Integrationsphänomens, das gleichsam nur einen »kybernetischen Trick« darstellt, durch den es gelingt, eine in ihrer Fülle anders nicht mehr zu kontrollierende Zahl in Einzeldaten zusammenzufassen.
Alle noch so faszinierenden Aspekte der Kybernetik verblassen an Bedeutung neben diesem Schritt. Wir haben uns darüber klarzu-

werden, daß die Kybernetik damit die Grenze einer technischen Methodenlehre überschritten und eine Gestalt angenommen hat, die ihr den Charakter einer Ideologie verleiht. Sie erhebt den Anspruch, alle denkbaren Inhalte menschlichen Bewußtseins in ihrer Sprache ausdrücken zu können, was nichts anderes ist als die Behauptung, daß sich alles menschliche Wollen, Fühlen und Trachten systematisch analysieren und auf objektiv wesentliche, einsichtige letzte Notwendigkeiten zurückführen lasse, die durch irgendeine, empirisch noch genauer zu definierende »Zweckmäßigkeit« gebildet werden müßten.

Die praktischen Konsequenzen der kybernetischen Technik werden revolutionierend sein. Der englische Neurologe W. Ross Ashby spricht in vollem Ernst von der Möglichkeit automatischer »Intelligenzverstärker«, von Automaten, in die als »Ausgangswert« die menschliche intellektuelle Kapazität eingebaut wird und die sich von da aus »selbstorganisierend« weiterentwickeln, indem sie diesen »Ausgangswert« in ähnlicher Weise hinter sich lassen, wie mechanische Apparate die menschliche Muskelkraft, die sie zusammensetzte.

Folgenschwerer noch aber scheint mir der ideologische Charakter zu sein, den die Kybernetik zwangsläufig annehmen wird. Es kann nicht ausbleiben, daß ihre Interpretationen früher oder später auch normenbildende Geltung beanspruchen. Die Ansätze dazu sind schon nicht mehr zu übersehen. Steinbuch stellt in seinem interessanten Buch »Automat und Mensch« bei der Besprechung der maschinellen Sprachübersetzung fest, daß das Problem heute schon technisch lösbar wäre, »wenn nur die Sprachen nicht so unsystematisch aufgebaut wären. Eigentlich müßten erst einmal die Sprachen systematisch gemacht werden«. Und in dem Abschnitt, in welchem der Verfasser – überzeugend! – nachweist, daß sich unter anderem selbst die Phänomene Lust und Unlust, ja selbst religiöse Reformbestrebungen informationstheoretisch interpretieren lassen, heißt es abschließend: »Wir betrachten den Menschen nicht aus der emotionell verfälschten Perspektive des Individuums, sondern als Teil des physikalischen Geschehens. Diese Betrachtung zeigt uns zuverlässiger als die subjektive Beurteilung, was zum Überleben und zur Weiterentwicklung unserer Art notwendig ist.«

Es ist dies in der Tat eine sehr bemerkenswerte Zeit, in der wir leben. Die Astronomen bereiten sich darauf vor, die Objekte zu besuchen, die sie in aller bisherigen Geschichte nur in einer für unerreichbar gehaltener Ferne betrachten durften. Und die Kybernetik schickt sich gar an, eine philosophische Grundfrage experimentell zu entscheiden, die Grundfrage menschlichen Seinsverständnisses überhaupt, die Frage nämlich, ob der Mensch ein im Sinne der idealistischen Auffassung freies Geistwesen oder aber durch die Gesetzlichkeit einer noch so weit interpretierten Zweckmäßigkeit determiniert ist.

(1963)

Ein Stern unter unzähligen Sternen

Die Leistungen der Venussonde Mariner II

Die Raumfahrt ist das größte technisch-wissenschaftliche Abenteuer, das zu unternehmen sich der Mensch in unseren Tagen anschickt. An diesem kühnen Unternehmen des heutigen Menschen fasziniert vor allem, daß hier zum ersten Mal eine Grenze überschritten wird, die in der bisherigen Geschichte als schlechthin endgültig angesehen wurde. Der Vorstoß in den nichtirdischen Bereich des leeren Weltraums und fremder Planeten, das ist ein Schritt, der in Zukunft das Lebensgefühl und das Selbstverständnis der Menschheit nicht weniger einschneidend umformen wird, als es seinerzeit die Einsicht des Kopernikus getan hat. Auf lange Sicht werden aber nicht die politischen oder militärischen Aspekte die bedeutsamsten sein, so sehr diese heute im Vordergrund stehen, ganz zu schweigen von den unhaltbaren Phantasien einer »Kolonisation« anderer Planeten, die noch immer in manchen Köpfen spuken.

Entscheidend ist die Relativierung und Berichtigung des geozentrischen Weltbildes, der Illusion, das irdische Leben sei einzigartig oder gar privilegiert, der wir alle durch Tradition und Denkgewohnheit verhaftet sind. Die leibhaftige Erfahrung, daß die Erde ein Stern unter unzählbaren anderen Sternen ist, wird, anders als das bloße theoretische Wissen von diesem Tatbestand, die Denkweise kommender Generationen von Grund auf prägen.

Das bisher Geleistete ist schwindelerregend angesichts der ungeheuren Schwierigkeiten der astronautischen Technik und der außerordentlichen Kürze der Entwicklung, zugleich ist es aber lächerlich wenig, sobald man sich Rechenschaft ablegt über die räumlichen Dimensionen, die hier im Spiele sind. Mit Recht sind unsere Techniker stolz darauf, daß sie in der Lage sind, einen Astronauten in mehreren hundert Kilometer Höhe um die Erde kreisen zu lassen, aber von »Astronautik« oder gar »Kosmonau-

tik« kann man dabei eigentlich vorerst noch gar nicht sprechen: Bislang hat der Mensch, bildlich gesprochen, gerade erst die Nase aus dem Fenster seiner Wohnung gesteckt.
Versuchen wir doch einmal, uns an einem maßstabgerechten Modell anschaulich zu machen, wie »weit« wir es bisher in der Astronautik wirklich gebracht haben: Im Maßstab 1 : 100 Millionen hätte die Erde die Größe einer mittleren Apfelsine von 12 Zentimetern Durchmesser. Der Mond wäre in diesem Modell fast 4 Meter von der Erde entfernt, der Mars – bei günstigster Stellung – etwa einen halben Kilometer, die Sonne rund 1½ Kilometer – während unser Astronaut die Erde im Abstand von 5 Millimetern umkreist! Mehr der Kuriosität halber sei noch erwähnt, daß sich schon die Distanz bis zum nächsten Sonnensystem innerhalb unserer Milchstraße in diesem Modell nicht mehr anschaulich machen läßt: Dieses »benachbarte« Sonnensystem befände sich bei einem Maßstab von 1 : 100 Millionen, von der Apfelsine aus gesehen, bereits auf dem Mond!
Allerdings, ein astronautisches Unternehmen hat es gegeben, das seinen Namen mit Recht trug, weil das benutzte Raumfahrzeug, wenn auch unbemannt, den Bereich der Erde tatsächlich verließ, bis zur Erreichung eines anderen Sternes gehorsam allen telegrafisch übermittelten Kommandos Folge leistete und, am Ziel angekommen, eine Fülle von Daten und Informationen über das fremde Gestirn ermittelte und sie durch die trennende Leere des Weltraums seinen Erbauern auf der Erde zurückmeldete. Es handelte sich um den Flug der amerikanischen Raumsonde Mariner II zur Venus, der vom 27. August bis zum 14. Dezember 1962 über eine Strecke von fast 300 Millionen Kilometern führte. (Um noch einmal zu unserem gedanklichen Anschauungsmodell zurückzukehren: darin hätte Mariner II also immerhin 3 Kilometer zurückgelegt – bis er nach 109 Tagen die Venus passierte, die in diesem Augenblick etwa einen halben Kilometer von der Erde entfernt zu denken ist.)
Daß Mariner II nahezu 300 Millionen Kilometer zurücklegen mußte, die Erde im Augenblick seiner Begegnung mit der Venus aber nur etwa ⅙ dieser Strecke entfernt war, liegt natürlich einfach daran, daß sich beide Himmelskörper während der 3½ Monate des kosmischen Experiments ja keineswegs in Ruhe befanden und

die Erde während dieser ganzen Zeit auf ihrem Umlauf um die Sonne ihrem eigenen Geschoß hinterherjagte. Mariner II näherte sich – wir benutzen der Anschaulichkeit halber nochmals unser Modell im Maßstab von 1 : 100 Millionen – in einem halben Kilometer Entfernung von der 12 Zentimeter großen Erde der nur etwa 10 Zentimeter großen Venus bis auf 35 Zentimeter. Es war der erste gelungene Weltraumflug der Geschichte.

Mit den technischen Voraussetzungen, dem Verlauf des Fluges selbst und den bis jetzt vorliegenden wissenschaftlichen Ergebnissen dieses wirklich historischen Ereignisses wollen wir uns jetzt anläßlich eines Berichtes näher beschäftigen, den J. N. James über »Die Reise des Mariner II« im »Scientific American« veröffentlichte. Es ist ein Bericht aus erster Hand: James, Spezialist für Radartechnik und elektronische Fernsteuerung, war der verantwortliche technische Leiter des Mariner-Projekts.

Die Geschichte des Unternehmens begann im Juli 1960. Damals machte die Technische Hochschule in Kalifornien der US-Weltraumbehörde den Vorschlag, im Sommer 1962, zu einer Zeit der Annäherung der Venus an die Erde, eine ferngesteuerte Raumsonde zur Erforschung dieses Himmelskörpers zu starten. Der Vorschlag wurde angenommen, in Kalifornien begann man mit der konstruktiven Bearbeitung der gewaltigen Aufgabe.

Für die gesamte Entwicklung von der technischen Zeichnung bis zur fertigen komplizierten Apparatur standen weniger als zwei Jahre zur Verfügung. Das war aber noch längst nicht alles! Im Frühjahr 1961 stellte sich heraus, daß die für den Start vorgesehene neue Centaur-Rakete, welche die zweite Stufe bilden sollte, nicht termingerecht fertig werden würde. Wollte man das Projekt nicht aufgeben, blieb nur die bereits bewährte Atlas-Agena-Kombination. Deren Schub war jedoch so viel schwächer, daß der zunächst auf ein Gewicht von einer halben Tonne entwickelte Mariner um mehr als die Hälfte leichter konstruiert werden mußte.

Mit anderen Worten, die ganze Entwicklung begann von neuem. In neun Monaten mußte nunmehr eine technische Apparatur konstruiert und funktionstüchtig fertiggebaut werden, für die es keinerlei Vorbild gab und die unter Bedingungen arbeiten sollte, von denen man nur wußte, daß sie extrem sein würden. »Das ist ein gutes Omen«, soll einer der Beteiligten in den damals geführten hektischen Diskussionen argumentiert haben, »denn es ist ja bekannt, daß alle guten Dinge neun Monate Zeit brauchen, um Erfolg zu haben.« Daß man sich unter diesen Umständen überhaupt entschloß, das Unternehmen durchzuführen und daß es schließlich trotz dieses unglaublichen Zeitdruckes ein voller Erfolg wurde, muß noch nachträglich beinahe unglaublich erscheinen.

Die fertige Marinersonde hatte schließlich, zusammengefaltet für die Unterbringung in der Raketenspitze, einen Durchmesser von 1½ Metern an der Basis und eine Höhe von fast 3 Metern. Nach der – im Weltraum automatisch erfolgenden – »Entfaltung« sollte Mariner II sich auf 3½ Meter Länge strecken und seine »Flügel« mit den Sonnenzellen zur Stromgewinnung sowie eine Parabolantenne ausfahren. Er bekam dadurch einen Durchmesser von mehr als 5 Metern. Der Kern seines Gerüstes bestand aus einem sechseckigen Metallkasten von etwa 80 Zentimetern Durchmesser. Schauen wir uns einmal an, was die moderne Technik in diesem vergleichsweise winzigen Raum alles unterzubringen vermochte: Zwei der sechs Fächer des Sechseckes wurden von der elektrischen Batterie eingenommen, welche Sender und Antennen sowie die zahlreichen Apparate der Sonde selbst mit Strom versorgte. Sie reichte nur für knapp zehn Stunden aus, wurde aber während des Flugs durch die 10000 Sonnenzellen der beiden Flügel laufend wiederaufgeladen. Im dritten Fach wurde eine kombinierte Sende- und-Empfangsanlage eingebaut. Obwohl sie nur eine Leistung von drei Watt hatte, erfüllte sie ihre Aufgabe – Meldung des Funktionszustandes aller wesentlichen Teile des Satelliten selbst und der von ihm registrierten wissenschaftlichen Daten sowie Empfang der ferngesteuerten Kommandos von der Erde – einwandfrei bis zum 129. Tag nach dem Start, aus einer Entfernung von 85 Millionen Kilometern! Das vierte Fach enthielt die automatische Kontroll- und Überwachungseinrichtung für die wissenschaftlichen Instrumente (sie beseitigte durch automatische Umschaltung einen am 64. Tage des Fluges in einem der beiden »Sonnenflügel« aufgetretenen Kurzschluß). Im fünften Fach wurde ein Elektronenrechner eingebaut, der die Meßergebnisse aller Instrumente sammelte und in einen Code übersetzte, den er zur Übermittlung an die Erdstationen an den Sender im dritten Fach weitergab. Im sechsten und letzten Segment schließlich wurden drei Kreiselsysteme eingebaut, welche die Grundlage der räumlichen Orientierung der Sonde bildeten, und außerdem ein weiterer Elektronenrechner, welcher, drahtlos verbunden mit einer astronomischen Uhr auf der Erde, die gesamte Automatik steuerte, aber auch in der Lage war, die Automatik im Bedarfsfalle abzuschalten und spezielle Kommandos von der Erde an einzelne Mechanismen von Mariner II weiterzugeben (so etwa die Kommandos für die mitten im Weltraum notwendig gewordene Kurskorrektur).

Das alles ist nur ein kleiner Teil der technischen Einrichtungen. Es ist – rein aus Zeitgründen – nicht einmal möglich, hier alle wesentlichen technischen Einrichtungen dieser geistvollen Konstruktion auch nur aufzuzählen. Erwähnt sei lediglich noch, daß Mariner II seine Stellung im Raum durch einen Sonnen- und einen Erdfühler – lichtempfindliche Empfangsgeräte, welche diese beiden Gestirne an ihrer spezifischen Helligkeit »erkennen« konnten – mit der Hilfe automatisch gesteuerter kleiner Gasdüsen selbständig beibehielt, diese Orientierung aber auf Grund spezieller Kommandos der Erdstationen auch willkürlich und exakt variieren konnte.

Die Vorbereitungen für den Start waren am 27. August abgeschlossen. Die schneller als die Erde die Sonne umkreisende Venus lag zu dieser Zeit noch weit »hinter« der Erde. Da die Bahnebene der Venus gegenüber der Erdbahn geneigt ist, die Flugbahn der Sonde außerdem – während jeder Teilstrecke des Fluges in unterschiedlichem Maße! – von der Anziehungskraft der Sonne beeinflußt werden würde und schließlich der auf die Sekunde exakte Augenblick des Startes nicht vorher festliegen konnte, hatten Elektronenrechner in den davorliegenden Wochen genaue »Fahrpläne« für alle möglichen Eventualitäten ausgerechnet.

Der Start verlief glatt. Die erste Stufe brachte Mariner II in eine Umlaufbahn um die Erde in einer Höhe von 170 Kilometern. Genau 24 Minuten später zündete ein Elektronengehirn die zweite Stufe für genau 95 Sekunden, dann trennte sich auch die Agena, und Mariner II hatte seine lange Reise durch den Weltraum begonnen. Eine Stunde später erweckte sein eigenes elektronisches Zentrum planmäßig seine Einrichtungen zu ihrem automatischen Eigenleben: Die Sonnenflügel wurden ausgefahren, Kreisel, Sonnen- und Erdfühler begannen zu arbeiten und stabilisierten die bis dahin auf ihrem Kurs langsam trudelnde Sonde in der vorgesehe-

nen Stellung im Raum, die Sonnenzellen lieferten eine Energie von 195 Watt, und der Sender meldete, daß alle Apparate einwandfrei arbeiteten.
Neun Tage nach dem Start wurde eine Kurskorrektur vorgenommen. Während des dreistündigen Manövers wechselte die Sonde mehrfach planmäßig ihre Stellung im Raum. Am 12. und am 33. Tage des Fluges verlor Mariner jeweils unvermittelt durch Meteoritentreffer seine Orientierung, sein »elektronisches« Gehirn stellte aber beide Male durch zeitgerechte Betätigung der entsprechenden Ausstoßdüsen die gewünschte Stellung wieder her. Die schwerste Krise kam im letzten Moment: Die Erwärmung der Sonde in Venusnähe erreichte unerwarteterweise Grade, welche das Funktionieren der Sonde gefährdeten und 48 Stunden vor dem Treffen der Sonde mit der Venus die elektronische Zentrale an Bord defekt werden ließ. Die Ingeniosität der beteiligten Wissenschaftler hatte dafür gesorgt, daß durch ferngesteuerte Kommandos selbst dieser Ausfall der zentralen Automatik ausgeglichen und das gesamte wissenschaftliche Programm der Sonde von der Erde aus in Gang gesetzt werden konnte.
Die vollständige Auswertung der rund elf Millionen Einzeldaten, die Mariner II verschlüsselt zur Erde zurückfunkte und die auf Magnetbändern und in elektronischen Speichern festgehalten sind, wird noch mehrere Jahre beanspruchen. Die bisher ermittelten Resultate sind zum Teil bekannt: Die Venus dreht sich, wenn überhaupt, nur extrem langsam um ihre eigene Achse. Daß sie gleichzeitig kein meßbares eigenes Magnetfeld besitzt, ist ein glänzender Beweis für die Theorie über die Ursache des irdischen Magnetismus: Man führt diesen nämlich auf die Rotation der Erde und ihres flüssigen Inhalts zurück. Die radioaktive Strahlungsdosis betrug für den ganzen Flug nur drei Röntgen. Für einen Menschen wäre unter diesem Aspekt der Flug also ungefährlich gewesen. Meteoritentreffer erfolgten nur zweimal in den 3½ Monaten des Fluges. Die Massen von Mond und Venus sowie die Entfernung Erde–Venus wurden mit einer bisher unerreichten Genauigkeit vermessen. Damit liegen zum ersten Male »absolute« Grundeinheiten für die messende Stellarastronomie vor. Und schließlich ergab sich – gewiß zur großen Enttäuschung vieler –, daß die Oberflächentemperatur der Venus höher als 400 Grad Celsius ist, nahe der

Schmelztemperatur von Blei! Zwar verfügt die moderne Astronomie über Methoden, diese Temperaturen auch von der Erde aus festzustellen, jedoch bestand bisher noch die Möglichkeit, daß sich das hohe Meßergebnis lediglich auf die oberste Wolkenhülle des Planeten beziehen könnte. Diese Möglichkeit hat Mariner II endgültig ausgeschlossen, Leben ist auf der Venus nicht möglich.
Insgesamt war das Mariner-Projekt ein glänzender Erfolg von unabsehbarer wissenschaftlicher Bedeutung. Das ermutigende Ergebnis dieses ersten Versuchs hat die verständliche Konsequenz, daß sich die amerikanische Weltraumforschung bereits mit der Planung und Entwicklung weiterer, noch leistungsfähigerer und komplizierterer Raumsonden beschäftigt. In den kommenden Jahren und Jahrzehnten werden nicht nur die Venus, sondern auch der Mars und vielleicht noch weiter entfernte Planeten unseres Sonnensystems mit Hilfe solcher ferngelenkter Flugkörper untersucht werden. Der unserer Erde benachbarte Teil des Weltraumes ist in den Bereich des wissenschaftlich-experimentellen Zugriffs des Menschen gerückt.

(1963)

Mehr als Science-fiction

Kontakte mit nichtirdischen Zivilisationen

Wer die internationale wissenschaftliche Fachpresse regelmäßig verfolgt, dem fällt auf, daß hier in den letzten Jahren ein Thema immer wiederkehrte, dessen Behandlung bis vor kurzem dem utopischen Roman, der sogenannten Science-fiction-Literatur, vorbehalten schien: das Thema nämlich, ob es sinnvoll sein könnte, den Versuch zu machen, mit außerirdischen Zivilisationen auf den Planeten fremder Fixsterne unseres Milchstraßensystems Kontakt aufzunehmen. Mit diesem Thema haben sich immerhin so prominente Wissenschaftler wie der amerikanische Radioastronom Professor Frank Drake und der Deutschamerikaner Professor Sebastian v. Hoerner ernsthaft auseinandergesetzt, und in den USA hat bereits ein wissenschaftlicher Kongreß stattgefunden, der sich ausschließlich mit diesem Fragenkomplex beschäftigte.

Zum Verständnis der Möglichkeiten, die von der Wissenschaft hier neuerdings diskutiert werden, ist es aber notwendig, daß wir zuerst einige in der Öffentlichkeit außerordentlich populär gewordene Illusionen ausräumen. Diese beziehen sich auf die zukünftigen Möglichkeiten des bemannten Weltraumflugs. Für die meisten Menschen steht es fest, daß die erdnahen bemannten Satellitenflüge, die wir seit einigen Jahren miterleben, nur der erste Schritt sind, durch den das Tor zum Weltraum aufgestoßen wurde, der dem Menschen nunmehr grundsätzlich, abhängig nur noch vom Tempo des weiteren Fortschreitens der Raketentechnik, offensteht. Es ist heute in der Tat lediglich eine Frage von wenigen Jahren, bis wir den Mond und die erdnächsten Planeten werden besuchen können, und auch die Monde von Jupiter und Saturn – diese Riesenplaneten selbst würden uns durch ihre Anziehung töten – dürften ebenso wie der sonnennahe Merkur und der am äußersten Rande unseres Planetensystems kreisende

Pluto aller Wahrscheinlichkeit nach noch vor dem Ablauf dieses Jahrhunderts von bemannten Raumfahrzeugen erforscht werden. Der nächste Sprung, der Flug zum nächsten Fixstern, zu der uns benachbarten Sonne unter den hundert Milliarden Sonnen unseres Milchstraßensystems und ihren Planeten, scheint sich hier als Fortsetzung dieser Entwicklung zwangsläufig anzuschließen und gilt wohl den meisten von uns als ein für selbstverständlich gehaltenes Ziel zukünftiger Astronautik.

Der Optimismus vieler geht noch weit über dieses »Nahziel« hinaus: Im Geiste sehen sie schon von Atomkraft getriebene Raketen die ganze Milchstraße durchqueren, wobei die Überbrückung der riesigen Entfernungen durch die relativistische Zeitdehnung ermöglicht werden soll, die bei der Annäherung der Rakete an die Lichtgeschwindigkeit eintritt und zur Folge hat, daß die Besatzung langsamer altert.

Dieser in der Öffentlichkeit sehr verbreitete Aspekt der Zukunftsaussichten der bemannten Weltraumfahrt ist von der Wissenschaft in Wirklichkeit längst als Illusion erkannt worden. Angesichts der skizzierten, scheinbar unbegrenzten Möglichkeiten nimmt sich die Realität dessen, was der Astronautik tatsächlich erreichbar sein wird, außerordentlich bescheiden aus. Aus den Berechnungen, die Gelehrte wie Pascual Jordan, H. v. Diringshoven und vor allem der schon erwähnte Sebastian v. Hoerner in den letzten Jahren veröffentlicht haben, ergibt sich, daß unsere Astronautik für die nächsten Jahrhunderte ganz sicher, sehr wahrscheinlich aber sogar grundsätzlich und für alle Zukunft auf unser eigenes Sonnensystem beschränkt bleiben dürfte.

Diese Feststellung der Wissenschaft wird bei vielen nicht nur Enttäuschung, sondern auch Protest auslösen. Ihr Gegenargument wird in diesem Falle wahrscheinlich in dem Hinweis darauf bestehen, daß die zukünftige technische Entwicklung zu heute noch gänzlich unvorstellbaren Entdeckungen und Fortschritten führen kann, weshalb eine solche negative Prophezeiung unzulässig sei. Die eben genannten Autoren sind bei ihren Berechnungen nun aber tatsächlich einmal davon ausgegangen, daß alle theoretisch überhaupt nur vorstellbaren, mit der bemannten Weltraumfahrt verknüpften technischen Probleme restlos gelöst seien, und trotzdem zu ihrem pessimistischen Resultat gelangt. Also auch dann, wenn wir über atomare Raumschiffantriebe und Photonenraketen verfügen, ja selbst dann – eine wirklich utopische Annahme –, wenn es uns jemals gelingen sollte, »reine Energie« in irgendeiner Form als »Kraftstoff« zu speichern und auf die Reise mitzunehmen, würden wir zwar weit über die Bahn des Pluto hinausgelangen, aber noch immer nicht das Planetensystem auch nur des allernächsten Fixsterns erreichen können.

Der Grund, aus dem eine solche Behauptung den meisten Menschen so unglaubwürdig erscheint, besteht einfach darin, daß es trotz aller Bemühungen seriöser populärwissenschaftlicher Zeitschriften und Autoren bisher nicht gelungen ist, einer breiteren Öffentlichkeit verständlich zu machen, wie ungeheuerlich die Größenordnungen nicht der interplanetarischen, sondern der interstellaren Distanzen, also der Entfernungen zwischen den einzelnen Fixsternen eines Milchstraßensystems, tatsächlich sind, von den intergalaktischen Distanzen, den Abständen zwischen den Milchstraßen oder Spiralnebeln selbst einmal ganz zu schweigen. Diese Distanzen sind tatsächlich unvorstellbar.

Ich will daher auch gar nicht erst den Versuch machen, mit Beispielen und Vergleichen anzudeuten, welche Größenordnungen ins Spiel kommen, sobald man eine Raumfahrt zum allernächsten Fixstern ins Auge faßt, den die Astronomen »Alpha Centauri« nennen und der etwas über vier Lichtjahre von uns entfernt ist. Sehen wir uns dafür einmal einige der Bedingungen an, die sich aus den Berechnungen Sebastian v. Hoerners ergeben und die praktisch eintreten würden oder erfüllt sein müßten, wenn ein Astronaut Alpha Centauri einen Besuch abstatten wollte.

Die drei grundsätzlichen Beschränkungen, die wir zu berücksichtigen haben, ergeben sich daraus, daß ein Mensch nicht beliebig lange lebt, daß er über längere Zeit, etwa über Monate und Jahre hinaus, eine Beschleunigung, die den Wert der Erdanziehung wesentlich übersteigt, nicht ohne Schaden verträgt, und drittens aus der unausweichlichen physikalischen Tatsache, daß nach den Gesetzen der Relativitätstheorie auch die Energie selbst eine träge Masse besitzt. Der Energievorrat der startenden Rakete muß also selbst auch beschleunigt werden, und das gilt ebenso für den utopischen Fall, daß es möglich sein sollte, »reine« Energie zu tanken, die sich zu hundert Prozent in Antrieb umsetzen läßt.

Konkret sieht die Situation dann folgendermaßen aus: Natürlich könnte man – das wäre selbst uns heute schon möglich – ein Raumschiff auf 16,6 Kilometer pro Sekunde beschleunigen, was genügen würde, es aus dem Anziehungsbereich der Sonne zu entfernen, um es dann antriebslos dem nächsten Fixstern zutreiben zu lassen. Es würde dort sicher eines Tages ankommen, bis dahin würden aber einige hunderttausend Jahre vergehen. Also muß man während der ganzen ersten Hälfte der Fahrtstrecke beschleunigen, die zweite Hälfte braucht man, um bis zur Landung wieder abzubremsen. Das aber verbraucht entsprechend große Energiemengen, die natürlich mitgeführt und mitbeschleunigt werden müssen. Außerdem müssen wir versuchen, möglichst nahe an die Lichtgeschwindigkeit heranzukommen, um den relativistischen Zeiteffekt ausnutzen und damit die Reisedauer für die Besatzung herabsetzen zu können. Nun steigt aber der Energiebedarf mit dem Quadrat der Geschwindigkeit. Praktisch heißt das in unserem Fall, daß wir dem Raumschiff einen Energiebetrag mitgeben müßten, der 25millionenmal größer ist als die zum Verlassen der Erde notwendige Energie, wenn wir auch nur ein Zehntel der Lichtgeschwindigkeit als durchschnittliche Reisegeschwindigkeit erreichen wollen. Das ist aber selbst mit Hilfe aller zukünftig denkbaren Möglichkeiten der Atomenergie als Antriebsquelle völlig ausgeschlossen.
Es ist richtig, daß man mit einer Photonenrakete Reisegeschwindigkeiten erzielen könnte, die der Lichtgeschwindigkeit fast gleichkommen. Dafür ist aber nun ihr Schub so gering, daß es Millionen Jahre dauern würde, bis diese Höchstgeschwindigkeit erreicht wäre. Wenn man mit einer Photonenrakete aber in tragbaren Fristen bis auf 98 Prozent der Lichtgeschwindigkeit kommen will, dann muß man ihre Schubkraft im Verhältnis zu ihrem Gewicht so sehr steigern, daß das Resultat vergleichsweise dem Motor eines schweren Wagens mit 200 PS entsprechen würde, der nur noch knapp das Gewicht einer einzelnen Büroklammer haben dürfte. Verständlicherweise zweifeln die genannten Autoren an der Möglichkeit, daß sich ein so utopisches Leistungsgewicht jemals verwirklichen lassen wird.
Es ist wichtig, sich klarzumachen, daß diese Beschränkungen für die Zukunft der Raumfahrt sich nicht aus noch ungelösten technischen Problemen, sondern aus physikalischen Gesetzen ergeben.

Diese Beschränkungen gelten also nicht nur heute und für uns, sondern ebenso auch für andere intelligente Lebewesen im Kosmos, so weit diese uns auch in ihrer technischen Entwicklung voraus sein mögen.
Bemerkenswerterweise gehören nun aber zwei der Wissenschaftler, die diesen Beweis in den letzten Jahren geführt haben, nämlich Frank Drake und Sebastian v. Hoerner, gleichzeitig auch zu den aktivsten Befürwortern des Plans, möglichst bald und möglichst konsequent zu versuchen, mit außerirdischen Zivilisationen in der uns nächstgelegenen Region der Milchstraße in Kontakt zu kommen. Aus den soeben geschilderten Gründen kommt dafür allerdings ausschließlich eine Funkverbindung in Betracht.
Professor v. Hoerner macht folgende Rechnung auf: Nach unseren heutigen Kenntnissen kreisen um die meisten Fixsterne Planeten. Für die Entstehung von Leben kommen aber nur Planeten in Betracht, die in der richtigen Entfernung von ihrem Zentralgestirn stehen, weil ihre Oberflächen für biochemische Stoffwechselprozesse, die sich in flüssigen Lösungsmitteln abspielen müssen, sonst zu heiß oder zu kalt wären. Ferner werden wir davon ausgehen dürfen, daß die rund vier Milliarden Jahre, die auf der Erde bis zur Entstehung höherer Lebewesen vergingen, einen Durchschnittswert darstellen – eine Überlegung, die alle Sterne ausscheiden läßt, die wesentlich jünger sind. Weiter kommen für die Kontaktsuche natürlich nur technische Zivilisationen in Frage, denn nur sie besitzen Sende- und Empfangseinrichtungen. Wenn man mit diesen und noch vielen weiteren Faktoren rechnet, so ergibt sich schließlich, daß wir allein in unserer eigenen Milchstraße mit Millionen von Planeten zu rechnen haben, auf denen Leben existiert. Berücksichtigt man nun aus den geschilderten Gründen nur technisch orientierte Zivilisationen, so ergibt die rechnerische Kalkulation einen durchschnittlichen Abstand dieser Zivilisationen untereinander von rund tausend Lichtjahren. Da Funkwellen mit Lichtgeschwindigkeit reisen, heißt das, daß wir bei bereits bestehendem Kontakt noch eine ganze Generation warten müßten – bis zum Jahre 2000 –, bis wir mit einer Antwort rechnen könnten auf eine Frage, die zur Zeit von Christi Geburt gesendet worden wäre. Ein Dialog im üblichen Sinn ist also nicht zu erwarten. Daß auf unserer Erde seit relativ kurzer Zeit eine technische Zivilisation exi-

stiert, ist bisher auch sicher noch von keinem unserer potentiellen kosmischen Gesprächspartner registriert worden, denn über Funk verfügen wir erst seit rund fünfzig Jahren. Es wird, wenn die Rechnung v. Hoerners stimmt, also etwa noch 950 Jahre dauern, bis wir »bemerkt« werden können.

Nach Ansicht von Drake und v. Hoerner gibt es aber eine andere Chance. Wahrscheinlich, so folgern beide Wissenschaftler, existieren an vielen Stellen der Milchstraße längst derartige Kontakte zwischen benachbarten Zivilisationen, deren Funksignale daher auch an uns längst vorbeiziehen. Wenn wir auch nicht der legitime Adressat sind, so könnten wir doch immerhin »mithören«. Wir müßten dazu diese Signale nur aus der Fülle der sonstigen aus dem Weltraum zu uns gelangenden Strahlung herausfinden. An dem Problem, wie diese außerordentlich schwierige Suche nachrichtentechnisch gelöst werden könnte, wird in Amerika seit einigen Jahren bereits intensiv gearbeitet.

(1965)

Was gibt es auf dem Mars zu holen?

Über den Sinn der Raumfahrt

Der technische Aufwand der bei der Raumfahrt getrieben wird, ist so außerordentlich und die *greifbaren* Resultate, die dieser Aufwand liefert, sind so spärlich, daß sich immer wieder mahnende Stimmen erheben, welche die Astronautik als gigantische Fehlinvestition bezeichnen. Von dem deutschen Nobelpreisträger Max Born stammt der häufig zitierte Ausspruch, die Raumfahrt sei vielleicht ein Triumph des Verstandes, jedenfalls aber das Zeichen eines bedauerlichen Versagens der Vernunft. Wiederholt plädierte Born als der wohl prominenteste deutsche Vertreter jener Kreise, die in der Raumfahrt keinen Sinn zu finden vermögen, dafür, die von der Astronautik beanspruchten riesigen Summen »sinnvoller« zu verwenden: zum Bau von Schulen, zur Linderung des in weiten Gebieten der Erde herrschenden Hungers oder zur Unterstützung der medizinischen Forschung.

Es ist nicht ganz leicht, Einwände dieser Art zu entkräften. Es läßt sich auch keineswegs bestreiten, daß nicht nur die Ziele, sondern auch die von der Astronautik verbrauchten Summen wahrhaft astronomisch sind. Und trotzdem gilt auch in diesem Fall, daß ein Argument – »Triumph des Verstandes, aber Versagen der Vernunft« – nicht allein deshalb schon richtig sein muß, weil es brillant formuliert wurde. Und es ist auch nicht überflüssig, weiter hinzuzufügen, daß ein Nobelpreisträger wohl allen Anspruch auf unseren Respekt, und im Falle von Max Born ganz sicher auch unsere Verehrung, hat, daß das aber keineswegs bedeutet, daß seine Autorität auch dann immer unbesehen feststeht, wenn er seine Ansicht zu einem Problem außerhalb seines eigenen Arbeitsgebietes äußert.

So wollen wir heute einmal versuchen, der Frage, welchen Sinn die Raumfahrt für die Menschheit haben könnte, nachzugehen, indem wir sie angesichts des seit einigen Monaten laufenden großartigsten

bisherigen Experimentes dieser jungen Wissenschaft in die konkrete Form kleiden: »Was gibt es für uns auf dem Mars zu holen?« Wir erinnern uns: In den letzten Novembertagen des vergangenen Jahres startete Mariner IV, die amerikanische Marssonde, kurze Zeit später gefolgt von einer sowjetischen Raumsonde, die dem gleichen kosmischen Ziel zustrebt. In diesem speziellen Fall übrigens war dieses zeitliche Zusammentreffen einmal nicht die Folge der russischen Taktik, dem amerikanischen Konkurrenten »die Schau zu stehlen«. Es hatte vielmehr zwingende astronomische Gründe. Der Mars, bekanntlich ein »äußerer« Planet, läuft auf seiner entsprechend weiteren Bahn in rund 1,9 Erdenjahren einmal um die Sonne. Nur alle zwei Jahre, und dann nur etwa für vier Wochen, kommt er der Erde so nahe, daß unsere heutigen Raketen eine Chance haben, ihn zu erreichen. Ende November vorigen Jahres war diese Konstellation wieder einmal erreicht. Kein Wunder, daß Amerikaner und Russen diese Gelegenheit benutzten.
Im günstigsten Fall kommt der Mars der Erde auf etwa 55 Millionen Kilometer nahe. So bescheiden diese Zahl sich angesichts anderer astronomischer Daten auch ausnimmt – schon diese Entfernung entzieht sich im Grunde unserem Vorstellungsvermögen, weil sie jeden Vergleich mit irdischen Verhältnissen mehr als tausendfach übersteigt. Wir müssen daher versuchen, uns mit einer Modellvorstellung anschaulich zu machen, wie kühn der Plan ist, den die Konstrukteure von Mariner IV und ihre russischen Kollegen durchzuführen versuchen. Dazu denken wir uns das Sonnensystem einmal hundertmillionenfach verkleinert. Die Sonne hat dann noch einen Durchmesser von rund zehn Metern. Sie wäre also so groß wie ein Sprungturm im Schwimmbad. Dieser zehn Meter hohe Glutball der Sonne würde in 1½ Kilometern Entfernung von einer apfelsinengroßen Kugel umkreist, der noch zwölf Zentimeter großen Erde. Und die Raketentechniker auf dieser Apfelsine versuchen nun, einen Ball zu treffen, der – von der Sonne aus gesehen – noch weiter außen, nämlich in mehr als einem halben Kilometer Entfernung kreist, nur knapp sieben Zentimeter groß und mit einer völlig anderen Geschwindigkeit. Seit Ende November beziehungsweise Anfang Dezember vorigen Jahres rasen die beiden Sonden ihrem Ziele zu mit einer Geschwindigkeit von rund 40 000 Stundenkilometern. Es wird noch bis zum kommenden Juli

dauern, bis sie den Mars erreicht haben, denn sie müssen aus himmelmechanischen Gründen eine Gesamtflugstrecke von nicht weniger als 520 Millionen Kilometern zurücklegen.

Unser gedankliches Modell im Maßstab 1 : 100 Millionen hat uns eine Ahnung davon vermitteln können, wie winzig das Ziel vergleichsweise ist. Die tatsächlichen Schwierigkeiten des Unternehmens sind aber noch unvorstellbar viel größer als die Aufgabe, von einem rotierenden Karussell aus – der Erdoberfläche – eine in einem halben Kilometer Entfernung dahinrasende Kugel von sieben Zentimetern Durchmesser zu treffen. Denn jetzt kommt noch folgendes Problem hinzu, welches die Schwierigkeiten unglaublich erhöht: Die durch den Raum rasende Sonde denkt ja gar nicht daran, auf dem ihr beim Start gegebenen Kurs zu bleiben. Es genügt nicht, von der Erde aus auf den Punkt im Weltraum zu zielen, an dem sich der Mars zu dem berechneten Termin im kommenden Juli befinden wird. Es genügt deshalb nicht, weil eine solche Raumsonde während ihres ganzen, fast acht Monate dauernden Fluges nun auch noch den Anziehungskräften von drei verschiedenen Himmelskörpern ausgesetzt ist, nämlich der Gravitation von Erde, Sonne und Mars. Die Route, auf der Mariner IV durch den Weltraum rast, wird durch diese Anziehungskräfte beeinflußt.

Wie unvorstellbar kompliziert die Flugstrecke und damit die Kursberechnung durch diese Einflüsse gestaltet werden, ergibt sich aus der Überlegung, daß der Einfluß von Erde und Sonne mit zunehmender Entfernung der Raumsonde stetig abnimmt, wobei gleichzeitig der Einfluß des Zielplaneten Mars stetig wächst. Und alle drei Himmelskörper ändern dabei ihre Stellung zueinander fortwährend. Sie »ziehen« mit ihrer Anziehungskraft an der Sonde aus stetig wechselnden Richtungen. Daß es unter diesen Umständen heute trotzdem möglich ist, eine interplanetarische Sonde mit der richtigen Geschwindigkeit auf den richtigen Kurs zu bringen, das ist tatsächlich die großartigste Leistung bei dem ganzen erstaunlichen Projekt. Die Kompliziertheit der Rechnungen, die ein solches »Mehrkörperproblem« mit sich bringt, übersteigt übrigens auch die Leistungsfähigkeit der begabtesten mathematischen Gehirne bei weitem und ist nur noch mit Elektronenrechnern zu lösen.

Wenn die Elektronenrechner zuverlässig gearbeitet haben, wenn die mehr als 130 000 empfindlichen Einzelteile der rund 250 Kilogramm schweren Marinersonde die achtmonatige Reise durch den Weltraum ohne Meteoritentreffer und ohne einen ordinären Kurzschluß in einem der lebenswichtigen Steuerungszentren an Bord überstehen, dann wird der Flugkörper den Mars am 19. Juli 1965 aus einer Entfernung von nur 10 000 Kilometern photographieren. Wenn alles klappt – und die Funkmeldungen der Sonde berichten bisher, daß ihr elektronischer Organismus einwandfrei arbeitet –, dann wird Mariner IV in der zweiten Julihälfte 22 Photographien zur Erde zurückfunken, welche die Marsoberfläche in so starker Vergrößerung zeigen, wie sich uns der Mond in den stärksten astronomischen Fernrohren darbietet. Es werden die teuersten Photos sein, die jemals gemacht worden sind. Lohnt sich der Aufwand?

Stellen wir die Frage zunächst einmal anders: Was sollen diese 22 Photographien denn zeigen? Nun, sie könnten die Antwort geben auf eine Frage, die den Menschen beschäftigt, seit ihm eine Ahnung davon aufgegangen ist, wie winzig die Erde ist, auf der er existiert, und wie unermeßlich groß die Zahl der Sterne, die unserer Sonne gleichen – die Antwort auf die Frage, ob wir allein sind im unendlichen Weltall oder ob es auch auf anderen Sternen Leben gibt – in welcher Form auch immer.

Es wäre nichts anderes als eine Form von Mittelpunktswahn, wenn wir bei unseren heutigen Kenntnissen über die Größe des Universums noch immer an der naiven Ansicht festhalten würden, daß sich im ganzen unermeßlich großen Weltall einzig und allein nur auf unserer Erde Leben entwickelt hat. Das ist extrem unwahrscheinlich. In Wirklichkeit ist diese Auffassung, welche der Erde eine einmalige Sonderstellung im ganzen Universum zusprechen würde, nichts anderes als ein Relikt des naiven Weltbildes der vorwissenschaftlichen Epoche, in dem die Erde in aller Unschuld als der Mittelpunkt der ganzen Welt angesehen wurde.

Alle Überlegungen laufen heute darauf hinaus, daß das Universum von Leben erfüllt sein dürfte, wo auch immer nur die Chance bestand, daß sich die komplexen organischen Moleküle bilden konnten, von denen wir als den Bausteinen jeglichen Lebens auszugehen haben. Strittig und nur durch konkrete Erfahrung zu beantworten sind demgegenüber nur die allerdings sehr bedeutsamen

Fragen nach dem Spielraum der Bedingungen, unter dem sich Leben entfalten kann, und – damit im engen Zusammenhang – nach der Häufigkeit, in der wir bei unserer Suche Leben in irgendeiner Form außerhalb der Erde antreffen könnten. Ist die Entstehung von Leben eine Rarität im Kosmos – oder der Regelfall?
Nach allem, was wir heute wissen, gibt uns die Erforschung des Mars eine entscheidende, vielleicht die einzige Möglichkeit, auf diese für unser menschliches Selbstverständnis fundamentalen Fragen eine Antwort zu bekommen. Die Astronautik hat eben erst begonnen, und schon setzt sich die Erkenntnis durch, daß unsere Weltraumforschung sich auf vorstellbare Zeiträume hinaus – und vielleicht sogar für alle Zukunft – auf unser eigenes Sonnensystem beschränken wird.
Innerhalb unseres Sonnensystems aber dürfte, außer auf der Erde, wenn überhaupt, dann am ehesten noch auf dem Mars organisches Leben existieren. Wir sehen durch unsere Fernrohre seit Jahrzehnten, daß die Oberfläche des Mars einem jahreszeitlichen Farbwechsel unterliegt. Spektrographische Untersuchungen des amerikanischen Astronomen Sinton sprechen dafür, daß in den betreffenden Marsregionen höhere Kohlenwasserstoffverbindungen existieren. Die Temperaturen auf dem Mars sind für unsere Vorstellungen zwar sehr niedrig, seine Atmosphäre extrem dünn, beide Werte schließen die Möglichkeit von Leben aber – im Gegensatz zu den auf der Venus festgestellten Bedingungen – keineswegs aus.
Und schließlich harrt das Rätsel der sogenannten »Marskanäle« seit ihrer Entdeckung durch Schisparelli im Jahre 1877 noch immer der Lösung. Um »Kanäle« im irdischen Sinn handelt es sich bei diesen sich über die Marsoberfläche als feines Netzwerk hinziehende Linien zwar sicher nicht. Eine befriedigende Erklärung dieser eigentümlichen Gebilde, die noch heute von manchen als technische Bauten intelligenter, vielleicht seit langer Zeit ausgestorbener Marswesen angesehen werden, steht aber jedenfalls noch aus. Mariner IV wird, wenn wir Glück haben, vielleicht auch hierauf eine Antwort geben.
Läßt man derartige Spekulationen einmal beiseite, so bleibt mit einiger Wahrscheinlichkeit die Möglichkeit bestehen, daß es auf dem Mars eine pflanzliche Vegetation gibt. Ihr Nachweis hätte für

unser Weltbild ungeheure Konsequenzen. Denn wenn es schon extrem unwahrscheinlich ist, daß es im ganzen riesigen Kosmos nur auf unserer Erde Leben gibt, so wäre es noch um ein wahrhaft astronomisches Vielfaches unwahrscheinlicher, daß das auf nur zwei und ausgerechnet auf zwei benachbarten Planeten der Fall sein sollte.

Mit anderen Worten: Wenn womöglich schon die Photographien von Mariner IV oder sonst die Funkmeldungen einer der späteren Sonden, die mit Fallschirmen auf der Marsoberfläche landen werden, Beweise für organisches Leben liefern sollten, dann wäre das eine Entwicklung, deren Bedeutung jener des Kopernikus gleichkäme. Die Feststellung des Kopernikus, daß die Erde nicht der Mittelpunkt des Weltalls ist, hat durch die Jahrhunderte hindurch die Geschichte des menschlichen Geistes geprägt und die Richtung unserer gesellschaftlichen Entwicklung bestimmt. Der Nachweis von Leben auf dem Mars – und seien es nur primitivste Algen – wäre praktisch der endgültige Beweis dafür, daß sich organisches Leben im ganzen Kosmos in einer das Maß unserer menschlichen Phantasie übersteigenden Vielfalt von Formen und Arten entwikkelt haben muß.

Die sich daraus ergebende Einsicht, daß unser eigenes Geschlecht, der Homo sapiens, nur ein Spezialfall innerhalb dieser unausdenkbaren Mannigfaltigkeit ist – wahrscheinlich ein sehr durchschnittlicher Fall, vielleicht gar eine Sackgasse im Rahmen der Gesamtentwicklung, ganz sicher aber in keiner Weise privilegiert –, diese Einsicht würde einen Reifungsprozeß des menschlichen Selbstverständnisses einleiten und den Gang unserer Geschichte ändern.

Erkenntnisse von solcher Bedeutung sind es, die uns die Astronautik bescheren wird und die in unseren Tagen durch ein Unternehmen wie das Projekt Mariner IV vorbereitet werden. Kein Zweifel, der technische und materielle Aufwand ist ungeheuer. Wessen Vorstellungsvermögen aber erst einmal erfaßt hat, um was es hier – hinter allen technischen Triumphen – letzten Endes geht, dem muß die Frage, ob sich der Aufwand denn auch lohne, selten unangemessen erscheinen.

(1965)

Der Anfang der Geschichte

Geologische Voraussetzungen menschlicher Historie

Der Boden unter unseren Füßen ist nicht so fest, wie es die Volksweisheit behauptet. Die Erde ist in Wahrheit ein Tropfen aus glutflüssiger Materie, dessen Oberfläche von einer hauchdünnen abgekühlten Kruste überzogen ist. Seine Kugelgestalt behält unser Globus allein deshalb bei, weil er frei im leeren Raum schwebt. Könnte jemand ihn auf einer festen Unterlage absetzen, er würde schon im nächsten Augenblick zu einer glühenden Lache auseinanderfließen.

Kein Wunder daher, wenn die einzelnen Fetzen der dünnen Abkühlungskruste nicht an Ort und Stelle verharren. Wenn sie vielmehr, angetrieben von thermischen Konvektionsströmen aus der Tiefe der Glut, auf deren Oberfläche sie schwimmen, wie Schollen dahintreiben. Von »kontinentaler Drift« spricht der Geologe. Diese Drift oder »Wanderung« der nur dreißig – in Ausnahmefällen bis zu sechzig – Kilometer dicken kontinentalen »Platten« vollzieht sich nun allerdings in extremer, die Proportionen unserer Zeitvorstellung hoffnungslos überfordernder Zeitlupe. Sie beträgt in den typischen Fällen nur drei bis fünf Zentimeter pro Jahr. Innerhalb der erdgeschichtlich vorliegenden Zeiträume addiert sich das allerdings zu gewaltigen Verschiebungen.

Der berühmteste – und am besten untersuchte – Fall betrifft den Atlantik. Diesen Ozean gab es vor hundert Millionen Jahren, einer erdgeschichtlich ziemlich überschaubaren Zeitspanne, noch nicht. Er entstand als Folge des »Auseinanderwanderns« der das heutige Nord- und Südamerika bildenden Krustenplatten und der europäischen sowie afrikanischen »Schollen«. Moderne Meßmethoden mit Hilfe der Satellitentechnik haben inzwischen den direkten Nachweis ermöglicht, daß diese Wanderung bis auf den heutigen Tag anhält: Der atlantische Ozean verbreitert sich jährlich um etwa fünf Zentimeter.

Die Erdoberfläche, auf der wir existieren, ist folglich nicht nur weitaus weniger stabil, als wir gemeinhin annehmen, sie verändert auch fortwährend ihr Gesicht. Damit aber greift sie, was viele übersehen, unvermeidlich ebenso fortwährend auch in alle sich auf ihr abspielenden geschichtlichen Entwicklungen ein. Dies freilich geschieht in Abhängigkeit von der Relation der Geschwindigkeiten der jeweils aufeinander bezogenen Prozesse auf unterschiedliche Weise.

Im Falle der biologischen Stammesgeschichte erfolgt die Einwirkung direkt und unmittelbar. Die Zeitmaßstäbe beider Prozesse stimmen in ihrer Größenordnung überein. Sowohl geologische als auch biologische Geschichte (»biologische Evolution«) bemessen sich nach Jahrmillionen. Deshalb hat das Phänomen der »Kontinentwanderung« den Ablauf der Geschichte des irdischen Lebens auch unmittelbar beeinflussen können: dadurch etwa, daß bestimmte Tier- oder Pflanzenpopulationen durch die Auffaltung eines Gebirges oder die Aufsplitterung einer bislang zusammenhängenden Kontinentplatte in jeweils eigenen Lebensräumen isoliert wurden, in denen sie sich von da an eigenständig zu neuen Arten weiterentwickelten. Das augenfälligste Beispiel liefert – um wieder nur den berühmtesten Fall anzuführen – der australische Kontinent. Er muß sich von einer größeren Platte abgetrennt haben, bevor die Säugetiere entstanden waren, mit der Folge, daß die entsprechenden Anpassungsformen auf ihm nicht von diesen, sondern von Beuteltieren repräsentiert werden.

Grundsätzlich anders ist der Zusammenhang zu sehen, der zwischen dem erdgeschichtlichen Prozeß der Plattendrift und der »Geschichte« im engeren Sinne besteht, an die wir denken, wenn wir unsere eigene, menschliche »Historie« meinen. Er ist gewiß nicht direkt und unmittelbar. Das ist unmöglich. Dafür ist die Diskrepanz zwischen den für die beiden verschiedenen geschichtlichen Prozesse gültigen Zeitmaßstäben viel zu groß. Dazu verläuft die menschliche Geschichte viel zu schnell. Wenn wir für sie großzügig einmal Jahrtausende als typische Zeiteinheit zugrunde legen, mindestens tausendfach zu schnell. Daher wurde noch niemals der Ablauf einer Völkerwanderung vom Ablauf der Entstehung einer neuen Küste beeinflußt, noch niemals ein Feldzug durch die Auffaltung einer Gebirgskette ins Stocken gebracht.

Mittelbar jedoch besteht auch zwischen diesen beiden so verschiedenartigen geschichtlichen Prozessen, zwischen den geologischen Abläufen also und unserer eigenen Historie, sehr wohl ein höchst konkreter Zusammenhang. Denn der geologische Veränderungsprozeß läßt, bezogen auf jeweils eine ganz bestimmte Region der Erdoberfläche, dort ein individuelles, unverwechselbares Szenario entstehen. So etwas wie eine ganz bestimmte Kulisse, ein Spielfeld für konkrete menschliche Historie. Die Art dieser Kulisse aber schafft jeweils Rahmenbedingungen. Sie bietet Möglichkeiten für historisches Geschehen, setzt diesen Möglichkeiten zugleich aber im voraus auch Grenzen. Nicht jedes beliebige Stück kann in einer jeden geologischen Kulisse von der Historie aufgeführt werden: Küsten oder Gebirgslandschaften, Flußtäler oder Wüstengebiete lassen im Verein mit den ihnen eigenen klimatischen Faktoren und Bodenbesonderheiten je eigene Kulturen entstehen, eröffnen den Raum für charakteristische und durchaus individuelle historische Abläufe.
Mitunter bringt der erdgeschichtliche Zufall ein geologisches Szenario hervor, das durch eine Konzentration vielfältigster stimulierender Angebote auf engstem Raum geprägt ist: eine Kulisse, welche der Genius loci in der ausdrücklichen Absicht hergerichtet zu haben scheint, ein besonders buntes, ungewöhnlich gehaltvolles und abwechslungsreiches Stück Historie zur Aufführung gelangen zu lassen.
Aus geologischer Perspektive stellt sich der Rheingraben in den Augen heutiger Erdwissenschaftler als Bruchlinie dar, welche eine bisher einheitliche Krustenplatte von Norden nach Süden zu teilen begonnen hat. Die neu entstehenden östlichen und westlichen Hälften driften bereits in unterschiedlichen Richtungen auseinander: die den Schwarzwald tragende Hälfte nach Nordnordost, die westliche Hälfte mit den Vogesen in der entgegengesetzten Richtung. Die Historie der Region bleibt aus den angegebenen Gründen von dem Vorgang unberührt. Sein von den Wissenschaftlern vorhergesagtes Endresultat – die Entstehung eines neuen Meeresarms – wäre erst in einigen Jahrmillionen zu besichtigen. Schon in seinem augenblicklichen Entwicklungsstadium aber hat die konzertierte Aktion des geologischen Geschehens hier eine wahrhaft exzeptionelle historische Bühne aufgebaut.

In der Mitte des Grabens der Strom – seit vorgeschichtlicher Zeit Ermunterung zu weiträumigem Handel und Verkehr. An den Rändern der Bruchzone Metalle, von der Hitze des äußeren Erdmantels hinaufgetrieben bis in die Reichweite des Menschen. Der vorübergehende, fünfzig oder mehr Jahrmillionen zurückliegende Einbruch eines Urmeeres, der mächtige Salzablagerungen hinterließ, als Kochsalz und, noch später, als Kalidünger abbaubar. Hinzu kamen ein günstiges Klima und ein fruchtbarer Boden – alles das im oberen Rheingraben konzentriert auf das Areal einer überschaubar bleibenden »Regio«.
Bedarf es darüber hinausgehender Erklärungen dafür, daß auch die menschliche Geschichte, die »Historie«, an diesem Punkt der Erdoberfläche lebhafter und bunter verlief als anderswo? Daß diese einmalige Bühne den auf ihr auftretenden Akteuren alle die Herausforderungen und Versuchungen lieferte, deren es bedurfte, um sie zeigen zu lassen, was der Mensch vermag, wozu er fähig ist, im guten wie im bösen?
Wenn etwas Besonderes sich ereignen soll, dann müssen bestimmte Voraussetzungen gegeben sein. In der »Regio« des oberen Rheingrabens waren sie einzigartig.

(1986)

Die Intelligenz der Evolution

Biologische Optimierungsprozesse sind zu langsam

Welchem der beiden Ansätze intelligenter Strategien, dem biologischen (natürlichen) oder dem technischen (künstlichen) ist das Überschreiten der von der heutigen menschlichen Intelligenz markierten Grenze eher zuzutrauen?

Der Vergleich mag zutreffend sein. Unfair ist er trotzdem. Denn er ignoriert die Tatsache, daß die biologische Evolution zur Entwicklung der »Intelligenz« eines rezenten Bandwurms immerhin einige hundert Jahrmillionen gebraucht hat, während die elektronischen Maschinen erst vor einigen Jahrzehnten in die Konkurrenz eingestiegen sind. Das entspräche einem um den Faktor 1 : 10 Millionen größeren Entwicklungstempo. Muß sich unter diesen Umständen nicht, so könnte man ganz im Gegenteil einwenden, die vom Menschen geschaffene »Intelligenz der Apparate« à la longue dem biologischen Ansatz ganz unvermeidlich als haushoch überlegen erweisen? Dieser Möglichkeit möchte ich hier einmal nachgehen, was selbstredend nur in Form einer Spekulation geschehen kann, die immer wieder in die Nähe von Science-fiction gerät. Der Versuch hat dennoch insofern einen ernsten Kern, als man dabei, wie sich zeigen wird, eine ganze Menge über die Struktur der »natürlichen«, nämlich unserer eigenen Intelligenz erfährt. Der Übersichtlichkeit halber will ich von einigen in Form von Fragen formulierten Thesen ausgehen: Die erste Frage ist schnell abzuhandeln. Sie lautet: Können materielle Systeme überhaupt »echte« Intelligenz entfalten? Die Antwort ist ein eindeutiges »Ja«. Der Beweis ist leicht zu führen. Er besteht in dem Hinweis auf unser Gehirn. Dieses Denkorgan – das unbestritten »Intelligenz« produziert – ist ja kein metaphysisches oder sonstwie übernatürliches Gebilde, sondern durchaus ein handfestes Stück organischer Materie, wenn auch von einer für uns undurchschaubaren strukturellen Komplexität.

Zweite Frage: Ist Intelligenz notwendig an biologische Strukturen gebunden? Die meisten Menschen neigen dazu, das zu bejahen, weil sie wissen, daß ihr Gehirn die unverzichtbare Voraussetzung ihrer Intelligenz ist, und weil sie andere Formen von Intelligenz in der Welt nicht wahrnehmen. Das aber ist eine Täuschung: Selbstverständlich gibt es Intelligenz auch unabhängig von biologischen Trägern.

Da wäre zum Beispiel auf die Intelligenz hinzuweisen, über die eine Stubenfliege verfügt; sie ist freilich gleich Null. Eine Fliege ist nicht viel mehr als ein, wenn auch bewundernswert differenziert programmiertes Stückchen Eiweiß. Anders steht es um die von ihr verkörperte Intelligenz. Wenn man sich das Thorakalgelenk ihres Vorderflügels mit einem Raster-Elektronenmikroskop näher betrachtet, erkennt man eine verwirrende Vielzahl von Zacken und Nuten.

Dem Saarbrücker Zoologen Werner Nachtigal ist es in jahrelangen Untersuchungen gelungen, die spezielle anatomische Struktur dieses Gelenks als eine unüberbietbar zweckmäßige mechanische Steuerungseinrichtung zu durchschauen, welche gewährleistet, daß einer Fliege bei all ihren kunstvollen Fluglagen – sie kann bekanntlich vorwärts und rückwärts, auf der Stelle und auf dem Rücken fliegen – die volle Manövrierfähigkeit (ein für den Auftrieb ausreichender Anstellwinkel vor allem) erhalten bleibt. Ein menschlicher Ingenieur würde vor dieser Aufgabe resigniert kapitulieren, und menschlicher Expertenverstand hat viele Jahre gebraucht, um die von der Natur realisierte Lösung auch nur durchschauen zu können. Mit anderen Worten: An diesem bescheidenen Insekt ist eine Struktur nachweisbar, deren funktionelle Effizienz unser eigenes intellektuelles Vermögen offensichtlich übersteigt.

Es ist nicht überflüssig, sich einmal klarzumachen, daß die Intelligenz, über die ein Organismus verfügt, weit übertroffen wird von der Intelligenz, die er – in seinem Bauplan und seinen physiologischen Funktionen – verkörpert. Das gilt grundsätzlich und also auch für uns selbst. Wir brauchten keine anatomische und physiologische Forschung, wenn es nicht so wäre. Nun zögern wir trotzdem, das Naheliegende auszusprechen und etwa zu sagen: Hier ist eine nichtmenschliche, eine nicht an Gehirne gebundene

Intelligenz wirksam gewesen, nämlich die der Evolution, denn wir fürchten den Vorwurf, damit »personalisierten« wir die Evolution. Der Vorwurf wäre jedoch ganz fehl am Platze. Kein Geringerer als Immanuel Kant hat festgestellt, daß man »der Natur durchaus Phantasie, Schöpferkraft, Erinnerung und Intelligenz zuschreiben (könne), ohne aus ihr ein denkendes Wesen zu machen«. Das ist deshalb so, weil unsere alltägliche Sprache unter dem Einfluß unserer subjektiven Welterfahrung entstanden ist und daher alle Aussagen aus der Perspektive aktiv tätiger oder passiv leidender Subjekte formuliert. Daher sagen wir selbst von einem Baum beispielsweise, daß er »im Winde rausche«, als ob er dies aktiv täte, während in Wirklichkeit nur seine Blätter vom Wind bewegt werden (womit wir aber sofort wieder dem Wind eine ihm objektiv nicht zukommende aktiv »handelnde« Rolle zuzuschreiben scheinen).

Deshalb ist es zwar zulässig, wenn wir im alltäglichen Sprachgebrauch davon ausgehen, daß Intelligenz nur als Produkt menschlicher Gehirne auftritt. Sobald wir aber versuchen, als Wissenschaftler die objektiven Gegebenheiten der uns umgebenden Realität zu beschreiben, müssen wir uns von dieser Einschränkung frei machen. Es bedeutet aus den erläuterten Gründen keine unzulässige Personalisierung, wenn wir zur Kenntnis nehmen, daß in der Evolution eine überindividuelle, nicht an Gehirne (oder andere materielle Träger) gebundene, der unseren unvorstellbar überlegene Intelligenz am Werke ist. Damit ist auch nicht etwa ein metaphysischer Sachverhalt gemeint, sondern eine objektive, empirisch feststellbare Tatsache.

Angesichts der uns alle prägenden anthropozentrischen Vorurteile ist es nicht trivial, daran zu erinnern, daß selbstredend auch unser Gehirn von dieser überindividuellen Intelligenz der Evolution geschaffen worden ist – daß also der Geist nicht, wie wir es im allgemeinen unreflektiert voraussetzen, erst mit unserem Gehirn in der Natur auftrat (womit wir die Wirkung mit der Ursache zu verwechseln pflegen), sondern daß es genau umgekehrt war. Biologische Strukturen sind folglich, um diesen Punkt festzuhalten, keineswegs eine unabdingbare Voraussetzung für die Realisierung von Intelligenz.

Bevor ich die Aspekte einer künstlichen (mit technischen Mitteln realisierten) Intelligenz in die Betrachtung einbeziehe, muß ich noch kurz auf zwei weitere Fragen eingehen. Die vorletzte, dritte Frage lautet: Was ist eigentlich »Intelligenz«? Sie ist bezeichnenderweise bis auf den heutigen Tag nicht eindeutig zu beantworten. Die gelegentlich zu hörende »operationale« Antwort »das, was wir mit unseren Intelligenztests messen« ist äußerst unbefriedigend. Denn niemand weiß eben wirklich, welche Parameter das eigentlich sind. Viel besser als die scheinbar so objektive Auskunft der Testpsychologen gefällt mir ein anderer Versuch der Definition. Er geht davon aus, daß Intelligenz die Fähigkeit ist, durch Abstraktion vom Augenschein Analogien und damit Zusammenhänge zwischen äußerlich ganz verschiedenen Sachverhalten erkennen zu können.

Das klingt nur kompliziert, ermöglicht in der konkreten Situation aber sehr einfach ein erstes Urteil. Wenn ich mir zum Beispiel einen Eindruck von der Intelligenz eines Kindes verschaffen will, brauche ich es nur zu fragen: »Warum geben Kühe Milch?« Die Antwort »damit wir Milch für den Kaffee haben« verrät unmittelbar, daß dieses Kind noch nicht die Fähigkeit erworben hat, vom konkreten, alltäglichen Augenschein abzusehen (zu »abstrahieren«). Anders hingegen bei der Antwort »damit sie ihre Kälbchen satt machen können«, die nur durch diese Fähigkeit ermöglicht wird.

Die Qualität dieser Definition ergibt sich für mich schon daraus, daß sie auch dem Wesen genialer Leistungen noch gerecht wird. So wird Newton auf zeitgenössischen Stichen bekanntlich oft mit einem Apfel in der Hand abgebildet, weil ihm der zündende Gedanke beim Anblick eines fallenden Apfels gekommen sein soll. Ob diese Anekdote nun der historischen Wahrheit entspricht oder nicht, sie erfaßt die Genialität des Begründers der Gravitationstheorie in ihrem Kern: Seine Entdeckung, daß die Kraft, die den Apfel zu Boden fallen läßt, identisch ist mit der Kraft, welche die Planeten auf elliptischen Bahnen die Sonne umkreisen läßt – mit der er folglich eine den Apfel im Garten und das Gestirn am Firmament verbindende Gemeinsamkeit zu erkennen vermocht hatte –, setzt eine wahrhaft genial zu nennende Abstraktionsfähigkeit voraus.

Die vierte und letzte Frage ist die danach, wie schlau man grundsätzlich eigentlich sein kann. Konrad Adenauer hat dazu mit einem

seiner legendären Bonmots Stellung bezogen: »Gott hat der Kluchheit Jrenzen gesetzt, aber der Dummheit nicht – und dat finde ich unjerecht!«
Aber so köstlich das Aperçu auch ist, es gilt nur für die Alltagswelt der zwischenmenschlichen Beziehungen. Objektiv ist es genau umgekehrt. Denn dümmer als ein kompletter Idiot oder dümmer als ein Stück totes Holz kann im ganzen Universum nichts sein.
In dieser Richtung ist die Grenze also sehr schnell erreicht. Wo die Grenze »nach oben« liegen mag, weiß dagegen kein Mensch. Es war ja schon die Rede von der überindividuellen, der unseren so haushoch überlegenen Intelligenz der Evolution, von der unsere eigene Schläue nur ein Ableger ist. Nach oben also ist die Grenze, aus unserer menschlichen Perspektive jedenfalls, offen.
Welchem der beiden Ansätze intelligenter Strategien, dem biologischen (natürlichen) oder dem technischen (künstlichen) ist nun das zukünftige Eindringen in diesen offenen Raum eher zuzutrauen, das Überschreiten der von der heutigen menschlichen Intelligenz markierten Grenze? Mir scheint auf der Hand zu liegen, daß die künstliche Intelligenz hier eindeutig der Favorit ist. Dies nicht so sehr deshalb, weil sich über deren Fortschritte heute schon irgend etwas konkret voraussagen ließe, sondern vor allem und in erster Linie deshalb, weil sich im Falle der biologischen Intelligenz eine Reihe gravierender Handikaps aufzählen läßt, die eine zukünftige Überlegenheit dieser natürlichen Variante sehr unwahrscheinlich machen.
Als erstes Hindernis wäre da abermals auf die relativ enorme Langsamkeit aller biologischer Optimierungsprozesse zu verweisen. Dieser Umstand führt seit einiger Zeit ja bereits im Rahmen gesellschaftlich-zivilisatorischer Entwicklungen zu kritischen Situationen. Nicht der kleinste Teil der Probleme, mit denen wir heute konfrontiert sind, hat in der Diskrepanz seine Ursache, die zwischen dem Tempo der kulturell-zivilisatorischen Entwicklung und dem der Anpassung unserer biologischen Dispositionen an die sich infolgedessen rasch verändernden Aufgabenstellungen besteht: Die ökologische Bedrohung, die zunehmenden Probleme der globalen wirtschaftlichen Entwicklung und ebenso die im sicherheitspolitischen Bereich bestehenden Risiken, das alles sind letztlich auch Symptome dafür, daß unsere individuelle Intelligenz

immer größere Mühe hat, mit der zunehmenden Komplexität der gesellschaftlichen Strukturen Schritt zu halten, die unsere zivilisatorische Entwicklung in immer schnellerem Tempo hervorbringt. Die Lösungen der Evolution sind in ihrer Subtilität zwar von unüberbietbarem Einfallsreichtum. Ihre Anpassung aber hinkt dem Entwicklungstempo zivilisatorischer Prozesse, wie es scheint, hoffnungslos hinterher. Das hat zu der heutigen Situation geführt, deren Brisanz Konrad Lorenz mit der treffenden Formulierung charakterisierte, daß der zivilisierte Homo sapiens in der Hand die Atombombe halte, während in seiner Brust noch die Instinkte seiner steinzeitlichen Ahnen walteten. Die zukünftige Entwicklung künstlicher Intelligenz scheint diesem Handikap dagegen nicht unterworfen.

Ein zweites Problem ergibt sich im Falle der natürlichen Intelligenz aus der relativ kurzen Lebensdauer ihrer Träger. Biologische Systeme können aufgrund fundamentaler Naturgesetze – vor allem denen der Thermodynamik, speziell dem der Entropie – nur relativ kurze Zeit überleben. Auch dieser Umstand führt zu heute schon spürbar werdenden Konsequenzen. Beispielsweise ist von kompetenter Seite bereits der Verdacht geäußert worden, daß die Weiterentwicklung der theoretischen Physik in absehbarer Zeit insofern an eine biologische Barriere stoßen könnte, als man auf diesem Gebiet erst dann kreativ forschen kann, wenn man das bereits vorliegende Wissen übersieht und in sich aufgenommen hat. Dessen explosive Vermehrung hat aber die Folge, daß dafür eine immer länger werdende Zeitspanne aufgewendet werden muß. Der Höhepunkt der Kreativität auf diesem Gebiet liegt nun jedoch – im Unterschied etwa zu künstlerischer Tätigkeit – im dritten Lebensjahrzehnt. Heisenberg, Max Planck und auch Einstein machten ihre entscheidenden Entdeckungen lange vor Vollendung des dreißigsten Lebensjahres.

Die Weiterentwicklung natürlicher Intelligenz wird schließlich auch noch durch die Bedingungen behindert, denen alle biologischen Evolutionsprozesse unterliegen. Zu ihnen gehört eine Auflage, die kein menschlicher Konstrukteur akzeptieren könnte: Das Bestehende darf niemals eingerissen werden. Jeder Fortschritt hat immer vom bereits Bestehenden auszugehen. Da die Evolution abbrechen würde, wenn die Lebensfähigkeit eines biologischen Sy-

stems in irgendeiner Phase des Umbaus für noch so kurze Zeit unterbrochen wäre, ist ein radikaler Neuanfang zu keiner Zeit zulässig.
Die Kreativität, mit der die Evolution sich in dieser Zwangslage zu helfen wußte, ist über alle Maßen bewundernswert. Das Ergebnis konnte allerdings nur in einer unaufhörlichen Kette von Kompromissen bestehen, denen – unter technischem Aspekt – nachweisbare Mängel anhaften. Der Wiener Evolutionsforscher Rupert Riedl hat einmal eine relativ winzige Auswahl typischer Beispiele in einer Art »Mängelliste« zusammengestellt.
Darin beklagte er unter anderem, daß unsere Geburt ausgerechnet durch den einzigen nicht erweiterbaren Knochenring des menschlichen Körpers erfolge, daß sich beim Mann Urin- und Samenweg vereinigten, daß sich bei allen Menschen Nahrungs- und Atemweg überkreuzten mit der daraus resultierenden Gefahr des Sichverschluckens. Abschließend machte er dann noch darauf aufmerksam, daß unsere Körperform insgesamt ursprünglich aus der Torpedoform eines Meeresbewohners abgeleitet ist, die später auf das Festland mitgenommen und dort als Brücke getragen werden mußte, wobei sie gewaltig durchhing. Schließlich wurde das Ganze dann noch auf den Hinterbeinen aufgerichtet – eine Turmkonstruktion, die man einem menschlichen Ingenieur niemals hätte durchgehen lassen.
Die Folgen sind denn auch Plattfüße, Hämorrhoiden, Lendenwirbelsäulenbeschwerden, Krampfadern, orthostatische Schwindelzustände und andere aus gutem Grund als »konstitutionell« bezeichnete Formen der Anfälligkeit. Wenn man das bedenkt, ist es geradezu ein Wunder, daß die Natur uns überhaupt so schlau hat machen können, wie wir es immerhin sind. Denn auch unser Gehirn ist als körperliches Organ selbstverständlich unter diesen Bedingungen entstanden. Man sieht es seinem Aufbau heute noch an. Und die für alle biologischen Konstruktionen typische Entstehungsgeschichte hatte auch in diesem Falle nachweisbare funktionelle Konsequenzen.
Die Zentralnervensysteme von Lebewesen unterschiedlicher Entwicklungshöhe entsprechen etwa den Stadien, die auch unser Gehirn während seiner langen Entwicklung durchgemacht hat.
Wenn man nun etwa die Hirne von Hai, Eidechse, Kaninchen und

Affe miteinander vergleicht, kann man sich einen Eindruck über den Ablauf der Entwicklung dieses zentralen Steuerorgans verschaffen. Deutlich wird insbesondere, daß das Großhirn dabei alle älteren Hirnteile allmählich überwuchert, bis es sie beim Menschen vollständig zudeckt. Direkt sichtbar werden diese alten, archaischen Funktionen dienenden Hirnteile erst wieder, wenn man sich das menschliche Gehirn in der Mitte zerschnitten denkt und eine seiner beiden Hälften von der Schnittfläche aus betrachtet.
Diesen Aufbau kann man nun durchaus zutreffend quasi unter einem stratigraphischen Aspekt betrachten, wie ein Geologe oder Paläontologe es mit der Erdkruste macht. Auch im Gehirn liegt »Schicht auf Schicht«, das »Alte« zuunterst, jeweils überdeckt von jüngeren Horizonten. Und auch beim Gehirn ist diese Schichtenfolge Ausdruck und Folge des Hergangs seiner Entstehung: Im Ablauf der Evolution war zuallererst die körperliche Binnensteuerung zu gewährleisten (Stammhirnfunktion), bevor die Steuerung des Verhaltens nach außen organisiert werden konnte (Zwischenhirn), und ganz zuletzt erst konnte dem auf solche Weise lebenstüchtig gemachten Organismus dann auch noch die Fähigkeit zum bewußten und – ganz zuletzt – reflektierenden Umgang mit seiner Umwelt verliehen werden (durch die oberste Instanz: das Großhirn).
Einen Unterschied aber gibt es, der ganz entscheidend ist: Im Falle des Gehirns sind alle »Fossilien« (alle tiefergelegenen, älteren Teile) auch heute noch am Leben! Bei der biologischen Evolution darf das Ältere eben niemals abgerissen werden: Auch wir sind zur Regelung unseres körperlichen Binnenstoffwechsels selbstredend nach wie vor von der Funktionstüchtigkeit unseres Stammhirns abhängig. Aus dem gleichen Grunde existieren auch bei uns noch immer die im Zwischenhirn in Gestalt neuraler »Schaltmuster« niedergelegten archaischen Instinkte und Verhaltensdispositionen. Sie haben zwar gewiß das Heft nicht mehr allein in der Hand, sondern unterliegen – jedenfalls weitgehend – der Kontrolle durch das Großhirn, psychologisch gesprochen also durch unsere Fähigkeit zur Selbstkritik und Selbstbeherrschung. Aber sie rühren sich in den entsprechenden »Auslösersituationen« auch heute immer noch recht kräftig und bringen uns damit als Individuen immer aufs neue in Verlegenheit und als Gesellschaft zunehmend sogar in

tödliche Gefahr. Denn die Aggressionen, Ängste und Antriebe, die sie in uns mobilisieren (Fremdenhaß zum Beispiel oder Bedrohungsängste) stellen, dem Alter des Zwischenhirns entsprechend, Anpassungen an die Bedingungen des steinzeitlichen Dschungels unserer Urahnen dar und nicht an die inzwischen von uns geschaffene heutige Welt der Zivilisation. An diesem Punkt werden die Gefahren besonders deutlich, die für uns aus der Diskrepanz resultieren, die zwischen evolutivem Anpassungstempo und der Geschwindigkeit kultureller Entwicklungsabläufe zu verzeichnen ist.
Diese archaischen Instinktprogramme haben aber noch eine weitere, in diesem Zusammenhang auch von den meisten Experten in aller Regel übersehene Funktion: Sie sind die Quelle der ständig wechselnden inneren Einstellungen, die wir als das alltägliche Auf und Ab unserer Stimmungen erleben. Auch bei ihnen handelt es sich um ein uraltes Erbe aus grauer Vorzeit, einer Zeit, in der das Großhirn unserer biologischen Ahnen noch nicht weit genug entwickelt war, um ihm die Verantwortung für das Überleben des Individuums anvertrauen zu können. Daher sorgte das Zwischenhirn dafür, daß unseren Vorfahren die Welt »ganz automatisch« abwechselnd sowohl unter ihren bedrohlichen als auch ihren verlockenden Aspekten und Möglichkeiten in aller Deutlichkeit vor Augen trat.
Auch uns geht das daher immer noch so, dem einen mehr, dem anderen weniger – je nach »Veranlagung«. Uns allen aber erscheint die gleiche Umwelt einmal mehr als verlockendes Feld verheißungsvoller Möglichkeiten und dann wieder als Quelle lauernder Gefahren – je nach der (guten oder miserablen) Stimmung, in der wir uns gerade, ohne das ändern zu können, befinden. Mitunter genügt nach einem »pessimistischen« Tag eine gut durchschlafene Nacht, um uns unsere eben noch furchterregend scheinende Umwelt in neuem Glanze erleben zu lassen.
In unserem Zusammenhang ist nun die Besinnung darauf wichtig, daß auch diese Besonderheit unseres aus einem biologischen Evolutionsprozeß hervorgegangenen Erkenntnisapparats eine ganz unvermeidbare Einschränkung unserer intellektuellen Möglichkeiten angesichts der Welt darstellt. Denn wir mögen unsere Intelligenz noch so sehr bemühen, das Urteil, das sie uns über die Welt liefert, wird immer und unweigerlich mitbestimmt sein von der

Stimmung, in der wir uns gerade befinden. Man braucht nur einmal zu bedenken, wie viele ruinöse Börsenspekulationen oder Kaufentscheidungen – oder auch Kriege! – wohl schon unternommen wurden, weil die jeweiligen Initiatoren die sich ihnen bietenden Möglichkeiten unter dem Einfluß einer »gehobenen« Stimmung gröblich überschätzten (und, umgekehrt, daran, wie viele Chancen ungenutzt geblieben sein mögen, wie viele Biographien »unterhalb ihrer Möglichkeiten« verliefen, weil die jeweils Verantwortlichen dazu neigten, Risiken zu sehen, wo keine waren).

Ein biologisch entstandenes Gehirn zeigt seinem Besitzer, darauf läuft die Sache hinaus, die Welt folglich nicht so, wie sie ist. Die archaischen Funktionsteile, die ein so entstandenes Gehirn unvermeidlich mitschleppt, legen die Welt vor jedem vom Großhirn bewußt getroffenen Urteil immer schon in bestimmter Weise aus und »präjudizieren« dieses Urteil damit unweigerlich. Aus biologischer Perspektive – und unter ihrem Einfluß ist unser Denkorgan von der Evolution eben hervorgebracht und optimiert worden – mag das höchst zweckmäßig sein. Wenn man jedoch allein nach der intellektuellen Leistungsfähigkeit fragt, erscheinen auch diese Zusammenhänge als quasi »systembedingte« Mängel jeglicher biologisch entstandenen Intelligenz.

Wenn man sich diese Mängelliste einmal in so komprimierter Form vergegenwärtigt und wenn man sich gleichzeitig noch der besorgniserregenden Tatsache erinnert, daß die von uns geschaffenen zivilisatorischen Strukturen unsere menschliche Intelligenz heute bereits nachweislich zu überfordern beginnen, dann erscheint die Frage, ob technische Formen der Intelligenz der unsrigen in Zukunft vielleicht überlegen werden könnten, in einem neuen Licht. Die übliche menschliche Reaktion auf diese Möglichkeit ist ja Furcht. Die meisten Zeitgenossen beruhigen sich angesichts dieser Perspektive mit der Gewißheit, daß bis dahin noch sehr viel Zeit vergehen dürfte. Das ist sicher richtig. Die Frage ist nur, ob das nicht ganz im Gegenteil in Wirklichkeit ein Grund zur Sorge sein sollte.

Niemand vermag heute mit Sicherheit vorherzusagen, bis in welche Bereiche der Intelligenz künstliche Systeme, und sei es in einer noch so fernen Zukunft, vordringen mögen. Wir sollten uns jedenfalls hüten, ihre Entwicklungspotenzen zu gering zu veranschla-

gen. Denn für sie gilt, soviel ist sicher, kein einziges der in den letzten Absätzen genannten Handikaps, die der Weiterentwicklung unserer eigenen Intelligenz unübersteigbare, da »systemimmanente« Hindernisse in den Weg legen.
Sie entwickeln sich millionenfach schneller als biologische Intelligenzträger – entsprechend größer ist auch ihre Anpassungsgeschwindigkeit an rasch wechselnde Aufgabenstellungen. Ihre individuelle Lebensdauer ist praktisch unbegrenzt – sie brauchen nicht in jeder Generation neu anzufangen (worauf wir ungeachtet aller Erfahrungsspeicherung in Tradition und Überlieferung als Individuen stets angewiesen bleiben werden). Sie sind nicht, wie wir, gezwungen, archaische, überholte Teile ihres Bau- und Funktionsplans weiterzuschleppen, die den Grad ihrer fortschrittlichen Anpassung relativieren – sie können, im Unterschied zur biologischen Evolution, über Bord werfen, was nicht mehr wirklich gebraucht wird. Und schließlich können sie auf den gewaltigen Ballast an Programmen und Funktionen verzichten, die ein biologischer Intelligenzträger lediglich deshalb mit sich herumschleppen muß, weil organismisches Überleben mit geringerem Aufwand nun einmal nicht zu realisieren ist: komplizierte Strukturen zur Immunabwehr, zur zellulären Reparatur von Gewebsschädigungen, umfängliche Systeme zur Sicherung der Betriebsenergie (Stoffwechselfunktionen), zur Selbstreproduktion (»Fortpflanzung«), und was es da sonst noch alles gibt.
Die einzige – heute freilich noch utopische, keinesfalls aber etwa prinzipielle – Schwelle, die technische Intelligenz zu überwinden hätte, um sich von uns als biologischen Intelligenzträgern definitiv zu emanzipieren, wäre der Sprung zur intelligenten »Von-Neumann-Maschine«. Als solche würde ich ein kybernetisches System ansehen, das imstande ist, selbständig Informationen aus der Umwelt zu extrahieren und anhand eines internen Modells dieser Außenwelt fortlaufend neue Programme zu deren analytischer Bewältigung zu entwickeln. Wenn diese Stufe erst einmal erreicht wäre, gäbe es kein Halten mehr. Und ich sehe keinen prinzipiellen Grund, warum sie nicht eines (heute sicherlich noch fernen) Tages erreicht werden sollte.
Kein Grund zur Sorge, wie mir scheint. Schon im Augenblick bedienen wir uns dieser Systeme ja in den Fällen, in denen sie uns

bereits heute überlegen sind. Ohne ihre Unterstützung müßten wir angesichts der Probleme der Steuerung einer modernen Industriegesellschaft schon jetzt resignieren. Es wird uns genug Zeit bleiben, uns an ihre verantwortliche Mitwirkung zu gewöhnen. Und aller Voraussicht nach werden unsere Nachfahren erleichtert aufatmen, wenn sie eines fernen Tages entdecken, daß sich ihnen die Möglichkeit bietet, ihr Schicksal endgültig den ultraintelligenten Maschinen anzuvertrauen – wenn es dazu dann nicht schon zu spät sein wird, weil unsere Spezies, angewiesen einzig und allein auf die beschränkten Möglichkeiten ihrer natürlichen Intelligenz, den Planeten schon vorher zugrunde gerichtet hat.

(1988)

MEDIZIN

Affen empfinden keine Langeweile

Über die Zeit und Störungen des Zeiterlebens bei psychischen Erkrankungen

Die Zeit ist ein besonders interessantes, aber auch besonders schwieriges Thema. Die Schwierigkeit liegt dabei gar nicht in der besonderen Kompliziertheit dieses Begriffes, sondern viel tiefer. Wohl jeder, der über den Begriff der Zeit einmal nachgedacht hat, hat die Erfahrung machen müssen, daß er sich, so selbstverständlich wir diesen Begriff auch gebrauchen und so selbstverständlich und zutreffend er bei diesem alltäglichen Gebrauch auch verstanden wird, trotzdem der begrifflichen Fassung vollkommen entzieht, sobald man anfängt über ihn nachzudenken.
»Was aber ist Zeit?« So fragt schon der heilige Augustinus, um gleich darauf fortzufahren: »Wenn niemand mich danach fragt, dann weiß ich es, aber wenn ich es einem Fragenden erklären soll, kann ich's nicht sagen.« Die heutige Philosophie antwortet auf die Frage nach dem Wesen dieser fundamentalen Schwierigkeit für das Verständnis etwa, indem sie feststellt, daß die Zeit zu den Vorbedingungen alles dessen gehört, was wir erleben und erfahren, und daß sie eben als ontologische Vorbedingung gar nicht unmittelbar erlebbar und erfahrbar ist. Das, was uns begegnet, sind immer Formen der Zeitlichkeit. Wenn man über die Zeit sprechen will, muß man daher davon ausgehen, daß es in diesem Sinne verschiedene Formen der Zeit gibt. Ich muß also, wenn ich über die Zeit sprechen will, damit beginnen, daß ich zunächst einmal klarstelle, von welcher dieser verschiedenen Formen der Zeitlichkeit (von welcher »Zeit«, kurz und philosophisch nicht ganz korrekt ausgedrückt) überhaupt die Rede sein soll.
Nach *der* Zeit überhaupt kann man demnach gar nicht fragen. Und wenn man aus der alltäglichen Erfahrung heraus nachdenklich wird und danach fragt, was Zeit ist, so meint man doch wohl das Wesen *der* Zeit, von der wir sagen, daß sie uns schnell oder lang-

sam vergeht, daß sie uns erfüllt oder leer erscheint, daß sie uns bedrückt oder beflügelt.
Von dieser Zeit also, die die Anthropologen als »gelebte« Zeit – im Gegensatz zur erlebten, objektiven Zeit – bezeichnen, soll hier die Rede sein. Sie ist es, die wir meinen, wenn wir nach der »eigentlichen« Zeit fragen, sie ist die Zeit, in der wir leben, in der wir uns lebend als Persönlichkeit entfalten. Obwohl es sich bei ihr aber gerade um unsere in einem sehr tiefen Sinne höchst persönliche Zeit handelt, oder vielleicht auch gerade deswegen, ist uns diese gelebte Zeit aus der unreflektierten Erfahrung keineswegs anschaulich, ja nicht einmal als eine besonders wesentliche Form zeitlichen Seins bekannt. Sie ist sogar als Ergebnis angestrengter geistiger Bemühungen vor gar nicht allzu langer Zeit regelrecht erst »entdeckt« worden bei der Analyse bestimmter normalpsychologischer und pathologischer psychischer Vorgänge. Das liegt offensichtlich daran, daß wir eben in diese erlebte Zeit mit unserem ganzen Dasein, mit unserem Erleben und eben auch in unserem Denken so eingebettet sind, daß sie selbst uns gar nicht zur Erfahrung wird, daß das Denken aus ihr nicht heraustreten und sie sich wie irgendein anderes Problem zum Gegenstand der Betrachtung machen kann.
Einen direkten Zugang zu dem Verständnis dessen, was das Wesen dieser Zeit ist, gibt es also nicht. Wir müssen daher einen Umweg einschlagen: Beginnen wir doch einmal mit der Feststellung dessen, wovon *nicht* die Rede sein soll, mit einer Besprechung der objektiven Zeit. Das ist um so notwendiger, weil die objektive oder physikalische Zeit häufig mit der gelebten Zeit verwechselt wird.
Das Wesen der objektiven (physikalischen und astronomischen) Zeit ist durch bestimmte Kriterien charakterisiert, von denen ich hier drei wesentliche herausgreifen will, und zwar deshalb, weil gerade sie die objektive Zeit am schärfsten von der gelebten Zeit unterscheiden, weshalb wir, wenn wir diese drei Kriterien betrachten, indirekt bereits die ersten Auskünfte über das Wesen der gelebten Zeit bekommen.
Das erste dieser Kriterien ist die wesentliche Eigenschaft der objektiven Zeit, daß sie gleichmäßig fließt, daß sie eben objektiv und unveränderlich ist. Der Maßstab dieser Zeit sind daher auch be-

stimmte periodisch verlaufende Vorgänge, von deren Gleichmaß man mit gutem Recht überzeugt sein kann. Die klassische Grundlage für alle Messungen im Bereiche der objektiven Zeit ist daher das ewige Gleichmaß der Bewegung der Gestirne. Dieses grundlegende Kriterium gilt für die gelebte Zeit nicht. Wir sagten ja vorhin schon, und es ist auch aus der alltäglichen Erfahrung heraus unmittelbar bekannt, daß die innere Zeit, die wir erleben, erfüllt und leer sein, daß sie rasch verfliegen und daß sie in der Langeweile sich endlos hinziehen kann bei objektiv ganz unverändertem Zeitmaß. Das zweite Kriterium, das die objektive Zeit genauso wesentlich von der gelebten Zeit unterscheidet, ist nicht so unmittelbar verständlich und muß daher etwas ausführlicher besprochen werden: Dieses Kriterium ist in der Tatsache zu sehen, daß die objektive Zeit jeweils nur in dem Augenblick eines Jetzt, bildlich gesprochen, nur in einem einzigen Punkt gegenwärtig und real da ist, der in jedem Augenblick in stetigem Fluß wieder verschwindet, um von einem nächsten Augenblick eingenommen zu werden, und daß die Vergangenheit und die Zukunft dieser objektiven Zeit beide als entweder schon vorbei oder noch gar nicht real da sind.
Bei der gelebten Zeit ist das nun wieder ganz anders. Etwas zugespitzt ausgedrückt, kann man sogar sagen: Es ist genau umgekehrt. Bei der gelebten Zeit ist eigentlich der Augenblick gar nicht da und sind nur die Vergangenheit und die Zukunft – so paradox dies auch klingt – gegenwärtig und wirksam im Sinne von wirkenden Mächten. Das klingt zunächst paradox, und wir müssen es an einigen Beispielen belegen.
Ein ganz elementares Beispiel wäre etwa der Besitz von Geld. Der Besitz von Geld ist etwas Erfreuliches. Aber wenn man genau darüber nachdenkt, ist es ja eigentlich gar nicht der Besitz von Geld, der so erfreulich ist, sondern das Erfreuliche am Geld ist die Möglichkeit, daß man es ausgeben kann. Das also, worüber ich mich freue, wenn ich – im Augenblick – Geld habe, ist die – zukünftige – Möglichkeit, die mir das Geld eröffnet. Und wenn ich mich über den Besitz, den augenblicklichen Besitz, von Geld freue, so verrät eben meine Freude, daß ich gar nicht den Augenblick meine und in meiner Freude erlebe, sondern daß ich mich über die durch diesen Besitz erschlossenen Möglichkeiten freue, die ja immer etwas Zukünftiges sind.

Ein anderes Beispiel, das das gleiche vielleicht noch deutlicher zeigt: ein schwerer Verlust. Es ist eine aus der psychologischen Selbsterfahrung und auch aus der Beobachtung an anderen immer wieder bezeugte und zunächst sehr eigentümliche Tatsache, daß ein schwerer Verlust, so etwa im Krieg der Verlust der Heimat oder etwa der Verlust eines nahen Angehörigen, zwar natürlich von Anfang an schmerzt, daß dieser Schmerz aber doch – im Gegensatz zu den sonstigen Erfahrungen bei starken Gemütsregungen – in der ersten diesem Verlust folgenden Zeit sogar noch zunimmt. Auch hieraus wieder kann man, wenn man diese Beobachtung richtig würdigt, den Schluß ziehen, daß der Verlust, die mit dem Verlust eingetretene Verarmung, gar nicht im objektiven Augenblick voll realisiert wird, sondern erst wirksam und in vollem Umfang spürbar wird als die Verarmung zukünftiger Möglichkeiten dann, wenn das Leben weitergeht und man zu erfassen beginnt, wie sehr sich diese Möglichkeiten für alle Zukunft verändert haben.
Ganz allgemein kann man sagen, daß für uns alle die Zukunft ständig gegenwärtig ist, daß unser ganzes Tun und Handeln, unsere Entscheidungen und unser Urteilen in jedem Augenblick nicht von diesem Augenblick selbst, sondern im Hinblick auf die Möglichkeiten der Zukunft bestimmt werden.
Aber nicht nur die Zukunft ist es, die bei dieser gelebten Zeit den Augenblick erfüllt (der selbst kaum noch als real zu bezeichnen ist), nicht weniger ist es auch die Vergangenheit. Von all dem, was um mich herum geschieht, werden immer nur ganz bestimmte Geschehnisse für mich zu einem persönlichen Ereignis, insofern, als ich sie mir zu eigen mache, als ich sie für mich als bedeutungsvoll empfinde und sie sich dadurch für mich aus der unendlichen Fülle alles dessen, was geschieht, als bedeutungsvoll herausheben. Daß aber etwas für mich in diesem Sinne zu einem Ereignis werden kann, liegt eben daran, daß in dem Augenblick, wo mir etwas Derartiges geschieht, meine Vergangenheit gegenwärtig und wirksam ist in Gestalt meiner Erfahrungen, meiner Gewohnheiten, in Gestalt auch meiner Erinnerungen.
Man kann das noch anders ausdrücken: Das, was einem Menschen im Laufe seines Lebens widerfährt, ist ja nur zum Teil die Folge äußerer Zufälligkeiten. Wie anders könnte sonst gerade der Le-

benslauf eines Menschen, seine Biographie, für uns den zuverlässigsten Schlüssel zu seinem Wesen, zu seiner Persönlichkeit bilden. Es ist doch so, daß eine Wesensverwandtschaft, eine innere Beziehung zwischen der Persönlichkeit eines Menschen und dem besteht, was gerade ihm begegnet, was auch gerade für ihn als bedeutungsvoll sich aus der beliebigen Fülle begegnender Möglichkeiten heraushebt, was er, mit einem Wort gesagt, jeweils »aus dem Augenblick macht«. Und damit wären wir wieder am Ausgangspunkt des Gedankenganges: Die Persönlichkeit eines Menschen, das ist doch das, wozu er aufgrund seiner Erfahrungen, seiner Erinnerungen, seiner Gewohnheiten geworden ist. Es ist doch die stets gegenwärtige und in ihm lebendige Vergangenheit, die ihn zu dieser individuellen Persönlichkeit macht und die dadurch stets gegenwärtig in ihm wirksam ist, in jedem Augenblick, in dem er wählt und sich entscheidet, nicht minder gegenwärtig als die Zukunft, im Hinblick auf die er entscheidet.

Während also – um das festzuhalten – bei der objektiven Zeit nur der Augenblick in all seiner Flüchtigkeit gegenwärtig und real ist, ist es bei der gelebten Zeit, innerhalb der wir uns als Persönlichkeit entwickeln, in der wir leben und uns entscheiden, genau umgekehrt: Hier gibt es – etwas zugespitzt formuliert – eigentlich keinen Augenblick, sondern wirksam ist hier eine stets gegenwärtige Vergangenheit, die uns als individuelle Persönlichkeiten zunehmend prägt, und eine ebenfalls stets schon gegenwärtige Zukunft als die Fülle der uns offenstehenden Möglichkeiten, aufgrund deren wir überhaupt erst in Freiheit handeln und entscheiden können. Man kann auch sagen: Die erlebte objektive Zeit verstreicht, während die innere, die gelebte Zeit, sich im Laufe unseres Lebens in uns als stets gegenwärtige Vergangenheit ansammelt. Daß also die gelebte Zeit nicht vergeht, sondern sogar wächst. Durch jede Entscheidung, die wir treffen, verwandeln wir einen Teil der uns noch offenstehenden Zukunft aus einer Möglichkeit in ein neues Stück Vergangenheit, die wir so im Laufe unseres Lebens in uns anhäufen.

Wie so oft bei psychologischen Tatbeständen, die uns so nahe sind, daß wir sie eben deswegen so schwer entdecken können, so ist auch diese Besonderheit der von uns gelebten Zeit viel früher und klarer als von der Wissenschaft in der Literatur entdeckt worden.

Marcel Proust hat dieses Zeiterlebnis zum Prinzip seines Lebenswerkes gemacht, eines siebenbändigen Romans mit dem Titel »Auf der Suche nach der verlorenen Zeit«. Das spezifische Zeiterlebnis, von dem ich eben sprach, ist dabei keineswegs der Inhalt dieses Riesenwerks selbst, der Inhalt besteht vielmehr, ohne dabei im üblichen Sinne autobiographisch zu sein, in der minutiösen, beinahe ängstlichen Vergegenwärtigung vergangener Begebenheiten, auch der scheinbar nebensächlichsten Sinneseindrücke, Stimmungen und Gefühlsregungen, die bei dieser eindringlichen Beschwörung eine einmalige Klarheit und Transparenz gewinnen. Und das Motiv dieser Beschwörung der Vergangenheit ist die in der Literaturgeschichte, vielleicht sogar in der Geschichte überhaupt, erstmalige Erkenntnis des Autors, daß wir eben den Augenblick gar nicht wirklich erleben, weil wir durch unser immer schon der Zukunft zugewandtes Interesse dazu gar nicht in der Lage sind, und daß daher alle Dinge und Begebenheiten ihre eigentliche Wirkung erst in der Erinnerung gewinnen, daß sie zu ihrer Wirklichkeit gleichsam erst erlöst werden müssen, dadurch, daß man sich auf sie besinnt.

Wir haben damit erst zwei der Kriterien besprochen, die die objektive von der gelebten Zeit unterscheiden, und zwar das Gleichmaß der objektiven Zeit im Gegensatz zum wechselnden Fluß der gelebten Zeit und das damit zum Beispiel verbundene Phänomen der Langeweile sowie die Tatsache, daß bei der gelebten Zeit – im Gegensatz zur objektiven – der Augenblick gegenüber der gegenwärtigen Wirksamkeit von Vergangenheit und Zukunft ganz zurücktritt. Die damit genannten Kriterien der gelebten Zeit sind spezifisch menschlich. Das Tier zum Beispiel scheint uns im Augenblick aufzugehen, es kann nicht handeln oder frei entscheiden, eben weil ihm die gegenwärtige Zukunft in dem besprochenen Sinne fehlt. Es kann sich auch nicht langweilen. Wie sehr das Haben einer gelebten Zeit den Menschen bestimmt, hat Goethe offenbar im Sinne gehabt, als er sagte, daß die Affen Menschen werden könnten, wenn sie es nur fertigbrächten, Langeweile zu empfinden. Aber gerade auch an den Kriterien der gelebten Zeit kann man wieder feststellen, daß der Mensch immer noch ein Verwandter des Tieres ist. Man hat ja gesagt, die besondere Doppelnatur des Menschen bestehe darin, daß er halb schon Engel und halb noch Tier sei. Die Engelhaftigkeit seines Wesens mögen wir mitunter bezweifeln, angesichts der animalischen Komponente seines Wesens herrscht aber wohl allgemeine Einigkeit. Und da ist es in unserem Zusammenhang im Hinblick auf die eben besprochenen Kriterien der gelebten Zeit nun von Interesse und darf als Bestätigung des Gesagten aufgefaßt werden, wenn wir feststellen können, daß auch der Mensch in bestimmten Ausnahmesituationen sehr wohl auch im Augenblick aufgehen kann, daß er hier gewissermaßen aus der historischen, aus der gelebten Zeit herausfällt und einen Augenblick isoliert von Vergangenheit und Zukunft als gegenwärtig erlebt, und zwar dann, wenn er von dieser animalischen Seite seines Wesens überwältigt wird, etwa in der Situation stärksten körperlichen Schmerzes.

Es fehlt jetzt noch das angekündigte dritte Kriterium, durch das sich objektive und gelebte Zeit unterscheiden. Es ist von geringerer Bedeutung und bedarf nur kurzer Erwähnung: Bei der objektiven Zeit sind nämlich die einzelnen Zeitstrecken, vorausgesetzt, daß sie von gleicher Dauer sind, untereinander vollkommen gleichwertig und grundsätzlich auch beliebig vertauschbar. Das ist identisch mit der Tatsache, daß es im Verlaufe der objektiven Zeit keinen besonderen, vor allem anderen ausgezeichneten Augenblick gibt, keinen absoluten Zeitpunkt.

Es ist leicht einzusehen, daß das für die gelebte Zeit nicht gilt. Für den Erlebenden unterscheiden sich hier die einzelnen Teile der durchlebten Zeitstrecke, begrenzt durch Geburt und Tod und nach Maßgabe seines jeweiligen Alters, grundsätzlich voneinander.

Ein gemeinsames Kriterium objektiver und gelebter Zeit, um auch ein solches anzuführen, wäre übrigens etwa die Nichtumkehrbarkeit: Beide Zeiten verlaufen von der Vergangenheit in die Zukunft. Die normale ständige Richtung auch der gelebten Zeit in Richtung auf die Zukunft findet ihren ganz allgemeinen Ausdruck auch in einer psychologischen Eigentümlichkeit: Bei der Frage nach der persönlichen Unsterblichkeit fragt eigentlich jeder nur danach, ob er nach dem Tod weiterleben wird, aber nicht etwa danach, ob er auch vor seiner Geburt schon da war, obwohl beide Fragen im Grunde doch nur zwei verschiedene Seiten des gleichen Problems anrühren.

Wir haben bisher also gesehen, daß die gelebte Zeit dadurch gekennzeichnet ist, daß sie rasch und erfüllt und langsam und leer verlaufen kann, daß in ihr Vergangenheit und Zukunft wirkmächtig und gegenwärtig sind und daß sie als persönliche Lebenszeit vor anderen Zeitstrecken in der historischen Zeitskala ausgezeichnet ist. Wenn wir über diesen immer noch relativ oberflächlichen Grad der Bekanntschaft mit der gelebten Zeit hinaus weiter vorstoßen wollen, müssen wir den Bereich der normalen psychologischen Erfahrung verlassen.

Das mag manchen von Ihnen überraschen. Eben deshalb aber, weil wir in die gelebte Zeit so tief eingebettet sind, daß wir ihrer unmittelbar gar nicht ansichtig werden, können wir sie am besten in Situationen analysieren, in denen sie uns verzerrt, gestört, in der Gestalt einer abnormen Abwandlung begegnet. Da wird dann mitunter hinter den Scherben etwas von ihrer inneren Struktur sichtbar. Das ist auch der Grund dafür, daß das, was hier über die gelebte Zeit vorgetragen wird, im wesentlichen auf Untersuchungen von Psychiatern zurückgeht, vor allem auf Erwin Straus und Victor Emil von Gebsattel. Es gibt nämlich ganz bestimmte psychische Störungen, die nichts anderes sind als Störungen im Erleben dieser gelebten Zeit. Ihrer Beschreibung müssen wir uns jetzt daher zunächst zuwenden.

Es gibt innerhalb der Psychiatrie eine ganz bestimmte und wohldefinierte Krankheitsgruppe: die Gemütsleiden oder Schwermutszustände. Diese krankhaften Schwermuts- oder Depressionszustände lassen sich nicht nur durch ihre Symptomatologie, sondern auch durch einen besonderen Erbgang von anderen Formen psychischer Erkrankungen als eine eigenständige Krankheitsgruppe besonderer Art scharf abgrenzen.

Die leichteren Formen unterscheiden sich, oberflächlich betrachtet, zunächst nicht von den Formen der normalpsychologischen Verstimmung, der gewöhnlichen Traurigkeit, wie wir sie alle kennen. Bei dieser allgemein menschlichen, »normalen« Traurigkeit handelt es sich darum, daß unsere Stimmungslage gewissermaßen den Resonanzboden unserer seelischen Verfassung für das abgibt, was uns an Erfreulichem oder Drückendem widerfährt. Daß diese Stimmungslage sich also unter dem Eindruck eines Verlustes oder einer Enttäuschung oder sonst einer Unerfreulichkeit in psycholo-

gisch verständlicher und einfühlbarer Weise verändert, indem wir eben dem Anlaß entsprechend traurig oder schwermütig werden.
Die Phänomenologie einer solchen Verfassung, die besondere Art und Weise eines solchen Zustandes der Schwermut oder Traurigkeit ist uns allen bekannt. Die Gedanken können sich von dem den Zustand veranlassenden traurigen Erlebnis nicht lösen und kehren immer wieder zu ihm zurück. Schwung und Lebensfreude scheinen vorübergehend wie gelähmt, man hat kein rechtes Interesse für sonstige Liebhabereien und Beschäftigungen oder auch für den Umgang und Verkehr mit anderen Menschen. Man fühlt sich auch körperlich matt, schläft womöglich schlecht und verliert vorübergehend den Appetit.
Das Krankhafte nun der pathologischen Verstimmungen, der Gemütsleiden, besteht in erster Linie darin, daß sie ohne einen solchen verständlichen Anlaß auftreten. Ein Motiv haben diese endogenen Depressionen oder Verstimmungen, wie der Psychiater sie daher nennt, also nicht. Sie entstehen nicht psychologisch, sondern kausal, ursächlich im biologischen Sinne, und zwar – soweit man das heute schon sagen kann – offenbar infolge von körperlichen Störungen im Bereich der vegetativen, der vitalen Sphäre.
Das ist aber keineswegs der einzige Unterschied. Wir brauchen die zwischen der normalpsychologischen, der motivierten Verstimmung und der Erscheinungsweise der endogenen Depression bestehenden Unterschiede hier natürlich – soweit sie nur von klinischer Bedeutung sind – nicht im einzelnen zu berücksichtigen. Ich will nur noch auf einen wesentlichen Unterschied eingehen, der in dem Zusammenhang unseres Gedankengangs von Bedeutung ist: In schweren Fällen der endogenen Depression werden Grade, werden Intensitäten von Angst, Trauer und Verzweiflung erlebt, denen der Mensch normalerweise unter keiner denkbaren Umweltbedingung ausgesetzt ist. Aus diesem Grunde ist die Depression, so harmlos sie objektiv betrachtet als Krankheit auch ist – die Patienten werden alle wieder gesund –, im subjektiven Erleben sicher die furchtbarste Krankheit, die es gibt. Damit hängt es auch zusammen, daß weitaus die größte Zahl aller Selbstmorde, die sich ereignen, von gemütskranken Menschen begangen werden.
Diese ganz exzeptionelle Steigerung der schwermütigen Verfassung hat nun sehr merkwürdige Konsequenzen. Wenn man die

Entwicklung der Krankheit von den ersten Anfängen bis zum Höhepunkt der Verstimmung verfolgt, ereignet sich an einem bestimmten Punkt dieser Entwicklung etwas sehr Eigenartiges und Überraschendes: Der Patient, der bisher gewissermaßen nur traurig war, mit dem man sich aber sonst ganz vernünftig und geordnet unterhalten konnte, entwickelt mit einem Male einen Wahn, das heißt also: Für diesen Patienten gelten die allgemein menschlichen und allgemein verbindlichen Bedeutungen, Sinngehalte und Voraussetzungen nicht mehr, auf deren Boden sich die reibungslose mitmenschliche Verständigung vollzieht. Er wird vielmehr von Einstellungen und Überzeugungen beherrscht, die wir nicht mehr verstehen, die wir psychologisch nicht mehr nachempfinden können und die wir außerdem als objektiv unbegründet und als nicht zutreffend beurteilen müssen, ohne daß es uns nun aber dabei gelänge, mit unseren für uns ganz einsichtigen Argumenten den Patienten in seiner krankhaften Überzeugung zu erschüttern. Das etwa ist das, was man meint, wenn man von einem Wahn spricht.
Der depressive Wahn ist nun bei jedem Menschen, der an ihm erkrankt, in einer überindividuellen Weise typisch und charakteristisch, so daß der Erfahrene in der Regel schon nach wenigen Worten, die er mit dem Patienten gewechselt hat, weiß, daß hier eine krankhafte Gemütsstörung vorliegt, daß es sich um einen depressiven Wahn handelt. Es sind nur drei bei allen Patienten immer wiederkehrende Inhalte oder Themen, um die sich dieser depressive Wahn kristallisiert.
Er kann sich äußern einmal als die wahnhafte Angst um die leibliche Unversehrtheit. Es sind das die vielfältigen Formen des sogenannten hypochondrischen Wahns. Der Depressive ist etwa davon überzeugt, daß er unheilbar an Krebs oder Tuberkulose erkrankt oder ganz allgemein von einer unheilbaren körperlichen Krankheit befallen ist. Oder er erwartet stündlich oder von einem Augenblick zum anderen den plötzlichen Tod durch einen Herzanfall. Die wahnhafte Natur einer solchen Befürchtung wird äußerlich erkennbar dadurch, daß auch noch so sorgfältige ärztliche Untersuchungen, die ergebnislos bleiben, keineswegs geeignet sind, den Patienten zu beruhigen und ihm seine Angst zu nehmen. Die zweite Form des depressiven Wahns ist die Angst um die wirtschaftliche, materielle Lebensgrundlage: Hierbei handelt es sich

um den sogenannten Verarmungswahn. Ein Patient ist plötzlich davon überzeugt, daß sein Besitz unaufhaltsam schwindet. Das kann im Einzelfall konkret etwa in der Form seinen Ausdruck finden, daß der Patient davon überzeugt ist, daß er eine Rente seit Jahren in Wirklichkeit zu Unrecht bezieht und daher mit Sicherheit gepfändet werden wird. Die wahnhafte Sicherheit, mit der die Patienten sich über den Augenschein der wirklichen objektiven Situation hinwegsetzen, kann soweit gehen, daß ein Mann mit einem großen Bankkonto einen Selbstmordversuch unternimmt, in der Überzeugung, daß er nicht genug verdiene, um seine Angehörigen noch ernähren und bekleiden zu können. Die dritte und letzte Form, in der der depressive Wahn auftritt, manifestiert sich als die wahnhafte Angst um die moralische Integrität. Hier treten plötzlich wahnhafte Schuldgefühle auf, es kommt zum sogenannten Versündigungswahn, der Patient quält sich mit einem Male wegen belangloser und Jahrzehnte zurückliegender kleiner Versäumnisse. Oder er erfindet sogar schwerste Verbrechen, die er angeblich begangen hat, nur um einen Grund vorweisen zu können für das Gefühl unermeßlicher Schuld, das ihn erfüllt. Damit verbunden ist dann die Überzeugung von der unmittelbar bevorstehenden Strafe in Form von Verhaftung und Hinrichtung oder göttlicher Verdammung.

Diese Symptomatologie war in der Psychiatrie lange, mindestens fünfzig, vielleicht hundert Jahre lang, in dieser Form bekannt. Man registrierte die einzelnen Symptome und wußte, wenn bei einem Patienten Störungen von Schlaf und Appetit, traurige Verstimmung und ein hypochondrischer, ein Verarmungs- oder Versündigungswahn zusammentreffen, hatte man einen Fall einer solchen krankhaften Schwermut vor sich. Worum es sich bei dieser Krankheit im Grunde aber eigentlich handelte, worin ihr Wesen bestand, war bis vor relativ kurzer Zeit ganz unklar. Diese Unkenntnis drückte sich darin aus, daß man nicht die geringste Vorstellung davon hatte, aus welchem Grunde nun diese verschiedenen Symptome, also die Traurigkeit, der Verlust des Interesses für die ganze Umgebung und die wahnhafte Überzeugung, etwa hoffnungslos verschuldet zu sein, zusammengehörten. Man wußte aus Erfahrung, daß es sich dann, wenn sie zusammen auftraten, um eine Gemütskrankheit handelte. Der Grund dafür, daß sie in der

Regel in dieser Weise miteinander verbunden auftraten, war aber unbekannt.

Die Möglichkeit für ein Verständnis dieses inneren Zusammenhanges wurde erst durch eine anthropologische Interpretation geschaffen. Ich will versuchen zu erklären, was damit gemeint ist und worin das Wesen des sogenannten anthropologischen Ansatzes in der Psychiatrie besteht: Es handelt sich bei diesem Deutungsversuch darum, aus der Vielfalt der einzelnen, verschiedenen, aber gesetzmäßig miteinander auftretenden Symptome eine zentrale Grundstörung zu rekonstruieren beziehungsweise eine elementare psychische Funktion, deren Störung gerade diese einzelnen Symptome zwangsläufig hervorrufen muß.

Ich will versuchen, das noch einmal in anderer Weise zu erklären, und zwar durch einen bildlichen Vergleich. Der Vergleich ist sehr primitiv – ich muß dafür um Entschuldigung bitten –, aber mir ist kein besserer eingefallen. Stellen wir uns einmal vor, ein Mensch litte an einer ganz eigenartigen Sehstörung, und zwar an einer Störung des Farbensehens. Er geht zu verschiedenen Ärzten, und diese stellen nun aufgrund eingehender Untersuchungen eine Liste der bei ihm auftretenden einzelnen Symptome fest, stellen also fest, daß dieser Patient alle gelben Farben grün sieht, daß er alle roten Farben als Lila sieht und daß Weiß ihm als Blau erscheint. Damit hätte man dann – bildlich gesprochen – drei ganz verschiedene einzelne Symptome, aus denen die Krankheit dieses Mannes besteht. Über das Wesen der Krankheit selbst weiß man damit noch gar nichts.

Nun kommt aber in unserem Beispiel gleichsam der Anthropologe – und daß er ein Anthropologe ist, verrät er dadurch, daß er selbstverständlich auch zunächst mit einer genauen Untersuchung die schon genannten Symptome feststellt, dabei aber dann nicht stehenbleibt, sondern von da aus den umgekehrten Weg einschlägt, und sich die Frage stellt, welche einheitliche oder zentrale Grundstörung denkbar wäre, die als Folgen diese verschiedenen Einzelsymptome gesetzmäßig hervorrufen müßte. In meinem etwas primitiven Beispiel würde er nach einigem Nachdenken wahrscheinlich auf den Gedanken kommen, daß es sich hier einfach darum handelt, daß der betreffende Mensch mit einer blauen Brille auf der Nase herumläuft, die eben dazu führt, daß er Rot als Lila, Gelb als

Grün und Weiß als Blau sieht. Um nun seine anthropologische Theorie zu beweisen, daß die blaue Brille in diesem Falle die zentrale Störung ist, wird der Anthropologe weiter vorhersagen, daß die einzige Farbe, die dieser Mann in ihrem wirklichen Wert erkennt, die Farbe Blau sein müßte. Das wird nachgeprüft und bestätigt sich, und damit ist die Vielfalt der einzelnen Symptome verständlich aus einer einzigen zentralen Grundstörung abgeleitet. Das Beispiel ist – wie gesagt – sehr primitiv, ich hoffe aber doch, daß der Gedankengang der anthropologischen Interpretation dabei etwas anschaulicher geworden ist.

Bei der anthropologischen Interpretation der depressiven Symptomatologie und des depressiven Wahnes sind Erwin Straus und Gebsattel nun von einem zentralen Symptom ausgegangen, das bei allen diesen Patienten – so verschieden ihre Symptomatologie sonst im einzelnen auch sein mag – vorhanden ist und das man daher mit Recht als ein für die endogene Depression fundamentales Symptom bezeichnet hat. Es handelt sich dabei um die Klage aller Depressiven, daß sie sich grundsätzlich und von vornherein in allen ihren Fähigkeiten, in ihrem Können, etwas körperlich oder geistig zu leisten, behindert fühlen. Dieses Symptom hat nun erstmals vor etwa dreißig Jahren den Gedanken auftauchen lassen, daß diese eigenartige Krankheit, die wir als endogene Depression bezeichnen, mit der gelebten Zeit beziehungsweise mit einer Störung dieser gelebten inneren Zeit zusammenhängen könnte. Es ist hier der Ort, einen Ausspruch von Max Scheler anzuführen, der einmal gesagt hat, daß das Urerlebnis der Zeitlichkeit in dem Erlebnis des eigenen Könnens, der eigenen Wirkmöglichkeit gegeben sei und daß es sich dabei um das Erleben einer gelebten Bewegung in die Zukunft hinein handele. Gerade dieses Erlebnis scheint nun dem Depressiven verlorengegangen zu sein, und dadurch kam man, wie gesagt, erstmals auf den Gedanken, daß sein ganzer Zustand sich anthropologisch – also in seinem Kern – vielleicht als eine Störung der gelebten Zeit überhaupt unter Einschluß auch der übrigen Symptome verstehen lassen könne.

Der sich daran anschließende Versuch einer ganzheitlichen Deutung der endogenen Depression mit all ihren verschiedenen Symptomen als einer krankhaften Störung der gelebten Zeit ist in glänzender und überzeugender Weise gelungen. Die Depression

ist damit in einer viel tieferen Weise als bisher verstanden und als eine, wie man auch sagt, Werdensstörung, als eine Störung des inneren Werdens, des lebensgeschichtlichen Sichentfaltens, erkannt worden.
Ich will versuchen, den Gedankengang dieser anthropologischen Deutung in seinen wesentlichen Zügen zu erläutern, und gehe dabei der besseren Verständlichkeit halber zunächst wieder von einem Beispiel aus dem normalpsychologischen Bereich aus: Bei dem Tode eines nahen Verwandten macht wohl jeder die Erfahrung, daß sich in den Schmerz und die Trauer über den Verlust auch noch ein ganz anderes Gefühl mehr oder weniger aufdringlich zu mischen pflegt, und zwar das Gefühl einer Schuld dem Verstorbenen gegenüber, ohne daß zunächst ein greifbarer Anlaß sichtbar wäre oder sich dieses Schuldgefühl psychologisch erklären ließe. Solange dieser Mensch lebte, hatten wir dieses Schuldgefühl ihm gegenüber keineswegs. Jetzt mit einem Male, nachdem er tot ist, tritt es plötzlich auf.
Wenn wir dieses Erlebnis genau analysieren, dann stellen wir etwa folgendes fest: Die Gründe, aus denen dieses Schuldgefühl auftritt, bestanden auch schon, als dieser Mensch noch lebte, sie wurden von uns aber gleichsam nicht aktualisiert. Diese Gründe waren darin gegeben, daß wir diesem Menschen im wahrsten Sinne des Wortes vieles schuldig geblieben waren: Wir hatten uns nicht so um ihn gekümmert, nicht so an seinem Schicksal Anteil genommen, wie es von uns verlangt wurde und wie wir selbst es von uns im Grunde verlangten – wir hatten uns, kurz gesagt, nicht genug um ihn gekümmert. Genaugenommen kümmert man sich ja fast nie genug um andere Menschen.
Solange dieser Mensch nun noch lebte, berührte uns diese Tatsache nicht, weil er noch lebte. Das war nämlich gleichbedeutend mit der immer noch offenstehenden Möglichkeit, daß wir diesem Menschen eines Tages wieder begegnen, daß wir ihn immer wieder sehen würden und daß wir auf diese Weise noch die Möglichkeit haben würden, das, was wir ihm schuldig geblieben waren, abzutragen. Das, was wir hier versäumt hatten, wiedergutzumachen.
Wir können hier wieder an das anknüpfen, was wir eingangs sagten, indem auch in diesem Falle bei der Beurteilung unseres Verhältnisses diesem betreffenden Menschen gegenüber für unser Ge-

fühl die augenblickliche Situation die geringere Rolle spielt angesichts der in Zukunft mit diesem Menschen noch möglichen Begegnungen. Diese Möglichkeiten der Zukunft im Hinblick auf diesen einen Menschen sind mit dessen Tod nun aber endgültig abgeschnitten. Das ganze Leben dieses Menschen ist ausschließlich zur Vergangenheit geworden, zu einer in meiner Erinnerung an diesen Menschen noch gegenwärtigen Vergangenheit, aber einer Vergangenheit, die erstarrt ist, die nicht mehr wandelbar ist, die keine Öffnung in die Zukunft mehr hat. Und damit sind nun auf einmal alle meine Versäumnisse diesem Menschen gegenüber endgültig besiegelt, und daher führt sein Tod dazu, daß ich mit einem Male ihm gegenüber Schuld empfinde.

Man kann nun ganz allgemein sagen, daß wir alle unsere ständigen Fehler und Versäumnisse, die wir uns bei genauerem Nachdenken vorzuwerfen hätten, eben deshalb in der Regel ohne Schuldgefühle ertragen, weil wir durch unsere Vergangenheit eben nicht festgelegt sind, sondern immer schon mit einer Hälfte unseres Wesens unserem objektiven Augenblick vorauseilend in der Zukunft sind als der uns stets offenstehenden Fülle von Möglichkeiten, alles wiedergutzumachen und wieder in Ordnung zu bringen. Wenn man nun aber einmal annimmt, daß der Schwung dieser gelebten Zeit, der uns immer schon in die persönliche Zukunft gleichsam vorauseilen läßt, erlahmt, wenn dieses Gefühl des eigenen Wirkenkönnens in die Zukunft hinein, wie Scheler es genannt hat, erlöscht, wenn die gelebte Zeit sich verlangsamt oder zum Stillstand kommt, dann ist diese persönliche Zukunft wohl noch rational für den urteilenden Verstand, aber innerhalb der gelebten Zeit, im Lebensgefühl, nicht mehr da, sie ist abgeschnitten.

In einem solchen abnormen Zustand, und dies eben scheint der Zustand des depressiv kranken Patienten zu sein, ist der Mensch dann in der einzigartigen Situation, noch als Lebender nur noch Vergangenheit zu sein. In dem gleichen Augenblick muß man die persönliche Vergangenheit als unabänderlich, als erstarrt erleben, und in dem gleichen Augenblick melden sich nun mit einem Male all die in der Regel kleinen, aber doch zahllosen Fehler und Versäumnisse, die wir uns alle zuschulden kommen lassen, mit jetzt nicht mehr abweisbarer Hartnäckigkeit und Ausschließlichkeit und erwecken in dem auf diese Weise auf seine Vergangenheit festgelegten Depressiven jenes abgrundtiefe Schuldgefühl, das für diese Zustände so charakteristisch ist. Aber dieses Fortfallen der Zukunft, das die unausbleibliche Folge eines Stillstandes der gelebten Zeit ist, verändert nicht nur die seelische Verfassung des Betroffenen in der beschriebenen Weise, sondern gleichzeitig auch die Physiognomie der ihn umgebenden Welt. All das, was zukünftig ist oder auf die Zukunft hinweist, was also objektiv noch nicht da ist und dessen Wert daher nur im Lebensgefühl der gelebten Zeit, die immer die Zukunft schon einbezieht, überhaupt als positiver Wert erlebt werden kann, all das fällt in dem Aspekt dieser zukunftslosen depressiven Welt fort. Die Möglichkeiten, die sie für die Zukunft verspricht, die Andeutungen des ständigen Wachsens und Werdens und Wiederaufbauens, der Erneuerung als grundsätzlichem allgemeinem Prinzip dieser Welt, all das ist plötzlich ausgelöscht. Es bleibt übrig ein ganz einseitiger Aspekt, der bestimmt ist von den jetzt allein noch erlebbaren Qualitäten des Vergehens, des Zerfallenden, des Sichauflösenden und Verwesenden. Es ist wirklich so, wie der Volksmund sagt, daß der Depressive gleichsam eine dunkle Brille trägt, die ihn alles grau in grau sehen läßt: All das, was verheißungsvoll, was rosig und erfreulich in der Welt vorhanden ist, wird durch diese Brille gleichsam hinausgefiltert, und übrig bleibt ein Bodensatz von Vergänglichkeit, Leid, Sterben und Verwesung. Der Stillstand der gelebten Zeit hat also auch zur Folge, daß der Depressive nur noch diese Wesenszüge der Welt als wirklich erleben kann, von wo aus es verständlich wird, wie es zum hypochondrischen und Verarmungswahn kommen kann.

Diese Andeutungen müssen hier genügen. Wir haben durch diese anthropologische Interpretation die endogene Depression erkennen gelernt als die sichtbare Erscheinungsweise eines Daseins, dessen Werdenszeit oder gelebte Zeit zum Stillstand gekommen ist. Bei diesem ungeheuerlichen Experiment der Natur mit der menschlichen Psyche werden nun auf einmal Stück um Stück die feinen und normalerweise unsichtbaren Fäden des Gewebes sichtbar, mit dem wir mit unserem Leben und mit unserer Umwelt verbunden sind. Erst unter diesen abnormen Bedingungen können wir jetzt mit einem Male ermessen, welche Bedeutung den Eigentümlichkeiten der gelebten Zeit zukommt, die wir anfangs aufgezählt haben, nämlich der Veränderlichkeit der Geschwindigkeit ihres Ablaufes, der nur bei ihr festzustellenden Gegenwart von Vergangenheit und Zukunft und der subjektiven Ausgezeichnetheit einer bestimmten, nämlich der persönlichen Lebenszeitstrecke. Unter den abnormen Bedingungen der Werdensstörung, wie wir sie als das Wesen der endogenen Depression verstehen gelernt haben, wird sichtbar, in welchem Umfange diese gelebte Zeit für die besondere Form unseres Menschseins bestimmend und bedeutsam ist, daß sie nicht nur bestimmt, wie wir zu uns selbst Stellung nehmen, sondern auch, wie wir unsere Welt erleben.

Ausgehend von der Frage, was die Zeit, nämlich unsere persönliche, innere gelebte Zeit sei, haben wir damit einen langen und schwierigen und hoffentlich nicht allzu öden Weg zurückgelegt. Indem wir dabei den Spuren dieser gelebten Zeit folgten, sahen wir uns unerwartet genötigt, uns immer eingehender mit den spezifischen Eigentümlichkeiten unseres Menschseins zu beschäftigen, mit der Art und Weise, in der wir uns und unsere Welt erleben, und mit den Bedingungen, unter denen unsere menschliche Freiheit steht und von denen sie begrenzt wird. Die gelebte Zeit hat sich dabei als so spezifisch für den Menschen und so fundamental für das Menschsein überhaupt erwiesen, daß man den Menschen geradezu charakterisieren könnte als das Wesen, das sich lebend in der Zeit entfaltet. Person sein ist – so möchte ich es sagen – seinem Wesen nach gelebte Zeit, lebendige Selbstverwirklichung, sich zeitigendes Reifen. Wenn wir daher jetzt, am Schluß unseres Weges angekommen, uns die eingangs gestellte Frage nochmals vorlegen, was denn Zeit, was denn diese gelebte innere Werdenszeit ist, so sehen wir uns zu der unerwarteten Schlußfolgerung genötigt, daß wir mit dieser Frage nach uns selbst gefragt haben, daß wir selbst es sind, daß es die spezifische Form des menschlichen Daseins ist, als die diese gelebte Zeit, nach der wir fragten, sichtbar in Erscheinung tritt.

(1958)

Das Dilemma der Seelenärzte

Ein Kongreß wurde in die Wirklichkeit zurückgerufen

Am 27. Mai 1961 tagte in Baden-Baden die Versammlung der »südwestdeutschen Psychiater«, der wohl traditionsreichste deutsche Psychiaterkongreß, und beschäftigte sich mit den Problemen der Begutachtung und Entschädigung ehemaliger KZ-Häftlinge.
Redner auf Redner setzte sich mit der durch den Text des Entschädigungsgesetzes aufgeworfenen Frage auseinander, wie sich die »EM« (die Erwerbsminderung) von Menschen angemessen in Prozentsätzen fixieren lasse, denen selbst zwar körperlich nichts geschah, die aber jahrelang in Todesangst und absoluter Entwürdigung zu leben gezwungen waren und womöglich erlebten, wie ihre Angehörigen einer nach dem anderen elend zugrunde gingen.
Manche Referenten spürten die Unzumutbarkeit einer solchen Fragestellung. Jedoch schien es ein Kongreßtag zu werden wie alle anderen. Das soll heißen, daß sich die Vortragenden in der Reihenfolge des Programms nach Kräften nicht nur darum bemühten, mit brillanten Formulierungen, mit den Argumenten bestimmter Lehrmeinungen, durch imponierende Statistiken das Problem der Reduktion unausdenkbarer menschlicher Schicksale auf Prozentzahlen zu lösen, sondern zugleich auch darum, der Versammlung zu demonstrieren, daß sie selbst noch erfolgreicher nachgedacht, noch gründlicher nachgelesen und noch geschickter formuliert hätten als die anderen Sprecher.
Es konnte so nicht ausbleiben, daß eine schließlich etwas gespenstische Atmosphäre entstand, die für den, der von dem wissenschaftlichen Problem nicht vollständig in Anspruch genommen war und der sich vielleicht gar noch der letzten Zeugenaussagen des Eichmannprozesses erinnerte, zeitweilig wie eine körperlich spürbare, drückende Gewitterwolke über der Versammlung zu hängen schien.
Und dann ereignete sich etwas Unwahrscheinliches: Aus dem

Chor der geschliffenen Argumente und Gegenargumente, der wissenschaftlichen Akribie und des persönlichen Ehrgeizes erhob sich eine Stimme, die alle diese Probleme beiseite schob und die von der Unaufhebbarkeit des Geschehenen sprach und von den Folgen dieser Unaufhebbarkeit.

Und diese Stimme wurde gehört. Auf dem Podium stand ein alter Mann mit weißen Haaren und sagte: »Ich bin nicht im KZ gewesen. Ich habe auch niemanden ›begutachtet‹, der im KZ gewesen ist. Aber ich habe viele Angehörige im KZ verloren, und darum möchte ich auch einige Worte zu dem Thema sagen.«

Jeder im Saal kannte den Mann, der da stand, einen Nestor der deutschen Psychiatrie. Er hatte bis 1933 in Berlin gelebt, bis er wie Einstein, wie Hindemith oder später Freud fliehen mußte, als unser Volk es als Zumutung zu empfinden begann, noch länger als das der »Dichter und Denker« zu gelten.

Auf dem Podium stand *Erwin Straus,* der Begründer der anthropologischen Psychiatrie. Er war nicht im KZ, er hatte auch keinen Häftling begutachtet, aber er hat viele Angehörige im KZ verloren, und er war der einzige, der in diesem Augenblick und in diesem Kreise das sagen konnte, was er dann sagte:

Wenn man die Frage erörtere, ob seelische KZ-Folgen als »Dauerschäden« bestehen bleiben könnten, so setze man doch voraus, daß Erlebnisse in der Regel zu einem bestimmten Zeitpunkt einsetzen und dann abklängen, bis sie wieder verschwunden seien »wie der Ton eines angeschlagenen Gongs«. Er bezweifele, ob das richtig sei. »Das eigentliche Problem der Wiedergutmachung ist doch gerade das Faktum, daß es unmöglich ist, das Geschehene umzukehren, es wiederaufzuheben.« Daß es geschehen sei und wie es geschehen sei, das sei schlimm genug. Aber das Schlimmste sei es eben, daß es überhaupt geschehen konnte. Heilung würde hier, in einem tieferen Sinne verstanden und von den vordergründigen medizinischen Problemen einmal abgesehen, in Wirklichkeit doch Rückkehr bedeuten, nämlich Rückkehr in die eine, ungebrochene, festgefügte gemeinsame Welt, die es vorher gab. »Das ist doch das schlimmste: Die bleibende Erkenntnis, daß unsere Welt, die wir für so fraglos begehrenswert gehalten haben, in Wirklichkeit eine teuflische Welt ist. Daß wir« – Straus sagte wir! – »auf der Hut sein müssen. Daß es keine Sicherheit gibt.«

»Seit es die KZs gab, gibt es die Verfolgten, die Häftlinge. Die anderen sind die Verfolger, alle anderen.« Wiedergutmachung und Heilung für uns alle seien nur in der Form möglich, daß es diesen beiden Gruppen gelinge, wieder zusammenzufinden in eine gemeinsame Welt, die von ihnen gemeinsam bejaht werden könne. Die große Frage sei es daher, ob es unter denen, die ein KZ durchgemacht hätten, noch Gläubige gebe, Menschen, auf deren Vertrauen eine neue, gemeinsame Welt sich begründen lasse. »Dies ist unsere einzige Hoffnung, denn von außen kann die wirkliche Heilung nicht kommen.«

Und dann ging er wieder auf seinen Platz, und die Atmosphäre war wieder rein. Es waren befreiende Worte, befreiend für uns alle, auch wenn sie keinen einzigen von uns freisprechen können.

(1961)

Es verschwinden alle aggressiven Reaktionen

Über die Wirkung moderner Psychopharmaka

Die Psychiatrie nimmt innerhalb der Medizin in mancher Hinsicht eine Sonderstellung ein. In allen übrigen Fächern handelt es sich um die Erkrankung körperlicher Organe, die den experimentellen Methoden naturwissenschaftlicher Forschung unmittelbar zugänglich sind. Das Ergebnis sind die oft dramatischen therapeutischen Erfolge, die den Fortschritt der klinischen Medizin in den letzten Generationen kennzeichnen.

In der Psychiatrie liegen die Dinge anders. Der berühmte Satz Wilhelm Griesingers, einer der ersten naturwissenschaftlich denkenden Psychiater des vorigen Jahrhunderts: »Geisteskrankheiten sind Gehirnkrankheiten«, gilt nicht im Sinne der allgemeinen Pathologie. Mikroskop und Seziermesser lassen bei den echten geistigen Erkrankungen auch am Gehirn keine krankhaften Veränderungen entdecken. Trotzdem traf Griesinger etwas Richtiges. Er stellte seine Behauptung nämlich als Antithese zu der gängigen Auffassung seiner Zeit auf, welche geistige Störungen nicht eigentlich als Krankheiten im Sinne der Medizin, sondern als Fluch oder die Folge schuldhafter Verstrickung ansah. Noch Kant trat für die Zuständigkeit des Philosophen ein, wenn es darum gehe, einen geistesgestörten Delinquenten vor Gericht auf seine Verantwortlichkeit hin zu beurteilen.

Aber die Geisteskrankheiten, die Psychosen, sind Krankheiten wie andere Krankheiten auch. Sie sind, ihrer Natur entsprechend, folgenschwerer für den Betroffenen, und sie geben der Forschung bis heute besonders schwierige und noch weitgehend ungelöste Probleme auf. Sie sind aber, wie mit aller Deutlichkeit festgestellt werden muß, weder die Folge etwa persönlicher Schuld noch die Folge persönlichen, individuellen Schicksals.

Jeder Psychiater weiß, welch ungläubiges Erstaunen gerade die zweite Feststellung – die der Unabhängigkeit geistiger Erkrankungen von persönlichen Erlebnissen – beim Laien auslöst. Es gibt ja tatsächlich kaum einen geisteskranken Patienten, dessen Angehörige dem behandelnden Arzt nicht von besonderen seelischen Belastungen zu berichten wissen, die den Kranken vor dem Ausbruch seines Leidens getroffen haben, von beruflichen Sorgen, enttäuschenden Liebeserlebnissen oder anderen Konflikten. Das beweist hinsichtlich der Ursache der Psychosen aber einfach deshalb nichts, weil das menschliche Leben nun einmal so beschaffen ist, daß es niemanden gibt, der sein Leben ohne solche Sorgen und Belastungen führen könnte. Und so bleibt die Tatsache, daß die weitaus überwiegende Mehrzahl aller Menschen unter dem Druck der gleichen Erschwernisse und Ängste eben nicht geistig erkrankt. Zu dieser Erkenntnis paßt die Feststellung der modernen Sozialpsychiatrie, daß die Häufigkeit des Auftretens von Schizophrenien oder manisch-depressiven Gemütserkrankungen bei Flüchtlingen nicht größer ist als bei den Angehörigen glücklicherer Länder, die vom Kriege nicht betroffen wurden. Das mag erstaunlich sein und unerwartet, nichtsdestoweniger sind dies die Tatsachen.

Hier muß die Psychotherapie kurz erwähnt werden. Ihre Lehren sind ja heute, in populärer Form, in aller Munde und genießen in Laienkreisen eine außerordentliche Publizität. So ist auch weithin bekannt, daß seit etwa ein bis zwei Jahrzehnten überall in der Welt, vor allem in den Vereinigten Staaten, große und mit bewundernswerter Zähigkeit durchgeführte Versuche unternommen werden, Geisteskranke psychoanalytisch zu behandeln. Grundsätzlich neu sind dabei eigentlich nur die modernen psychologischen Methoden, die Konzeption selbst ist es keineswegs. Die theoretische Voraussetzung einer Psychotherapie der Psychosen ist ja die Annahme, daß es sich bei diesen Formen menschlichen Leidens nicht um Krankheiten im medizinischen Sinne handelt, sondern um die Folgen frühkindlicher Erlebnisse, die seelisch nicht verarbeitet werden konnten. Und die analytische Therapie bedeutet letztlich nur den Versuch, diese Entwicklung in Zusammenarbeit mit dem Patienten wieder rückgängig zu machen durch Aufklärung und psychologische Führung. Wir haben mit dieser Richtung der Psychotherapie also nichts anderes vor uns als das geistige Erbe der sogenannten »Psychiker« unter den Psychiatern des vorigen Jahrhunderts, jener wissenschaftlichen Gegner Griesingers, von denen eingangs bereits kurz die Rede war. Und abschließend zu diesem Kapitel sei auch noch erwähnt, daß es bisher auf der ganzen Welt nicht einen einzigen Fall einer unbezweifelbaren Geisteskrankheit gibt, der durch Psychotherapie geheilt worden wäre.

Dabei besteht jedoch der Ruf praktischer Hilflosigkeit, mit dem die Psychiatrie in den Augen des Laien auch heute meist noch umgeben ist, nicht mehr zu Recht. Die Methoden aber, mit denen es bisher allein möglich ist, einen Geisteskranken mit Aussicht auf Erfolg zu behandeln, sind sämtlich – und auch das sollte zu denken geben – körperlicher, somatischer Natur.

Kurz vor dem letzten Kriege wurden, unabhängig voneinander, im Abstand von wenigen Jahren zwei Methoden entwickelt, mit denen es erstmals möglich war, Geisteskrankheiten mit nennenswerten Erfolgsaussichten zu behandeln. Es waren dies die sogenannte Elektroschockbehandlung – eine psychologisch höchst unglückliche und für den Laien irreführende Bezeichnung, die sich aber nun einmal eingebürgert hat – sowie die Insulin-Koma-Behandlung.

Die sogenannte Elektroschockbehandlung, eingeführt von dem italienischen Psychiater Ugo Cerletti, besteht in der Auslösung eines epileptischen Anfalls durch elektrischen Strom. Die Methode ist durch die Anwendung muskelerschlaffender Substanzen und die Durchführung in einer intravenösen Rauschnarkose längst zu einer Form entwickelt worden, die Komplikationen nahezu ausschließt und vor allem auch jegliche Unannehmlichkeiten für den Patienten beseitigt, der von der ganzen Prozedur nichts erlebt.

Die von dem österreichischen Psychiater Sakel entwickelte Insulinbehandlung wird in der Form durchgeführt, daß über mehrere Wochen hinweg täglich sehr hohe Dosen des Hormons Insulin injiziert werden, die eine drastische Herabsetzung des Blutzuckergehaltes und damit eine tiefe Ohnmacht, ein »Koma«, herbeiführen. Eine extrem tiefe Bewußtlosigkeit, die auf andere Weise ohne Gefährdung des Patienten kaum zu erreichen ist, ist also beiden Methoden gemeinsam und ist bei beiden Methoden wahrscheinlich auch das heilende Prinzip.

Erst vor diesem geschichtlichen und theoretischen Hintergrund kann die außerordentliche Bedeutung des neuesten Fortschritts in-

nerhalb der psychiatrischen Therapie deutlich gemacht werden: Es handelt sich dabei um die seit einigen Jahren bestehende Möglichkeit, Geisteskranke mit bestimmten chemischen Substanzen zu behandeln, die in Form gewöhnlicher Tabletten verabfolgt werden. Die Entdeckung von Medikamenten, die eine heilende Wirkung bei Geisteskrankheiten haben, die Entdeckung von antipsychotisch wirksamen Psychopharmaka, ist als der bisher größte Fortschritt der klinischen Psychiatrie anzusehen, auch dann, wenn wir uns darüber klar sind, daß die Pharmakotherapie der Psychosen erst am Anfang ihrer Entwicklung steht.
Psychopharmaka, also chemische Substanzen, die psychische Wirkungen hervorrufen können, sind schon seit sehr langer Zeit bekannt. Ich darf hier an den Alkohol erinnern, der seine allgemeine Beliebtheit und seine soziale Bedeutung ja eben dieser Eigenschaft verdankt, daß er psychische Wirkungen hervorzurufen, daß er Sorgen zu verscheuchen und die Stimmung zu heben vermag. Auch die Schlafmittel wären hier zu nennen oder Rauschdrogen, wie Haschisch oder Mescalin, die in den religiösen Riten mancher exotischer Völker eben ihrer psychischen Wirkungen wegen zeitweise eine bedeutende Rolle gespielt haben.
Mit all diesen bisherigen Psychopharmaka kann man geisteskranke Patienten nun jedoch noch nicht behandeln. Man kann einen unruhigen, halluzinierenden Geisteskranken mit einem Schlafmittel natürlich narkotisieren. Der Schweizer Psychiater Klaesi hat bereits in den zwanziger Jahren regelrechte Schlafkuren mit seinen Patienten durchgeführt. Aber es stellte sich heraus, daß alle krankhaften Symptome sofort wieder auftraten, wenn der Patient aus seinem Schlaf erwachte.
Erst seit zehn Jahren verfügen wir über Medikamente, die als sogenannte Neuroplegika zusammengefaßt werden und mit denen es möglich ist, die Symptome geistiger Erkrankungen therapeutisch zu beseitigen. Hierher gehören bestimmte synthetische Substanzen, zum Beispiel die sogenannten Phenothiazine, und ein pflanzliches Alkaloid, das Reserpin. In engem Zusammenhang mit ihrer heilenden Wirkung bei Geisteskrankheiten ist nun auch die psychische Wirkung dieser Neuroplegika von grundsätzlich neuer Art. Auch sie dämpfen, ähnlich wie Schlaf- und Narkosemittel, die psychischen Funktionen, jedoch mit einer sehr bedeutsamen Einschrän-

kung. Der narkotische Effekt der üblichen Schlaf- und Beruhigungsmittel erstreckt sich auf alle psychischen Funktionen, auf das Wachbewußtsein ebenso wie auf das Urteilsvermögen, auf die allgemeine Erlebnisfähigkeit ebenso wie auf die Merkfähigkeit und den Antrieb. Die Neuroplegika dagegen dämpfen nun isoliert nur die gemütsmäßige Ansprechbarkeit, also die Erregbarkeit von Stimmungsfaktoren, sowie den Antrieb.

Man kann mit einem neuroplegischen Medikament folglich einen erregten Geisteskranken beruhigen, seine Angst und sein Mißtrauen isoliert beseitigen, ohne ihn zu narkotisieren und dadurch seinen Kontakt mit der Umwelt aufzuheben. Der Patient bekommt, mit anderen Worten, unter der Wirkung dieser Substanzen die Möglichkeit, sich beruhigt und entspannt, gleichsam in der Stimmung sachlicher Nüchternheit, mit seiner Umgebung und seiner besonderen Situation, speziell auch mit seinen vorangegangenen Befürchtungen und Ängsten, kritisch auseinanderzusetzen.

Diese durch die Neuroplegika geschaffene psychologische Situation ist an der heilenden Wirkung dieser Medikamente bei Geistesstörungen wahrscheinlich wesentlich beteiligt. Diese Erklärung allein reicht aber noch nicht aus. Wie kommt es denn, so muß man weiterfragen, daß im Verlauf einer erfolgreichen Behandlung mit neuroplegischen Medikamenten auch die wahrhafte Einstellung des Patienten, sein krankhaft-mißtrauisches, aggressives Verhältnis zur Umwelt eine grundlegende Wandlung erfährt?

Zur Klärung dieser Frage, die zugleich auch das Ursachenproblem geistiger Erkrankungen berührt, haben wir in den vergangenen zwei Jahren in Zusammenarbeit mit dem Seewiesener Max-Planck-Institut für tierische Verhaltensforschung Experimente mit Hilfe sogenannter »Attrappenversuche« durchgeführt. Als Versuchstiere dienten brütende Truthennen. Bei den Tieren sind in dieser Brutsituation aus biologisch einsichtigen Gründen zwei Verhaltensbereiche besonders aktiviert, nämlich aggressive Tendenzen im Sinne der Nestverteidigung und Brutpflegereaktionen. Wenn man den Tieren ein ausgestopftes Putenküken nähert, so reagieren sie mit Lock- und Führungslauten. Man kann nun diese Küken-Attrappen lebenden Küken immer unähnlicher machen, indem man zum Beispiel das Federkleid bei der Attrappe wegläßt und die natürliche Farbe nur aufmalt oder auf andere Weise. Man

erreicht auf dem Wege solcher Veränderungen früher oder später einen Grad der Unähnlichkeit, angesichts dessen die brütende Henne gleichsam nicht mehr »weiß«, was sie vor sich hat: ein Küken, das sie locken, oder einen Feind, den sie bekämpfen muß.
In diesem Stadium des Versuches gehen Lockrufe und drohendes Fauchen oder Hacken bei der Henne in einem chaotischen Durcheinander instinktiver Reaktionen ineinander über. Und wenn man dieser Pute in dieser Situation ein Neuroplegikum injiziert, dann kann man etwas Erstaunliches beobachten. Die Aktivität des Tieres wird gedämpft, aber nur in einer einzigen Richtung: Es verschwinden alle aggressiven Reaktionen, und gänzlich unberührt bleiben gleichzeitig die Lockrufe und andere Brutpflegereaktionen, die unter Umständen sogar gesteigert auftreten.
Das Ergebnis dieses und ähnlicher Versuche führt zu der Vermutung, daß die Neuroplegika auf ganz bestimmte angeborene Verhaltensweisen wirken, und zwar insbesondere auf solche Verhaltensweisen, die Ausdruck einer aggressiven, ängstlichen oder feindseligen Einstellung zur Umwelt sind. Der Zusammenhang zwischen einer solchen Wirkungsweise und der therapeutischen Brauchbarkeit der Neuroplegika bei psychischen Erkrankungen liegt auf der Hand.
Die Entwicklung, erst zehn Jahre alt und fraglos noch ganz am Anfang, ist in vollem Fluß. Schon heute kann vielen Geisteskranken durch einfache Tabletten geholfen, oft sogar Heilung gebracht werden. Wenn sich die modernen Nervenkliniken in ihrer ganzen Atmosphäre von anderen Krankenhäusern kaum noch unterscheiden, so verdanken wir das auch den modernen neuroplegischen Medikamenten. Und schließlich ist vielleicht deutlich geworden, daß die Forschung auf diesem Gebiet nicht allein neue Behandlungsmöglichkeiten erschlossen hat, sondern zugleich auch einen Beitrag leisten kann zu dem bisher noch immer ungelösten Rätsel der Ursache geistiger Erkrankungen.

(1962)

Mord soll Mord genannt werden

Eine fragwürdige Argumentation im Falle der Euthanasie

Auch nach wiederholter Lektüre wird man sich fragen, welche Motive wohl gerade diesen Autor bewogen haben mögen, ein solches Buch zu schreiben. Die flüchtige Hoffnung, daß es wenigstens Mut gewesen sein möge, der wenn auch vielleicht traurige Mut eines Mannes, der zu seinen Taten heute noch steht – es wäre immerhin das erste Mal gewesen in der deutschen Nachkriegsgeschichte –, auch diese vage Hoffnung wird schon nach den ersten Seiten zunichte. Sie kapituliert vor einem Ausmaß an innerer Unwahrhaftigkeit, das auch in der sattsam bekannten »Rechtfertigungsliteratur« seinesgleichen sucht.

Es ist die Rede von Werner Catel: »Grenzsituationen des Lebens«, ein Beitrag zum Problem der begrenzten Euthanasie; Verlag Glock und Lutz, Nürnberg; 195 S., DM 9,80.

Man erinnert sich: Vor einigen Jahren wurde dem Verfasser, damals noch Direktor der Universitätskinderklinik in Kiel, der Prozeß gemacht, weil er in der Hitlerzeit eine Aktion zur Tötung schwachsinniger Kinder verantwortlich geleitet haben sollte. Das Ergebnis der Ermittlungen sprach, vorsichtig ausgedrückt, dafür, daß derartige Vorwürfe nicht völlig aus der Luft gegriffen waren. Es kam dennoch zu einem Freispruch, weil es nicht gelang, dem Angeklagten nachzuweisen, daß er, der Kinderarzt, das Gefühl des Unrechtmäßigen dabei gehabt hatte. Es kam ferner, in seltsam widerspruchsvoller Weise, zu einer vorzeitigen Pensionierung.

Nun könnte man daran zweifeln, daß eine solche Vorgeschichte zur öffentlichen Erörterung des Euthanasieproblems legitimiert. Manche Leser mögen sich sogar fragen, wie sich eine solche Autorenschaft denn mit den in vielen Kreisen auch heute noch herrschenden Ansichten über Geschmack und Takt vereinen läßt. Derartige Erwägungen erweisen sich in diesem Fall jedoch als irrelevant, da es naturgemäß nicht möglich ist, gegen einen Autor mit Maßstäben zu argumentieren, die er selbst nicht als verbindlich anerkennt. Bei diesem Buch handelt es sich auch gar nicht, wie der Titel behauptet, um einen diskussionswürdigen Beitrag zum Problem der Euthanasie, sondern um etwas ganz anderes: um einen Versuch, die öffentliche Meinung für eine Geisteshaltung zu gewinnen, die es für moralisch, gerechtfertigt und vernünftig hält, schwachsinnige Kinder zu beseitigen.

Catel beginnt damit, daß er den hippokratischen Eid zerpflückt, in dem es bekanntlich heißt: »An niemand werde ich ein tödlich wirkendes Gift abgeben, auch dann nicht, wenn man mich darum bittet, ich werde auch keinen solch verwerflichen Rat erteilen.« Catel hat gleich zwei Argumente parat, die Verbindlichkeit dieser Formulierung für den modernen Arzt zu bestreiten. Einmal, so meint er, sei die hippokratische Eidesformel »einem christlichen, wahrhaft gläubigen Arzt nicht zuzumuten«, da in ihrer Einleitung heidnische Götter, nämlich Apollo und Asklepios, als Schwurzeugen angerufen würden. Ferner habe sich Hippokrates mit dem zitierten Satz aller Wahrscheinlichkeit nach nur gegen das Verbrechen des Giftmordes aussprechen wollen, da er und seine Zeitgenossen das Problem der Euthanasie noch gar nicht gekannt hätten.

Einige Abschnitte später wird der »christliche, wahrhaft gläubige Arzt« dann über viele Seiten hinweg mit detailliert ausgemalten Scheußlichkeiten der kirchlichen Ketzerverfolgung zur Zeit der Inquisition konfrontiert, die ihn zu der Schlußfolgerung führen sollen, »daß kirchliche Institutionen, die solches veranlaßten oder zuließen, nicht mehr überzeugen, wenn sie sich bei der Erörterung anderer Probleme (also etwa der Euthanasie) kompromißlos auf das fünfte Gebot berufen«. Diese »Beweisführung« hindert den Autor jedoch keineswegs, die auf solche Weise disqualifizierten Institutionen gleich anschließend als Kronzeugen anzurufen, indem er Pius XII. und seine berühmte Feststellung, der christliche Arzt sei nicht verpflichtet, den Todeskampf eines Sterbenden bedingungslos zu verlängern, in seine Argumentation einbaut.

Spätestens an dieser Stelle muß auch dem arglosesten Leser klargeworden sein, wie es um die intellektuelle Wahrhaftigkeit des Verfassers bestellt ist. Das, was Catel ihm hier als »Beweisführung« vorzusetzen die Stirn hat, mag als Studienobjekt für einen psychoanalytischen Fortbildungskurs über das Thema »Aggressiver Fanatismus und seine seelischen Hintergründe« höchst geeignet sein. Mit den Gesetzen der Logik hängt das alles nicht mehr zusammen. Denn was hat die Tatsache, daß Hippokrates die Götter seiner Zeit anruft, mit der Frage zu tun, ob man schwachsinnige Kinder umbringen soll? Welcher Zusammenhang besteht zwischen den Schrecken eines religiösen Fanatismus und der Antwort auf diese Frage? Und mit welchem Recht schließlich redet der Autor eigentlich fortwährend von »Euthanasie«? Das Problem der Euthanasie bezieht sich bekanntlich auf die Frage, ob es in bestimmten Fällen erlaubt sei, unheilbar Kranke, die unerträglich leiden, durch Tötung von ihren Qualen zu befreien. Da Schwachsinnige nicht leiden, ist die Zitierung des oben wiedergegebenen Ausspruchs von Pius XII. in diesem Zusammenhang nichts anderes als eine bewußte Irreführung. Das Buch strotzt von Beispielen dieser Art. Nur noch ein einziges: Auch Luther habe sich schon für die »Euthanasie« bei idiotischen Kindern ausgesprochen. Belegt wird das durch ein langes Zitat aus den »Tischreden«. Mit der Frage des Catelschen Buches hat aber auch diese Lutherische Stellungnahme überhaupt nichts zu tun. In dem angeführten Beispiel handelt es sich nämlich um ein Kind, das »wenns übel im Haus zuging, so lachete es und war fröhlich, gings aber wol zu, so weinete es«, woraus der Reformator, dem Denken seiner Zeit entsprechend, den Schluß zog, daß der Teufel in diesem »Wechselbalg« hause. Das war sein Argument. Catel hindert das nicht, die Schilderung der Episode mit der Feststellung abzuschließen: »Luther hat sich also für die Tötung eines zwölfjährigen idiotischen Kindes ausgesprochen.« Diese Art der Schlußfolgerung ist symptomatisch für das ganze Buch.

Seien wir uns klar darüber: Selbstverständlich wird die Frage, ob es berechtigt oder gar wünschenswert ist, idiotische Kinder umzubringen, anstatt sie zu pflegen, immer wieder von neuem als Problem erscheinen. Aber dann rede man nicht von Euthanasie, sondern nenne die Dinge beim Namen. Wer ehrlich davon überzeugt ist, daß es richtig und nicht nur nicht verboten, sonder sogar wünschenswert ist, Schwachsinnige zu beseitigen, was eigentlich sollte einen solchen Menschen davon abhalten können, dann auch die Argumente anzuführen, die ihn zu dieser seiner Überzeugung gebracht haben?

Schwachsinnige leiden nicht. Sie tun, in geeigneter Pflege, niemandem etwas, sie stellen also auch keine Gefahr dar. Warum soll man sie umbringen? Natürlich läßt sich über ihre »Menschlichkeit« diskutieren (wer zieht die Grenze?), und natürlich läßt sich aus solchen Überlegungen für manche die Schlußfolgerung ableiten, daß die gesetzlichen Verbote und die moralischen Hemmungen, die der Tötung eines Menschen entgegenstehen, für derartige Wesen (Catel spricht mit Vorliebe von »idiotischen Monstren«) nicht gelten.

Aber selbst für den, der so weit zu gehen bereit ist, fängt doch das eigentliche Problem hier überhaupt erst an. Auch ein Wesen, das außerhalb des Schutzes des fünften Gebotes steht, ist deshalb ja noch nicht vogelfrei. Selbst die Tötung eines Tieres, an sich von keiner Instanz untersagt, mutet uns doch mit Recht fragwürdig an, wenn nicht im Einzelfall ein verständliches Motiv dahintersteht. Es genügt also keineswegs, die Beseitigung schwachsinniger Kinder mit der Berufung darauf zu fordern, daß sie keine »menschliche Seele« hätten. Jeder, der für diese Maßnahme eintritt, kommt nicht darum herum, auch Gründe anzuführen, die gegen ein Lebenlassen sprechen. Er möge dabei nicht vergessen, daß das Mitleid, das bei der wahren Euthanasie als Mitleid mit dem zu Tötenden immer zugleich auch den Ansatz zur moralischen Rechtfertigung enthalten kann, angesichts des Schwachsinnigen notwendig immer eine Art Mitleid mit uns selbst bleiben muß. Irgendwie glauben wir, den Anblick nicht ertragen zu können, den wir als Herausforderung unseres Stolzes als Homo sapiens spüren, oder aber wir operieren mit dem mehr ökonomischen Begriff der »unnützen Esser«. Irgendwo zwischen diesen beiden Polen und nirgendwo anders sind die Argumente zu finden. Bitte sehr, Freiwillige vor.

Von all diesen, den eigentlich entscheidenden Fragen, ist bei Catel nicht die Rede. Wo sie drohend am Rande auftauchen, entzieht er sich ihnen mit kleinen, billigen Tricks.

Catels Buch ist in Wirklichkeit nichts anderes als der Versuch einer Stimmungsmache. Ein Literaturverzeichnis von nicht weniger als fünfzehn Seiten, ein Anhang mit 64 zum Teil mehrseitigen Buch- und Gesetzesauszügen, die vollständige Zitierung des hippokratischen Eides in griechischer, deutscher und englischer Sprache, sogar eine gedrängte Darstellung der Relativitätstheorie werden aufgeboten zu keinem anderen Zweck als dem, die Kritikbereitschaft des nichtmedizinischen Lesers durch wissenschaftliches Gehabe von vornherein zu überfahren und das eigentliche, wirkliche Problem zu vernebeln. Auf welchem Niveau der Argumentation der Autor sich aber in Wirklichkeit zu fechten entschieden hat, das muß an einem letzten Beispiel, dem aufschlußreichsten und widerwärtigsten des ganzen Buches, abschließend noch demonstriert werden.

Es handelt sich dabei um Bilder, um Photographien von Mißgeburten und mißgestalteten Schwachsinnigen, die Catel seinem Buch als Anschauungsmaterial beigegeben hat. Diese Bilder sind so furchtbar, daß sie auf jeden Laien einen Schock ausüben müssen, mit dem zwangsläufig die ganz natürliche, instinktive Reaktion verbunden ist: »Um Gottes willen, bloß weg damit!« Genau auf dieser Ebene bewegt sich die »Beweisführung« Catels, der im äußerlich wissenschaftlichen Gewand die Taktik verfolgt, Argumente durch die Mobilisierung emotionaler Reaktionen zu ersetzen. Und genau das ist der würdeloseste und verächtlichste Weg, den ein Wissenschaftler einschlagen kann.

Aber ganz abgesehen davon, selbst hier lassen sich wieder Indizien dafür anführen, daß diese »dokumentarischen« Photographien eine bewußte Irreführung sind. Gerade die furchtbarsten dieser Bilder nämlich haben wieder mit dem Thema überhaupt nichts zu tun, denn Mißgeburten, wie die hier gezeigten, sterben sowieso, selbst bei sorgsamster Pflege, meist innerhalb weniger Wochen. Jeder Fachmann weiß das. Aber die Öffentlichkeit, an die sich Catel mit seinen Bildern geschmackvollerweise wendet, weiß das natürlich nicht – eine Kalkulation des Autors, die sich dem Gesamtniveau des Buches würdig einfügt. Und schließlich sind Fälle wie die bei Catel abgebildeten keineswegs so »typisch«, wie es die Auswahl suggeriert, sondern im Gegenteil extrem selten. Wieder weiß das natürlich nur der Fachmann, der hier überdies Gelegenheit hat, zumindest einen alten Bekannten unter den Bildern zu identifizieren, nämlich die Abbildung einer Mißgeburt aus einer Veröffentlichung Campers, die etwa dreißig Jahre alt ist. Dieses Beispiel kann illustrieren, welche Mühe Catel gehabt haben muß, eine hinreichende Zahl von Bildbeispielen ausreichender Gräßlichkeit zu-

sammenzubekommen. Er hat diese Mühe offensichtlich nicht gescheut, als deren Ergebnis nun in der Öffentlichkeit der irrige Eindruck entstehen wird, Fälle der abgebildeten Art seien es, die den »christlichen, wahrhaft gläubigen Arzt« sozusagen Tag für Tag vor das brennende, keinen längeren Aufschub mehr duldende Problem der »begrenzten Euthanasie« stellen.
Ein geschmackloses, unwahrhaftiges und sehr gefährliches Buch, das viele Köpfe verwirren wird. Wer die Tendenz des Verfassers erst einmal durchschaut hat, wird nach der Lektüre das dringende Bedürfnis verspüren, sich die Hände zu waschen.

(1962)

Das Thymusrätsel

Immunität und Immunisierung

Angesichts der schon seit Jahrzehnten rasch aufeinander folgenden Entdeckungen der Biologie und Medizin, angesichts der Tatsache, daß diese beiden Disziplinen sich in der jüngsten Zeit bereits mit zunehmendem Erfolg um die Analyse kompliziertester biologischer Funktionen bemühen, wie etwa um die körperlichen Grundlagen der Vererbung oder die neurophysiologischen Abläufe im Gehirn, muß es erstaunlich klingen, daß es bis vor wenigen Jahren noch ein ganzes Organ gab, über dessen Funktion und Aufgabe man nichts wußte. Es handelt sich bei diesem Organ um den Thymus.

Der Thymus ist ein beim Menschen, allen Säugetieren und auch den Vögeln hinter dem Brustbein gelegenes Gebilde von drüsenähnlichem Aufbau. Die mikroskopische Untersuchung zeigt, daß sein Gewebe in erster Linie Lymphozyten in großer Zahl enthält, also eine bestimmte Art von weißen Blutkörperchen, die vor allem der Abwehr gegen bakterielle und andere Krankheitserreger dienen. So rechnete man ihn in erster Linie zu den sogenannten »lymphatischen Organen«, in denen diese Blutzellen ebenso laufend neu gebildet werden wie etwa die roten Blutkörperchen oder Erythrozyten im Knochenmark.

Aber damit war nicht allzuviel gesagt, denn Lymphozyten entstehen auch noch in vielen anderen Organen, der Milz vor allem, den Lymphknoten, unter der Darmschleimhaut und an vielen anderen Stellen des Körpers. Der Gedanke lag also nahe, daß der Thymus offenbar keine eigene, spezifische Aufgabe habe, die nicht von den anderen lymphatischen Organen auch erfüllt werden könnte. Diese Annahme wurde dadurch noch unterstützt, daß die operative Entfernung des Thymus bei verschiedenen Versuchstieren keine feststellbaren Schäden oder andere Folgen hervorrief.

Jedoch gab es Beobachtungen, die sich damit nicht recht in Einklang bringen ließen. Einmal stand fest, daß der Thymus bei Mensch und Tier in den ersten Lebensjahren relativ groß ist und im mikroskopischen Bild sehr zellreich und daß er dann etwa zur Zeit der Pubertät fast völlig verkümmert. Und zweitens gab es den sogenannten »Thymustod« des Kleinkindes, das relativ seltene, aber doch immer wieder vorkommende Ereignis, daß ein sonst völlig gesundes Kleinkind ohne erkennbare Ursache ganz plötzlich starb, wobei in den meisten Fällen dann ein ungewöhnlich großer, besonders stark entwickelter Thymus festgestellt wurde. So neigte man zuletzt immer mehr zu der Ansicht, daß der Thymus wohl etwas mit den besonderen biologischen Aufgaben des *jungen* Organismus zu tun haben müsse, und vermutete, daß er als innersekretorische Drüse ein Hormon produziere, das für die Regulierung der Wachstumsvorgänge und vielleicht auch für den Eintritt der Pubertät von Bedeutung sei. Einen positiven Beweis freilich konnte man nicht erbringen, weil es nicht gelang, durch konzentrierte Thymusextrakte, die das hypothetische Hormon hätten enthalten müssen, entsprechende Einflüsse auf das Wachstum und die sexuelle Reifung von Versuchstieren auszuüben.

Dies war der Stand unseres Wissens – oder genauer gesagt: unseres Nichtwissens – bis vor wenigen Jahren. 1960 nun bekam ein australischer Physiologe, Sir Frank Burnet, den Nobelpreis für Untersuchungen, deren Ergebnisse die ersten Schleier vom Geheimnis der Thymusfunktion lüfteten. Im Rahmen der diesjährigen Nobelpreisträgertagung in Lindau berichtete Sir Burnet über den Stand der Forschung auf diesem Gebiet.

Die Untersuchungen der letzten Jahre haben ergeben, daß der Thymus offensichtlich für die Ausbildung der spezifischen Immunität gegen körperfremde Eiweiße verantwortlich ist, gleichzeitig aber auch für den Schutz gegen eine auf die körpereigenen Eiweiße gerichteten Autoimmunität. Ich will im folgenden versuchen, verständlich zu machen, was das heißt, denn diese Ergebnisse bedeuten nicht nur grundlegende neue Einsichten über bisher noch fast völlig unbekannte Funktionen, sondern sie eröffnen gleichzeitig auch außerordentlich bedeutsame Möglichkeiten für die praktische Medizin.

Die Fähigkeit zur Bildung von Abwehrstoffen ist eine der kompliziertesten Eigenschaften der höheren Lebewesen im »Kampf ums Dasein«. Durch die Arbeiten der Forschergruppe um Burnet beginnen wir eben erst zu verstehen, wo im Organismus diese Mechanismen ablaufen und, in ersten Ansätzen, wie sie beschaffen sind. Die praktischen Auswirkungen einer Immunisierung sind dagegen in den vergangenen fünfzig Jahren sehr genau erforscht worden.

Es handelt sich dabei um eine selbsttätig erfolgende Abwehrmaßnahme gegen das Eindringen von fremden Eiweißstoffen in das Körperinnere. Zum Beispiel gegen die sogenannten Viren. Ein Virus ist ein außerordentlich kompliziertes Eiweißmolekül, das die primitivste Form eines Lebewesens darstellt. Ein solches Virus ist zu einem selbständigen Leben noch nicht fähig, sondern zu einer Vermehrung auf das Vorhandensein fremden, und zwar lebenden Eiweißes angewiesen. Der »Kampf ums Dasein« besteht also für ein Virus darin, in eine lebende Zelle einzudringen. Gelingt ihm das, so ist es in der Lage, durch eine Abänderung des Stoffwechsels der befallenen Zelle diese dazu zu zwingen, daß sie nicht mehr die von ihr selbst benötigten Eiweißmoleküle erzeugt, sondern plötzlich beginnt, die genaue Eiweißstruktur des eingedrungenen Virus zu kopieren: Diese höchst aggressive Art und Weise stellt für ein Virus die einzige Möglichkeit dar, sich zu vermehren (wobei es sich, genaugenommen, gar nicht selbst »vermehrt«, sondern die befallene Zelle veranlaßt, neue, mit dem Eindringling identische Viren zu erzeugen).

Die Zelle geht dabei natürlich zugrunde, und auch ein vielzelliger Organismus, also ein höheres Tier oder der menschliche Organismus wäre ohne die Möglichkeit einer spezifischen Abwehr rettungslos verloren, wenn auch nur ein einziges der winzigen, nur im Elektronenmikroskop sichtbaren Viren in ihn eingedrungen ist. Die erste befallene Zelle würde unfreiwillig mit der Produktion unzähliger Viren beginnen, die den ganzen Organismus überschwemmen und seine Zellen zur Erzeugung immer neuer Viren veranlassen würden.

Dies ist der Vorgang, dessen Beginn wir als die typische Virusinfektion kennen, zu der die meisten Kinderkrankheiten gehören, wie zum Beispiel Masern, Keuchhusten, Windpocken und viele andere. Daß der Prozeß glücklicherweise nicht bis »zu Ende« abzulaufen pflegt, bis zu einem Stadium, in welchem so viele Körperzellen befallen sind, daß der Gesamtorganismus nicht mehr lebensfähig ist, verdanken wir der Tatsache, daß unser Körper in der Lage ist, gegen derartige Viren spezifische »Antikörper« zu bilden. Das sind Eiweißmoleküle, die so präzise gebaut sind, daß sie sich mit den eingedrungenen Virusmolekülen zu einem Komplex verbinden können, der als solcher harmlos und nicht weiter vermehrungsfähig ist. Bekanntlich dauert es aber nun mehrere Tage, bis sich eine genügende Menge von Antikörpern gebildet hat, und bis dahin kann gelegentlich schon ein ernster Schaden aufgetreten sein (man denke nur an die Kinderlähmung, die ja auch eine Viruserkrankung ist).

So könnte man die Frage stellen, warum die Natur erst dann für Abhilfe sorgt, wenn die Gefahr schon eingetreten ist, warum nicht einfach, um es einmal so auszudrücken, vorsorglich eine ausreichende Zahl von Antikörpern im Organismus »auf Vorrat« bereitgehalten wird. Die Antwort auf diese Frage besteht in der Notwendigkeit der »Spezifität« der Antikörper. Die hochmolekularen Eiweiße sind fast unendlich kompliziert zusammengesetzt, und damit gibt es eine ebenfalls nahezu unendlich große Zahl verschiedener Eiweißarten und somit auch Viren. Jede dieser Virusarten kann aber nur durch einen Antikörper »blockiert« werden, der ihrem individuellen Bau genau entspricht. Eine Bevorratung des Organismus mit der entsprechenden, ebenfalls nahezu unendlichen Zahl möglicherweise einmal benötigter Antikörper widerspricht offenbar dem Prinzip der Ökonomie in der Natur, wenn sie nicht vielleicht sogar ihre Möglichkeiten übersteigt. Daher müssen die spezifischen, jeweils benötigten Antikörper in jedem Falle neu gebildet werden, die »Immunität« muß gegen jedes neue Virus immer neu »erworben« werden. Sie bleibt dann allerdings meist lebenslänglich bestehen: Masern bekommt man nur einmal in seinem Leben!

Die einzig mögliche Vorbeugung gegen den Eintritt einer Virusinfektion ist daher die heute schon in vielen Fällen mögliche Impfung, wie sie erst kürzlich mit so außerordentlich erfreulichen Ergebnissen gegen die bisher jedes Jahr unvermeidlich auftretende Kinderlähmung durchgeführt wurde. Das Prinzip dieser aktiven Impfung besteht darin, daß dem Organismus Viren angeboten werden, denen in einem komplizierten biologischen Verfahren zwar ihre krankheitserregenden Eigenschaften genommen wurden, die aber nach wie vor den geimpften Organismus zur Bildung der spezifischen Antikörper veranlassen. Eine Impfung ist nichts anderes als eine künstliche Immunisierung. Im Falle der Kinderlähmung ist diese künstliche Immunität bisher leider nicht von endgültiger Dauer, so daß die Impfung in Abständen wiederholt werden muß.

Diese komplizierten Vorgänge von Immunisierung und Immunität also waren seit langer Zeit bekannt. Niemand aber hatte bisher die leiseste Vorstellung davon, wo im Organismus die entscheidenden Abläufe vor sich gehen und wo die Antikörper gebildet werden. In der Aufklärung der ersten Rätsel liegt das Verdienst Burnets, der dafür den Nobelpreis bekam. Zunächst einmal ergab sich im Verlauf sehr geistvoller Experimente, die hier nicht im einzelnen geschildert werden können, daß der Ort der Bildung der Antikörper durch die altbekannten Lymphozyten dargestellt wird. Diese besondere Gruppe weißer Blutkörperchen weist in ihrem Zellkern offenbar Eiweißmoleküle auf (»genetische Modelle« in der Sprache der Biologen), welche »sensibel« sind für das Auftreten ihnen »unbekannter« Eiweißmoleküle, auf die sie mit der Bildung der entsprechenden Antikörper reagieren.

Das ist aber nur die halbe Antwort auf das Problem. Denn wenn aus den oben erwähnten ökonomischen Gründen jede dieser Zellen die Möglichkeit haben muß, spezifische Antikörper gegen jede der fast beliebig vielen möglichen Eiweißstrukturen zu bilden, erhebt sich sofort die weitere Frage, wie die Natur es verhindert, daß diese potentiell also maximal vielseitigen Antikörperbildner nun auch Antikörper gegen eines der vielen im eigenen Organismus existierenden oder entstehenden Eiweiße bilden. Es ergibt sich, in der biologischen Terminologie ausgedrückt, das Problem der Verhinderung von Autoimmunität.

Bei der Untersuchung dieser Frage nun ist man in den letzten drei Jahren endlich auf die entscheidende Rolle des Thymus gestoßen. Den ersten Fingerzeig gaben Beobachtungen im Rahmen von Transplantationsversuchen bei weißen Mäusen. Verpflanzt man Hautstückchen von einer Maus auf die andere, so beginnen sie zunächst anzuwachsen, werden dann aber nach etwa acht Tagen wie-

der abgestoßen: Der Mäuseorganismus registriert das eingepflanzte Hautstück als »fremdes« Eiweiß und entwickelt die entsprechenden Antikörper. Diese Reaktion bleibt aus, wenn man bei den Mäusen in den ersten Lebenstagen den Thymus entfernt.
Inzwischen hat ein anderer Forscher, Mowbray, aus dem Thymus einen Wirkstoff gewinnen können, der die Bildung von Antikörpern hemmt.
Insgesamt ergibt sich damit heute folgendes Bild: Anscheinend entstehen alle Lymphozyten in der ersten Lebenszeit ausschließlich im Thymus. Dort werden sie durch Hemmstoffe gegen alle körpereigenen Eiweiße unempfindlich gemacht. Daß dieser »Lernprozeß« offensichtlich mehrere Jahre dauert, kann eine Ahnung vermitteln von der ungeheuren Anzahl der verschiedenen im Körper vorkommenden Eiweißarten, die von den Lymphozyten sämtlich »erkannt« werden müssen, damit sie nicht auch gegen sie aktiv werden. Wenn sie ihre »Lektion« vollständig gelernt haben, überläßt der Thymus die weitere Erzeugung von Lymphozyten den übrigen »lymphatischen Organen« (Milz, Lymphknoten usw.) und verkümmert.
Wir kennen jetzt diese Doppelrolle des Thymus und sind seinen die Immunisierung gegen bestimmte Eiweißarten hemmenden Wirkstoffen auf der Spur. Das hat für die Zukunft außerordentlich bedeutsame Konsequenzen. Schon heute zeichnet sich die Möglichkeit der Erklärung und sogar der zukünftigen Behandlung bestimmter, zum Teil erblicher Krankheiten ab, die, wie sich jetzt herausstellt, offenbar die Folge davon sind, daß hier einzelne Lymphozyten der Kontrolle des Thymus entschlüpft sind und Antigene gegen Eiweißkörper bilden, die bestimmte Körperfunktionen steuern. Dies gilt für verschiedene Hautkrankheiten, für die hämolytische Anämie (eine Blutkrankheit), vielleicht auch für den eingangs erwähnten »Thymustod« der Kleinkinder und voraussichtlich für viele andere bisher noch ungeklärte Krankheiten.
Die von Burnet vorgelegten Forschungsergebnisse lassen hoffen, daß es früher oder später gelingen wird, die in diesen Fällen fehlenden spezifischen Thymuswirkstoffe künstlich zuzuführen und damit auch diese bisher unbeeinflußbaren Krankheiten zu heilen. Und schließlich eröffnen sich auch völlig neue Aussichten auf dem Gebiet der Organübertragungen, die ja bisher, wie erst kürzlich

wieder bei der durch die ganze Weltpresse gegangenen Nierenverpflanzung in Amerika, nur deshalb immer wieder scheitern, weil die übertragenen Organe vom Empfängerorganismus als »fremdes Eiweiß« angesehen und daher durch Antikörper immer wieder zerstört werden.

(1963)

Künstliche Organe

Fortschritte der Prothetik

Im Sommer 1941 baute ein junger Assistenzarzt in einem mangelhaft ausgestatteten holländischen Provinzkrankenhaus unter den erschwerenden Bedingungen der deutschen Besatzung die erste am Menschen klinisch verwendbare »künstliche Niere«. Sein Name war Willem Kolff. Dr. Kolff ist seinem speziellen Interessengebiet bis heute treu geblieben. Er ging 1950 nach Amerika und ist heute der wissenschaftliche Leiter der berühmten Forschungsabteilung zur Entwicklung künstlicher Organe am Krankenhaus in Cleveland/Ohio.

Die erste erfolgreiche Anwendung einer künstlichen Niere am Menschen im Jahr 1941 stellt, rückblickend gesehen, den Beginn der Entwicklung einer neuen medizinischen Disziplin dar. Diese Disziplin gewinnt mehr und mehr an Bedeutung und wird nach Ansicht mancher Fachleute im kommenden Jahrzehnt zum wichtigsten aller medizinischen Spezialgebiete überhaupt werden. Es handelt sich um die sogenannte »Ersatzteilmedizin«.

Jahrhunderte hindurch hatte sich die Prothetik auf den Ersatz von Körperteilen mit rein statischer – und allenfalls noch ästhetischer – Funktion beschränkt, also auf den Bau von künstlichen Gliedmaßen, Gebissen oder auch Glasaugen. Der Gedanke an die Möglichkeit eines Ersatzes erkrankter oder durch Krankheit zerstörter *innerer* Organe galt angesichts ihres in jedem Falle äußerst komplizierten Aufbaues und ihrer differenzierten Funktionen verständlicherweise bis vor wenigen Jahrzehnten als völlig utopisch. Noch heute dürfte es bei vielen ungläubiges Erstaunen hervorrufen, wenn sie hören, daß Dr. Kolff sich in Cleveland seit vielen Jahren damit beschäftigt, künstliche Herzen zu entwickeln, Herzen aus einem plastischen Kunststoff, die in Zukunft Menschen eingesetzt werden sollen, deren eigenes Herz etwa als Folge eines Infarktes auszusetzen droht.

Das klingt, wie gesagt, phantastisch. Und es ist phantastisch. Nichtsdestoweniger ist es aber Dr. Kolff und seinen Mitarbeitern völlig ernst mit diesem Ziel. Sie werden auch von der amerikanischen Regierung ernstgenommen, welche die Entwicklung künstlicher Herzen seit einiger Zeit mit hohen Summen subventioniert unter Hinweis darauf, daß allein in den USA Jahr für Jahr mehr als eine halbe Million Menschen an akuten Herzerkrankungen sterben.

Die Entwicklung begann, wie bereits erwähnt, mit der Erfindung der künstlichen Niere. Um verstehen zu können, wie unlösbar die Aufgabe zu sein schien, vor die sich ihre Erfinder gestellt sahen – schon in den zwanziger Jahren wurden die erste Versuche am Tier durchgeführt –, müssen wir zunächst kurz die Funktion der natürlichen Niere betrachten, die es zu ersetzen galt. Man sagt oft, die Nieren seien natürliche Filter. Das ist richtig, nur darf man dabei nicht übersehen, daß es sich hier um eine Filtration von geradezu unglaublicher Spezifität handelt. Damit ist folgendes gemeint: Aufgabe der Niere ist es, alle die in der Blutflüssigkeit, dem Plasma, gelösten Stoffe, die sich in unserem Organismus als Endprodukte unseres Energiestoffwechsels ansammeln, herauszufiltern und mit dem Urin auszuscheiden.

Wir beziehen unsere Lebensenergie bekanntlich aus der Nahrung. Das geschieht in der Form, daß wir bestimmte kompliziert aufgebaute Stoffe mit hohem Molekulargewicht aufnehmen und mit Hilfe der Enzyme unseres Stoffwechsels in immer kleinere Bruchstücke zerlegen. Dabei wird die chemische Bindungsenergie frei, welche die großen Moleküle zusammenhielt, und von der auf diese Weise freigesetzten Energie leben wir.

Übrig bleiben bei diesem chemischen Abbauprozeß letzte Bruchstücke, die sich von unserem Stoffwechsel nicht weiter abbauen lassen und die daher ausgeschieden werden müssen, wenn wir uns mit ihnen nicht langsam selbst vergiften wollen, weil sie sich sonst in immer größeren Konzentrationen in unserem Körper ansammeln würden. Wir nehmen zum Beispiel Eiweiß auf und zerlegen es, wobei unser Körper aus der Zerlegung von einem Gramm Eiweiß eine Energie von etwas mehr als vier Kalorien gewinnt. Als Restprodukt bleibt dabei Harnstoff übrig, der nicht mehr weiter aufgespalten werden kann und daher ausgeschieden werden muß.

Derartige Stoffwechselschlacken müssen die Nieren also aus dem Blut herausfiltern, wobei die eigentliche Schwierigkeit der Aufgabe dadurch gebildet wird, daß im Blut ja noch zahllose andere Stoffe gelöst sind, die auf gar keinen Fall aus ihm entfernt werden dürfen, wie zum Beispiel die noch nicht endgültig abgebauten Nahrungsstoffe oder sogar bestimmte einzelne Atome, etwa Magnesium- und Kalziumatome. Mit anderen Worten müssen unsere Nieren unterscheiden zwischen verschiedenen Molekülen und Atomen, zwischen solchen, die sie ausscheiden, und solchen, die im Blut verbleiben sollen. Bis heute hat man noch nicht endgültig herausgefunden, wie die Nieren dieses Kunststück fertigbringen. Ist es ein Wunder, daß alle Welt es für unmöglich hielt, diese Funktion, deren Zustandekommen bis heute noch weitgehend ein Geheimnis geblieben ist, durch einen technischen Filtrierprozeß zu ersetzen?
Und trotzdem ist das Problem heute gelöst, und zwar durch die technische Entwicklung sogenannter »semipermeabler Membranen«. Das sind Kunststoffhäutchen, die so dünn sind, daß sie nur Moleküle einer bestimmten Größe in gelöster Form hindurchlassen. Die Auswahl zwischen diesen Molekülen aber kann man in der Form treffen, daß man die Substanzen, die ausgeschieden werden sollen, durch bestimmte Salze durch diese Kunststoffmembran gleichsam hindurchpressen läßt. Etwas vereinfacht ausgedrückt, ist eine künstliche Niere nichts anderes als ein langer Schlauch aus einer solchen semipermeablen Membran. Sein eines Ende wird an eine Arterie des Patienten angeschlossen, aus der das Blut in den Schlauch hineinfließt, sein anderes an eine Vene, durch die es in den Körper des Patienten zurückströmt. Der übrige Schlauch liegt spiralig aufgerollt in einem Metallgefäß, in dem er von angewärmtem Wasser umspült wird.
Die eigentliche Kunst besteht nun darin, dieser Spülflüssigkeit die richtigen Salze in der richtigen Konzentration hinzuzufügen. Ist das geschehen, entzieht die Flüssigkeit durch die semipermeable Wand des Schlauchs hindurch dem Blut des Patienten alle die und nur die Substanzen, die nicht hineingehören.
Mit dieser Methode der »extracorporalen Dialyse« (zu übersetzen etwa mit: »Blutwäsche außerhalb des Körpers«) können heute in bestimmten Fällen schon Menschen, bei denen beide Nieren durch

Krankheit ausgefallen sind, unter Umständen über Jahre hinweg am Leben und bei vollem Wohlbefinden gehalten werden.
Im Vergleich dazu erscheint die Funktion des Herzens, das die Aufgabe hat, den Kreislauf des Blutes in den Adern unseres Körpers aufrechtzuerhalten, relativ einfach und überschaubar. Die Schwierigkeiten, denen Dr. Kolff und seine Mitarbeiter bei der Entwicklung eines künstlichen Herzens gegenüberstehen, sind tatsächlich auch ganz anderer Art. Sie entstehen letztlich dadurch, daß der Blutkreislauf ununterbrochen aufrechterhalten werden muß. Während bei einem Nierenkranken ein bis höchstens zwei »Blutwäschen« in der Woche vollkommen ausreichen, darf die Aktion des Herzens nicht einmal eine Minute unterbrochen werden. Das heißt aber, daß das künstliche Herz keine unförmige Maschine außerhalb des Körpers sein darf. Das kranke, nicht mehr leistungsfähige natürliche Herz muß vielmehr buchstäblich ersetzt werden, das heißt, es muß entfernt, und an seiner Stelle muß das Kunstherz, das seine Funktion übernehmen soll, in den Körper eingesetzt werden. Die dabei entstehenden Schwierigkeiten sind enorm. Ein Gremium der angesehensten amerikanischen Ärzte hat aber erst kürzlich in einem von Präsident Johnson angeforderten Gutachten erklärt, daß diese Schwierigkeiten keineswegs unüberwindlich seien.
Zunächst aber zum besseren Verständnis einige Bemerkungen über die Besonderheiten der natürlichen Herzfunktion, die es zu ersetzen gilt. Medizinisch und funktionell gesehen, haben wir eigentlich zwei Herzen. Linke und rechte Herzhälfte sind nämlich komplett voneinander getrennt. Die rechte Herzhälfte treibt das Blut durch die Lungen, in denen es mit Sauerstoff angereichert wird. Anschließend strömt es in die linke Herzhälfte, die das sauerstoffhaltige Blut dann durch den ganzen Körper fließen läßt. Hat es seinen Sauerstoff dort an die Gewebe abgegeben, so strömt es in die rechte Herzhälfte zurück, und der Kreislauf beginnt von neuem. Um sicherzustellen, daß das Blut bei jeder Kontraktion des Herzens auch in die richtige Richtung fließt, sind an vier Stellen des Herzens Ventile vorhanden, die sogenannten Herzklappen.
Ein zweites flüssigkeitsdynamisches Problem entsteht dadurch, daß natürlich bei jedem Herzschlag, der ja beide Herzhälften gleichzeitig entleert, linke und rechte Herzkammer exakt die glei-

che Blutmenge in den Lungen- beziehungsweise den Körperkreislauf befördern müssen. Diese Forderung wird in der Medizin als das Starlingsche Herzgesetz bezeichnet. Der deutsche Internist Blumberger hat ausgerechnet, daß dann, wenn die rechte Herzhälfte mit jedem Herzschlag nur fünf Zentimeter Blut mehr fördern würde als die linke, schon zehn Minuten später alles Blut in den Lungen gestaut und der Körperkreislauf vom rechten Herz leergepumpt wäre. Die Einhaltung des Starlingschen Gesetzes wird unter natürlichen Verhältnissen durch ein kompliziertes nervöses Rückkopplungssystem gewährleistet.

Das Kunstherz von Dr. Kolff besteht aus Silastic, einer gummiartigen Plastikmasse. Allein ihre Entwicklung dauerte Jahre. Neben dauerhafter Elastizität wurden spezielle Oberflächeneigenschaften verlangt, welche die Entstehung von Blutgerinseln innerhalb des künstlichen Herzens mit Sicherheit ausschlossen. Außerdem mußte das Material eine zuverlässige chirurgische Verbindung mit den großen Schlagadern gestatten, an die das Ersatzorgan angeschlossen werden sollte.

Alle diese Forderungen sind heute schon erfüllt. Als Ventilsystem werden nicht Klappen benutzt, sondern, weil sie technisch einfacher und sicherer sind, Kugelventile in der Art etwa von Tischtennisbällen, die nach dem gleichen Prinzip arbeiten wie das Schnorchelventil in einer Tauchmaske.

Als größtes Hindernis erwies sich das Antriebsproblem. Versuche mit verschiedenen Modellen elektrisch betriebener Herzen ergaben in den fünfziger Jahren, daß die Herzen zu schwer wurden und daß sie zuviel Wärme entwickelten. (Eines der damaligen Herzen war so gebaut, daß das durchströmende Blut zugleich als Kühlflüssigkeit für den Antriebsmotor diente!) Mitarbeiter des Forschungszentrums der amerikanischen Raumfahrtbehörde in Cleveland entwickelten für Dr. Kolff dann 1960 ein Antriebssystem, bei dem das Herz durch einen nur wenige Millimeter dicken Schlauch, der in der Brustwand steckt, durch Preßluft angetrieben wird. Sie entwickelten außerdem die notwendigen Regelungssysteme, welche die Aktion des künstlichen Herzens so steuern, daß es unter anderem das Starlingsche Gesetz berücksichtigt.

Die Erfolge mit diesem System waren bisher ermutigend. Hunde und sogar ein Kalb, denen man das eigene Herz durch ein Kunstherz von Dr. Kolff ersetzt hatte, lebten schon länger als einen Tag und verhielten sich in dieser Zeit wie normale Tiere. Fachleute schätzen, daß es vielleicht nur noch fünf Jahre dauern wird, bis der erste Mensch nach einem Herzanfall mit einem solchen künstlichen Herzen weiterleben kann. »Es mag zuerst ein beklemmender Gedanke sein«, sagt Dr. Kolff, »wenn das eigene Leben von dem Funktionieren einer Maschine abhängig geworden ist. Die meisten Menschen werden diese Möglichkeit aber mit Freuden begrüßen, wenn sie ihnen die Aussicht gibt, am Leben zu bleiben.«

(1965)

Das Dasein des Hypochonders

Mensch und Bakterium

Fast jeder Medizinstudent macht in einer bestimmten Phase seiner Ausbildung vorübergehend ein Stadium durch, in dem er eine mehr oder weniger ausgeprägte Neigung zur Hypochondrie entwickelt. Diese sehr typische Reaktion des angehenden Mediziners auf die Erfahrungen der ersten klinischen Semester, auf die zu Ausbildungszwecken erfolgende anschauliche Demonstration der Vielfalt möglicher menschlicher Erkrankungsformen, wird oft belächelt. Sie hat aber bei näherer Betrachtung doch auch einen des Nachdenkens werten Hintergrund. Diese Neigung des Studenten, der mit einem Male alle möglichen Krankheitszeichen bei sich selbst feststellen zu müssen glaubt, ist nämlich nichts anderes als die Folge der Erkenntnis der tatsächlich ja unübersehbaren Fülle von Gefahren und Störungsmöglichkeiten, denen der so komplizierte Stoffwechselapparat, den wir als »menschlichen Organismus« bezeichnen, fortwährend, für die ganze Dauer unseres Lebens, ausgesetzt ist. Es ist nichts weniger als erstaunlich, daß es Sorge und sogar Angst auslöst, wenn einem diese Möglichkeiten so lückenlos und systematisch vor Augen geführt werden, wie es der Zweck des medizinischen Unterrichts verlangt. Wer die Gefahren, die unserer Gesundheit und unserem Leben tagtäglich drohen, wirklich kennt, muß es im Gegenteil – solange er sich an seine Erkenntnis noch nicht gewöhnt hat – höchst erstaunlich finden, mit welcher Selbstverständlichkeit und Unbekümmertheit der Mensch dieses ständig existierende Risiko normalerweise ignoriert.

Das Dasein des Hypochonders, der das nicht tut, ist unerträglich. Aber der Hypochonder, der »eingebildete Kranke« oder – genauer ausgedrückt – der in ständiger Krankheitsfurcht lebende Mensch ist ja nicht zuletzt deshalb schwer zu kurieren und kaum jemals auf die Dauer von seinen Sorgen zu befreien, weil er in gewissem Sinne einfach recht hat: Unser Organismus ist in der Tat ununterbrochen von so vielen Gefahren bedroht, daß jeder Augenblick, in dem wir uns wohl fühlen, jeder Tag, an dem wir nicht krank sind, so betrachtet, den Charakter eines völlig unwahrscheinlichen Ereignisses annimmt.

Wenn trotzdem die Hypochondrie als Abnormität gilt und der als Norm angesehene Regelfall eben die Unbekümmertheit des Durchschnittsmenschen angesichts des Gesundheitsrisikos ist, dann ist das nur deshalb legitim, weil unser Organismus der Vielfalt der ihn bedrohenden Risiken nicht wehrlos gegenübersteht. Der Fülle der Gefahren entspricht ein praktisch lückenloses Arsenal der verschiedensten und zum Teil äußerst komplizierten körperlichen Schutzeinrichtungen und Abwehrmechanismen.

Mit einem der erstaunlichsten dieser Abwehrsysteme, nämlich der sogenannten zellulären Infektionsabwehr, wollen wir uns heute beschäftigen. Bekannt ist dieses System, das morphologisch durch die Leukozyten, die »weißen Zellen« unser Blutes, dargestellt wird, schon seit sehr langer Zeit. Erforscht ist es bis heute kaum. Seine Aufgabe besteht in der Kontrolle der Krankheitserreger, denen es gelungen ist, die äußere Schutzbarriere unseres Körpers zu durchbrechen und in das Körperinnere einzudringen.

Gesundheit ist nicht, wie viele Menschen glauben, ein stabiler Zustand, in dem der Körper störungsfrei und ungefährdet funktionierend verharrt, bis ein krankheitserzeugender Faktor auftritt und die Abwehrmechanismen auf den Plan ruft. Speziell hinsichtlich der Möglichkeit einer Infektion mit bakteriellen Krankheitserregern ist Gesundheit vielmehr ein Gleichgewichtszustand: das Ergebnis eines ausgewogenen gegenseitigen Verhältnisses von Wirtsorganismus und Bakterien. Eine bakterielle Erkrankung – also zum Beispiel eine Lungenentzündung, eine Furunkulose oder eine Nierenbeckenentzündung – ist in weitaus der Mehrzahl der Fälle nicht, wie die Medizin früher glaubte, die Folge des Eindringens der eine solche Entzündung hervorrufenden Mikroorganismen in den Körper. Wir wissen heute, daß nahezu alle praktisch wichtigen Bakterien ständig in kleinen Mengen auf den Schleimhäuten der Atemwege, des Darmtrakts usw. vorhanden sind. Das ist insofern sogar vorteilhaft, weil nur auf diese Weise gewährleistet wird, daß unser Körper zur Produktion geringer Mengen der benötigten Ab-

wehrstoffe angeregt wird. Wäre das nicht der Fall, so wären wir gegenüber jeglichem Kontakt mit einer dieser Bakterienarten, von denen es in unserer Umwelt geradezu wimmelt, wehrlos, was katastrophale Folgen haben müßte.
Eine bakterielle Infektion ist vielmehr – von ganz bestimmten Fällen seuchenhaften Auftretens abgesehen – in der Regel die Folge davon, daß aus heute noch ungeklärten Gründen das Gleichgewicht der Symbiose von Wirt und Mikroorganismus zusammenbricht, daß sich durch eine Abnahme der Resistenz des menschlichen Körpers das Verhältnis zugunsten einer bestimmten, längst im Organismus angesiedelten Bakterienart verschiebt. Diese beginnt daher, sich der Kontrolle der körperlichen Abwehrmechanismen zu entziehen. Sie vermehrt sich plötzlich schrankenlos und ruft durch ihre Stoffwechselprodukte bestimmte Krankheitserscheinungen hervor.
Wir müssen an dieser Stelle einmal unsere Phantasie zu Hilfe nehmen und uns klarzumachen versuchen, wie sehr wir angesichts dieser Auseinandersetzung zwischen Mensch und bakteriellem Mikroorganismus »Partei« sind. Es ist beinahe komisch, wenn man sich nachträglich darüber klar wird, daß es offensichtlich der Medizin nur deshalb so schwergefallen ist, die ständige Anwesenheit von Bakterien im menschlichen Körper als »Normalzustand« anzuerkennen, weil es ihre Pflicht ist, das Verhältnis zwischen Mensch und Bakterium einseitig im Interesse des Menschen zu beurteilen. Die Natur, deren einzige uns erkennbare Tendenz darin besteht, allen Lebewesen eine Chance zu geben, um das Leben in möglichst großer Mannigfaltigkeit sich entwickeln zu lassen, regiert hier aber nach völlig anderen Gesetzen. Der Natur sind die verschiedenen Bakterienarten als Lebewesen nicht weniger wichtig als die Gattung Mensch. Und so gibt es also Mikroorganismen, die darauf aus sind, uns zu ihrer Mahlzeit zu machen, und auf der anderen Seite den menschlichen Organismus, der zur Abwehr dieser Gefahr ganz bestimmte Mechanismen entwickelt hat. Auf diese Weise ist seit Millionen von Jahren das entstanden, was der Wissenschaftler ein »biologisches Gleichgewicht« nennt: Zwar sind ungezählte Menschen schon dem Angriff bakterieller Mikroorganismen erlegen und umgekehrt Myriaden von Bakterien ein Opfer der Abwehr des menschlichen Organismus geworden. Bemerkens-

werterweise existieren aber Menschen und Bakterien in zahlreichen Arten und Rassen auch heute noch. Wenn uns die parasitäre Lebensweise der Bakterien widerwärtig erscheint, so ist auch diese Reaktion im Grunde parteiisch, nämlich nur die Folge davon, daß in diesem Falle wir selbst die Geschädigten sind. Der amerikanische Biochemiker Isaac Asimov schreibt mit Recht, daß auch der Mensch eigentlich ja als Parasit anzusehen sei: Wenn Getreidepflanzen oder Schlachttiere denken könnten, würden sie uns fraglos nicht freundlicher betrachten als wir ein Bakterium.

Wir wollen uns aber jetzt einmal die »zelluläre Infektionsabwehr« näher betrachten, über die der Münchner Pädiater Klemens Stehr in den letzten Jahren aufgrund eigener Forschungen wiederholt berichtet hat und die einen der wichtigsten Mechanismen darstellt, mit denen die Natur das Gleichgewicht zwischen Menschen und Bakterien aufrechterhält. Um dieses höchst staunenswerte Abwehrsystem verstehen zu können, müssen wir uns daran erinnern, daß der Mensch, das menschliche Individuum, in Wirklichkeit eine Zellkolonie ist.

Die Entwicklung aller höheren Lebewesen, über die Stufe des Einzellers hinaus, setzte bekanntlich damit ein, daß sich mehrere einzelne Zellen unter zunehmend spezialisierter Arbeitsteilung gleichsam zusammentaten. Die Biologie kennt Formen eines solchen Zusammenschlusses, angesichts deren es tatsächlich nicht möglich ist, eindeutig zu sagen, ob es sich bei ihnen um eine Zusammenarbeit, eine regelrechte Kooperation zahlreicher im Grunde auch selbständig noch lebensfähiger Zellen handelt oder schon um ein mehrzelliges Lebewesen. Eine dieser Urformen ist der berühmte Volvox: eine mikroskopisch kleine lebende Kugel, deren Wand aus einer doppelten Schicht von Zellen besteht und die an einer Stelle eine Öffnung hat, durch die der Hohlraum der Kugel zugänglich ist. Die Zellen der äußeren Schicht tragen kleine Geißeln zur Fortbewegung des ganzen Gebildes, wobei nun auch Nahrungspartikel durch die erwähnte Öffnung in den Bereich der Zellen der zweiten, der inneren Zellschicht gelangen. Diese haben sich auf die Aufnahme und Verarbeitung von Nährstoffen spezialisiert, mit denen sie nun auch die äußeren, der Fortbewegung dienenden Zellen versorgen.

Wenn auch in vielfach komplizierterer Form, so ist diese Situation doch selbst beim Menschen grundsätzlich noch die gleiche. Auch wir bestehen aus einer allerdings nun außerordentlich großen Zahl von Zellen, deren jede sich extrem auf eine ganz bestimmte Funktion spezialisiert hat. Bestimmte Zellen, zu »Drüsen« zusammengeschlossen, tun nichts anderes mehr, als bestimmte Verdauungssäfte zu produzieren. Andere bilden Muskeln, Knochen oder Haut, wieder andere haben sich darauf spezialisiert, elektrische Impulse zu übertragen, und bilden – in einer Gesamtzahl von mehreren Milliarden! – unser Nervensystem.

Alle diese Zellen haben dabei ihre Selbständigkeit längst aufgegeben. Lebensfähig und funktionstüchtig sind sie nur noch im Zellverband des geschlossenen Organismus. Dafür hat sich in diesen höheren Lebewesen, am weitesten wieder beim Menschen, das rätselhafte Phänomen des »Bewußtseins« entwickelt, das in gewissem Sinne die Repräsentanz, so etwas wie eine einheitliche »Quersumme« aller Funktionszustände der unzähligen einzelnen Zellen unseres Körpers, darzustellen scheint.

Hier gibt es nun aber eine höchst bemerkenswerte Ausnahme, eine Zellart, der eine so große Selbständigkeit belassen wurde, daß man bei genauerer Betrachtung unsicher wird, ob man sie nicht als »Einzeller innerhalb unseres Organismus« anzusehen hat, dem sie allerdings insofern wieder untergeordnet ist, als auch ihre Funktion seinen Zwecken dient. Das sind die vorhin schon erwähnten Leukozyten, die weißen Blutkörperchen. Diese eigenartigen Zellen unseres Körpers schwimmen nicht einfach nur, wie zum Beispiel die roten Blutkörperchen, mit der Strömung unseres Blutes. Sie haben die Fähigkeit aktiver, orientierter Beweglichkeit behalten. Sie können durch winzige Spalte der feinsten Äderchen das Gefäßsystem sogar verlassen, um in unseren Körpergeweben selbständig auf Futtersuche zu gehen! Die Beobachtung ihres Verhaltens – und hier muß man tatsächlich von »Verhalten« anstatt von »Funktion« reden – zeigt nämlich, daß diese weißen Blutzellen sich von Bakterien ernähren. Die Beobachtung am Mikroskop ergibt nicht nur, daß diese eigenartigen Zellen in unserem Körper aktiv umherwandern, sondern daß sie das sogar orientiert tun, indem sie zielbewußt den Stellen zustreben, an denen sich Bakterien ansiedeln und zu vermehren beginnen. Daß es sich dabei nun tatsächlich um eine Jagd auf Futter handelt und – gleichsam aus der

Perspektive des einzelnen Leukozyten selbst – keineswegs um eine Verteidigungsfunktion, ergibt sich wieder aus mikroskopischen Beobachtungen, die Klemens Stehr veröffentlichte. Seine Bilder zeigen, daß es zu einer regelrechten Balgerei um die Beute kommt, wenn zufällig einmal zwei verschiedene Leukozyten an dem gleichen Bakterium zu fressen beginnen und dabei auf den Konkurrenten stoßen.

Der Effekt für unseren Körper ist aber natürlich der einer Verteidigung gegen eingedrungene Krankheitserreger. Um mit diesen Mikroorganismen fertig werden zu können, hat unser Körper gleichsam einen einzigen Zelltyp, den der Leukozyten, von einer völligen Unterordnung, von dem restlosen Aufgehen im anonymen Verband der übrigen Körpergewebe entbunden. Wodurch diese Entwicklung gesteuert wurde und wie es kommt, daß diese »körpereigenen Einzeller«, die da in unserem Inneren Jagd auf Bakterien machen, sich ungeachtet dieser Selbständigkeit dennoch der Funktion des ganzen Organismus ein- und unterordnen, das ist eines der Rätsel, zu deren Beantwortung die Wissenschaft bisher noch nicht einmal einen Ansatzpunkt hat entwickeln können.

(1965)

Lederbergs Stempelversuch

Sichtbar gewordene Evolution

Als vor ziemlich genau dreißig Jahren die Sulfonamide entdeckt und zur medikamentösen Behandlung der Infektionskrankheiten in die Medizin eingeführt wurden, brach eine neue Epoche in dem jahrtausendealten Kampf an, den die Menschheit gegen die sie bedrohenden Krankheiten führt, die Epoche der sogenannten Chemotherapie. Das Gedächtnis des Menschen für überstandene Gefahren und Ängste ist so kurz, daß schon heute kaum noch ein Laie, ja nicht einmal die Mehrzahl der Ärzte sich wirklich Rechenschaft darüber ablegt, wie revolutionierend der Wandel gewesen ist, den Sulfonamide, Penicillin und die neueren Antibiotika für uns alle gebracht haben.

Wir alle haben heute schon vergessen, daß die Lungenentzündung noch bis kurz vor dem letzten Krieg eine gefürchtete, nahezu in einem Drittel der Fälle tödliche Krankheit war, und eine häufige Krankheit dazu. Ihr fast gesetzmäßiger Verlauf, der innerhalb von etwa einer Woche unter Schüttelfrösten und zunehmender Benommenheit des Patienten zur angstvoll erwarteten »Krise« führte, die die Entfieberung des Erkrankten oder aber seinen Tod durch Kreislaufversagen herbeiführte, machte diese Krankheit zu einem beliebten dramatischen Mittel der Unterhaltungsliteratur. Heute hat sie ihren Schrecken fast verloren. Das gleiche gilt für viele andere noch vor zwanzig oder gar fünfzehn Jahren tödliche Krankheiten, wie die eitrige, insbesondere aber die tuberkulöse Hirnhautentzündung, die infektiöse Herzinnenhautentzündung oder »Endocarditis lenta«, den Typhus oder die »allgemeine Blutvergiftung«, bei der es sich, wissenschaftlich gesprochen, in der Regel um eine Staphylokokkensepsis handelte.

Fast jeder dieser Fälle, denen auch die älteren der heute praktizierenden Ärzte in den Anfangsjahren ihrer Tätigkeit noch mehr oder weniger hilflos gegenüberstanden, ist heute durch die Verabfolgung eines antibiotischen Präparates – in Form von Tabletten oder Injektionen – heilbar. Sulfonamide und Antibiotika haben, wie ein angesehener Mediziner feststellte, in den letzten dreißig Jahren mehr Menschen das Leben gerettet, als es allen Bomben und Geschossen der vergangenen beiden Weltkriege gelungen ist, Menschen zu töten.

Der Erfolg ist unbestreitbar und in höchstem Maße zu begrüßen. Aber im Gegensatz zu den etwas voreiligen Feststellungen mancher Optimisten ist er keineswegs endgültig. Es handelt sich nicht, wie vor allem in Laienkreisen meist geglaubt wird, um einen Sieg der Medizin über die Erreger der genannten und vieler anderer bakterieller Infektionskrankheiten, der Kampf ist vielmehr nach wie vor im Gange. Und die Zahl der Wissenschaftler, die seinen endgültigen Ausgang für zumindestens ungewiß halten, vergrößert sich von Jahr zu Jahr.

Der Grund für diese zunehmende Skepsis ist das Phänomen der sogenannten Resistenzentwicklung. Damit ist folgendes gemeint: Als das Penicillin nach dem letzten Krieg in die Therapie eingeführt wurde, war es außerordentlich wirksam. Es ließ sich gegen eine große Zahl der verschiedensten Erreger verwenden, insbesondere auch gegen Staphylokokken, die häufigsten Erreger zum Beispiel der Furunkulose und der allgemeinen Sepsis. Wenn ein Patient heute jedoch an einer Staphylokokkeninfektion erkrankt, dann betragen die Chancen, daß ihm mit der ursprünglichen Form des Penicillin noch geholfen werden kann, im günstigsten Falle vielleicht noch dreißig Prozent. Die gleiche Entwicklung gilt für die Sulfonamide und für die meisten anderen Antibiotika, sobald sie erst einmal längere Zeit – drei bis vier Jahre – im Gebrauch sind. Nach anfänglich guter Wirksamkeit nimmt dann die Zahl der »resistenten«, der gegen das betreffende Präparat widerstandsfähigen oder unempfindlichen, Bakterienstämme immer mehr zu.

Dieses Phänomen ist eine eindringliche Erinnerung daran, daß die Medizin es bei der medikamentösen Bekämpfung der Infektionskrankheiten nicht mit der Ausschaltung einer giftigen Substanz oder einer anderen unbelebten Noxe zu tun hat, sondern mit lebenden Organismen, die als Gegenspieler über grundsätzlich die gleichen Möglichkeiten der Abwehr und Anpassung verfügen wie jedes andere Lebewesen auch. Das, was der Mediziner als Resistenz registriert, ist ein Zeichen dafür, daß die Bakterien ihrerseits zur Abwehr der von Menschen gegen sie eingesetzten Medikamente angefangen haben, von diesen Möglichkeiten Gebrauch zu machen.

Für die Medizin ist die Resistenzentwicklung ein sehr ernstes Problem. Ein gegen ein bestimmtes Antibiotika erst einmal widerstandsfähig gewordener Bakterienstamm kann dann, wenn er als Krankheitserreger irgendwo auftritt – was immer häufiger der Fall ist –, nur durch ein anderes, neues Präparat bekämpft werden, das sich von dem bisherigen unterscheidet. Das ist einer der Gründe, warum Jahr für Jahr neue Antibiotika oder doch wenigstens molekulare Abwandlungen der bis dahin verwendeten Antibiotika entwickelt werden müssen.

Bisher ist es der pharmazeutischen Forschung gelungen, mit dieser Entwicklung Schritt zu halten. Bisher war sie den neuen, resistenten Anpassungsformen der Krankheitserreger mit jeweils einem neuen Präparat immer um den notwendigen einen Schritt voraus. Aber es steht fest, daß die Möglichkeiten der Anpassung auf der Seite der Bakterien praktisch unbegrenzt sind. Auf der anderen Seite aber steht keineswegs mit der gleichen Sicherheit fest, daß die pharmazeutische Industrie ebenfalls über beliebig lange Zeiträume hinweg in der Lage sein wird, in diesem Wettlauf Schritt zu halten und für alle Zeiten auf jede neue bakterielle Anpassungsvariante jeweils prompt mit einer neuen antibakteriell wirksamen Substanz zu antworten. Was aber geschähe, wenn die Arzneimittelforschung in diesem Wettstreit zwischen menschlichem Erfindungsgeist und bakterieller Anpassungsfähigkeit eines Tages mit ihrem Latein am Ende sein sollte, wagt man sich kaum auszudenken.

Angesichts dieser Perspektiven ist es nicht verwunderlich, daß in den letzten Jahren mit immer größerem Aufwand versucht worden ist, die Mechanismen aufzuklären, auf denen die Resistenzentwicklung beruht, in der Hoffnung, einen Weg zu finden, der den Wettlauf endgültig zugunsten des Menschen entscheidet. Die Arbeit auf diesem Gebiet ist noch viel zu jung, als daß sich jetzt schon erkennen ließe, ob das Ziel auf diesem Wege erreichbar ist. Jedoch ist es in einer Reihe von Fällen schon gelungen, die Mechanismen aufzuklären, mit denen bestimmte Bakterien sich gegen Antibiotika zu schützen gelernt haben. Diese Mechanismen sind zum Teil so phantastisch und die Konsequenzen, die sich aus der Art und Weise ableiten lassen, in der diese Bakterien die Mechanismen erworben haben, sind für die allgemeine Biologie insgesamt von solcher Bedeutung, daß es sich lohnt, das hier Erreichte einmal näher zu betrachten.

Aufgeklärt ist zum Beispiel, wie die früher gegen Penicillin so besonders empfindlichen Staphylokokken es fertiggebracht haben, heute auch in penicillinhaltigen Geweben und Körperflüssigkeiten nicht nur zu überleben, sondern auch weiter zu gedeihen und sich auf Kosten des befallenen Organismus weiter zu vermehren. Die Staphylokokken verfügen heute über ein bestimmtes, »Penicillinase« genanntes Enzym, durch welches jedes Penicillinmolekül, das mit einem dieser Erreger in Berührung kommt, alsbald in zwei unwirksame Hälften aufgespalten wird. Diese verblüffende Form der Abwehr ist darüber hinaus auch noch so ökonomisch eingerichtet, daß keiner dieser Erreger nun etwa ständig Penicillinase produziert. Ständig vorhanden ist nur die Fähigkeit, das zu tun, produziert wird erst in dem Augenblick, in dem der Erreger tatsächlich auf Penicillinmoleküle stößt.

Beinahe noch phantastischer ist ein anderes Prinzip, nach dem sich andere Bakterien gegen Streptomycin zur Wehr gesetzt haben. Seit dieses neue Antibiotikum zur Behandlung eingesetzt worden ist, tauchen plötzlich Bakterien auf, die ihren Stoffwechsel ganz geringfügig so abgeändert haben, daß ihnen das Streptomycin nicht nur nicht mehr gefährlich werden kann, sondern daß sie das Antibiotikum für ihr weiteres Gedeihen sogar benötigen! Diese Keime sind, so scheint es, regelrecht streptomycinsüchtig geworden. Wenn man den Kulturböden, auf denen sie im bakteriologischen Laboratorium untersucht werden, das Antibiotikum entzieht, beginnen sie zu kümmern – wie ein Mensch, dem man ein lebensnotwendiges Vitamin vorenthält. Eine vollkommenere Anpassung an das von Menschen zur Infektionsabwehr künstlich veränderte Milieu ist nicht mehr denkbar.

Wie ist es zu erklären, daß so primitive Organismen solch vollendete Abwehrmechanismen entwickeln können? Gerade in dem Augenblick, in dem sie darauf zum Überleben ihrer Art angewiesen sind? Denn man muß sich doch einmal klarmachen: Ungezählte Jahre, wahrscheinlich eine Milliarde Jahre oder länger, sind die Staphylokokken ohne sie ausgekommen. Dann wird, im Jahr 1945, das Penicillin in die Therapie eingeführt. Und wenige Jahre später gibt es Staphylokokken, die das hochspezifische Enzym Penicillinase produzieren, das es bis dahin in der Natur überhaupt nicht gegeben hat. Wie kommt das?

Den Biologen und Bakteriologen, die diese Frage in den letzten Jahren untersucht haben, ist klar, daß das, was sie da vor sich haben, nichts anderes ist als ein Spezialfall der darwinistischen Abstammungslehre. Die Evolution, also die zunehmende Höherentwicklung der existierenden und die laufende Entstehung neuer Arten durch zufällig auftretende Mutationen und anschließende Auswahl der vorteilhaften unter ihnen durch die Umweltbedingungen, ist zwar durch alle bisher erfolgten Beobachtungen nur immer von neuem bestätigt worden. Trotzdem gibt es auch heute noch viele Menschen, die es sich einfach nicht vorstellen können, daß komplizierte und zudem noch zweckmäßige Organe oder Fähigkeiten das Ergebnis zufälliger Erbsprünge sein sollen.

Diese Behauptung der Lehre Darwins läßt sich nun durch bestimmte bakteriologische Versuche erstmals beweisen. Denn bei einer Generationendauer von oft nur einer halben Stunde spielt sich die Evolution, die wir sonst nur indirekt, etwa durch den Vergleich fossiler Funde mit heutigen Arten, erschließen können, im Falle der verschiedenen Bakterienarten direkt vor unseren Augen ab. Und das ermöglicht es den Biologen nun unter anderem, einwandfrei nachzuweisen, daß die Entstehung der neuen Eigenschaft »Resistenz« bei Bakterien tatsächlich eine Zufallsfolge ist und nicht etwa die Folge eines »gerichteten«, also etwa durch das Antibiotikum erst provozierten, Erbsprungs.

Diesen Nachweis hat der amerikanische Nobelpreisträger Joshua Lederberg mit Hilfe eines verblüffend einfachen Experimentes, des sogenannten »Stempelversuches«, geführt. Er ließ dazu auf einem Nährboden zahlreiche kleine Kolonien eines bestimmten Bakterientyps heranwachsen. Dann drückte er auf diesen unregelmäßigen Bakterienrasen einen Stempel aus gewöhnlichem Samt, mit dem er anschließend einen keimfreien Nährboden impfte, dem ein Antibiotikum in mittlerer Konzentration zugesetzt war. Die feinen Samthaare übertrugen aus jeder der kleinen Urkolonien wenigstens einige Bakterien in die Kulturschale. Dort wuchsen nun

aber nur vereinzelte Kolonien heran, und zwar nur solche, die von Bakterien stammten, die gegen das verwendete Antibiotikum resistent waren. Da aber als Folge der »Stempeltechnik« bei der Überimpfung von Kultur 1 auf Kultur 2 genau festgestellt werden kann, von welcher Urkolonie die auf dem Giftboden angewachsenen resistenten Zweitkolonien abstammen, kann man hier nachträglich kontrollieren, ob die Resistenz schon in den betreffenden Ausgangskolonien der ersten Kulturschale bestanden hat. Das ist nun in jedem Falle tatsächlich das Resultat der Nachprüfung. Damit aber ist einwandfrei bewiesen, daß die Resistenz schon vor dem Kontakt mit dem Antibiotikum bestand, daß sie mit anderen Worten also »spontan«, »zufällig« entstanden ist.
Wie kann ein Zufall dazu führen, daß ein Bakterium ensteht, das gegen ein Antibiotikum widerstandsfähig ist, mit dem die betreffende Bakterienart noch nie in Kontakt gekommen ist? Die Antwort lautet: Als Folge der ungeheuer großen Zahl der sich in jeder Art laufend ereignenden Mutationen. Selbstverständlich sind die weitaus meisten von ihnen tatsächlich »sinnlos«. Aber unter Milliarden solcher Mutationen ist dann zufällig eben auch einmal eine, die »paßt«. Und das genügt. Sie wird, wenn die Umwelt diese Variante begünstigt, zum Ausgangspunkt einer ganz neuen Art. Das ist Evolution. Der Stempelversuch von Lederberg macht in diesem speziellen Falle die Gesetze deutlich, denen auch wir selbst unsere Entstehung verdanken.

(1966)

In der Todesursachenstatistik nach vorne gerückt

Volkskrankheit Zucker

Die Geschichte des Diabetes mellitus, der Zuckerkrankheit, ist ein an Wechselfällen, Irrtümern und brillanten Erfolgen reiches und insofern ausgesprochen charakteristisches Kapitel der Medizingeschichte. Das gilt insbesondere auch für den neuesten Abschnitt: die Tatsache nämlich, daß diese durch die Entdeckung des Hormons »Insulins« vor fast fünfzig Jahren scheinbar aufgeklärte und jedenfalls endlich einer ärztlichen Behandlung zugänglich gewordene Stoffwechselkrankheit die medizinische Wissenschaft in den letzten Jahren erneut vor ganz unerwartete und folgenschwere Probleme gestellt hat. Auch in diesem Fall scheint es sich heute wieder einmal zu zeigen, daß wissenschaftlicher »Fortschritt« immer nur relativ zu verstehen ist und daß die Lösung eines wissenschaftlichen Problems nicht etwa eine Abnahme der Zahl aller noch bestehenden Probleme bedeutet, sondern stets neue Probleme entstehen läßt, wenn sich das oft auch erst viel später herausstellt.

Daß die Dinge im Hinblick auf die Zuckerkrankheit offensichtlich nicht zum besten stehen, daß diese seit rund einem halben Jahrhundert für »erledigt« gehaltene Krankheit in letzter Zeit unvermittelt wieder an Aktualität gewonnen hat, konnte auch dem Laien nicht verborgen bleiben. Seit einigen Jahren häufen sich Meldungen in der Presse über ärztliche Kongresse und Arbeitstagungen, die sich mit dem Problem des Diabetes als einer Volkskrankheit beschäftigen, und immer häufiger liest man von sogenannten »Früherkennungsaktionen«, die in bestimmten Bundesländern oder Großstädten mit oft beträchtlichem Aufwand allein zu dem Zweck durchgeführt werden, um noch unerkannte Zuckerkranke aufzuspüren, Menschen, die an einem Diabetes leiden, von ihrer Krankheit aber noch nichts wissen.

Hinter dieser Aktivität verbirgt sich die Erkenntnis einer beunruhigenden Entwicklung, auf die die Mediziner in den letzten Jahren aufmerksam wurden und deren Umfang und Ursachen bis heute noch keineswegs klar erkannt sind. Sie besteht darin, daß die Zahl der Zuckerkranken in Deutschland – und in allen anderen zivilisierten Staaten – laufend zunimmt und daß der Diabetes trotz aller heute zur Verfügung stehenden modernen Mittel der Behandlung immer häufiger als Todesursache auftritt. Die Medizinalstatistik stellt fest, daß in Westdeutschland nicht weniger als 600 000 Diabetiker bekannt und wegen ihres Leidens in ärztlicher Behandlung sind. Stichproben, die in den letzten Jahren auf Veranlassung der Bundesärztekammer und anderer ärztlicher Gremien durchgeführt wurden, haben aber nun gezeigt, daß auf jeden dieser Patienten mindestens noch ein weiterer Bundesbürger kommt, der ebenfalls an einer diabetischen Stoffwechselstörung leidet, ohne bisher aber davon etwas zu wissen. Mit anderen Worten, wir stehen also vor der Tatsache, daß von den Bewohnern der Bundesrepublik etwa 1,2 Millionen zuckerkrank sind. Das sind rund zwei Prozent der gesamten Bevölkerung, von fünfzig Menschen immer einer. Parallel dazu hat sich der Diabetes in den letzten Jahren in der Todesursachenstatistik auf den dritten Platz vorgeschoben – nach Herzerkrankungen und Krebs.
Wie ist das zu erklären? Welche Faktoren verbergen sich hinter dieser unerwarteten und ohne Zweifel ernstzunehmenden Entwicklung? Welches Risiko bedeutet sie für den einzelnen, und wie kann dieser sich gegen das Risiko schützen? Das sind die Fragen, mit denen wir uns heute beschäftigen wollen. Beginnen wir mit einer Rekapitulation dessen, was »Zuckerkrankheit« eigentlich ist. Die Ursache dieser Krankheit ist ein Mangel des Hormons Insulin, das – neben Verdauungssäften, die an den Darm abgegeben werden – vom Pankreas, der »Bauchspeicheldrüse«, erzeugt und direkt in das Blut ausgeschüttet wird. Ausgelöst wird das durch einen spezifischen Reiz, nämlich den Anstieg des Zuckergehaltes im Blut über den normalen Durchschnittswert von etwa 90 bis 120 Milligramm in 100 Kubikzentimetern Blutserum, wie er nach jeder Nahrungsaufnahme zu beobachten ist. Das Insulin verhindert einen anhaltenden Anstieg des Blutzuckerspiegels dadurch, daß es die Umwandlung des Traubenzuckers, als der sich der aus unserer

Nahrung stammende Zucker im Blut ansammelt, in Glykogen oder »Stärke« und dessen Speicherung in Muskeln und Leber veranlaßt. Das dort gespeicherte Glykogen ist unsere wichtigste Energiequelle für alle körperlichen Bewegungen. Es wird sofort und in dem Maße jeweils wieder in den energieliefernden Traubenzucker umgewandelt und im Muskel »verbrannt«, in dem wir uns körperlich anstrengen. Diese Rückverwandlung oder Mobilisierung des Glykogens wird durch ein zweites Hormon, das sogenannte Glukagon, bewirkt.

Um zu verstehen, was die Zuckerkrankheit ist, muß man sich diesen Zusammenhang einmal klargemacht haben. In allen populärmedizinischen Veröffentlichungen und selbst in nicht wenigen Fachpublikationen heißt es immer noch lakonisch, daß Insulin den Blutzucker senke, daß sein Mangel daher zu einem Ansteigen des Blutzuckergehalts führe und daß dieser erhöhte Blutzuckerspiegel dann gleichbedeutend sei mit dem, was man als »Zuckerkrankheit« bezeichne. In Wirklichkeit liegen die Dinge etwas anders.

Versuchen wir einmal, zum besseren Verständnis von einer ganz anderen, ganz allgemeinen Überlegung auszugehen. Der Vorgang, den wir »Leben« nennen, ist ein Prozeß, dessen Aufrechterhaltung eine nicht unbeträchtliche Energiezufuhr voraussetzt. Nicht nur, um uns zu bewegen, sondern allein schon zur bloßen Erhaltung unseres Organismus verbrauchen wir ebenso wie alle anderen Lebewesen fortwährend, buchstäblich in jedem Augenblick, Energie. Diese Energie führen wir uns mit der Nahrung zu. Nun wäre es aber zweifellos höchst unbequem und auch biologisch unzweckmäßig, wenn wir fortwährend essen müßten, weil wir fortwährend Energie verbrauchen. Zur Lösung dieses Problems hat die Natur unseren Organismus mit einer Art Pufferfunktion ausgerüstet, nämlich mit der Fähigkeit, energiespendende Moleküle, also zum Beispiel Glukose in energetisch inaktiver Form, als Glykogen, speichern zu können und für den Bedarfsfall bereitzuhalten. Die Steuerung dieses Speicherprozesses ist die Aufgabe des Hormons Insulin.

Von dieser zentralen Funktion aus lassen sich nun die einzelnen Störungen, die aus einem Insulinmangel resultieren, also die Symptome der Krankheit »Diabetes mellitus«, in verständlicher Weise ableiten: Weil der Aufbau von Glukose zu Glykogen nicht mehr

möglich ist, sammelt sich die aus der Nahrung stammende Glukose im Blut mehr und mehr an, und der Blutzuckerspiegel steigt. Da das ohne schädliche Auswirkungen nur bis zu einer oberen Grenze möglich ist, wird die Glukose ab einem bestimmten Niveau ungenutzt durch die Nieren wieder ausgeschieden, der Urin des Patienten wird zuckerhaltig. Da die Nieren den Zucker aus dem Blut nur in einer entsprechenden Flüssigkeitsmenge gelöst entfernen können, steigen die Urinmengen stark an, die Patienten müssen entsprechend mehr trinken, sie bekommen einen quälenden Durst. Und weil die Glukose, wie gesagt, ungenutzt ausgeschieden und damit der wichtigste Energielieferant vergeudet wird, magern die Patienten stark ab, obwohl sie ständig Hunger haben und große Mengen an Nahrung zu sich nehmen.
Dies etwa sind die wichtigsten Symptome des Diabetes, die sich in dieser Vollständigkeit und Ausprägung allerdings nur bei schweren und unbehandelten Formen der Krankheit einstellen. Sie alle lassen sich durch Insulin beseitigen, und so ist es verständlich, daß man, nachdem dieses Hormon 1921 durch die Kanadier Frederick Banting und Charles Best entdeckt worden war, in den folgenden Jahrzehnten davon überzeugt war, das Problem Zuckerkrankheit könne als erklärt und erledigt angesehen werden.
Die Entdeckung des Insulins ist übrigens ein besonders typisches und lehrreiches Beispiel für die Wechselfälle und Sackgassen naturwissenschaftlicher Forschung. Schon Jahrzehnte vor den Versuchen der beiden Kanadier wußte man nämlich, daß die Bauchspeicheldrüse den Stoff enthalten mußte, dessen Fehlen die Zukkerkrankheit entstehen ließ. Man hatte längst herausgefunden, daß man Tiere durch die Entfernung dieses Organs zuckerkrank machen konnte. Trotzdem scheiterten alle Versuche, die zuckerkrank gewordenen Tiere durch die Injektion von Pankreasextrakten zu heilen. Heute, nachträglich, wissen wir, woran das lag: Insulin ist ein Eiweißkörper, und deshalb wird es, wie alle anderen Eiweiße auch, von den Verdauungsenzymen, die im Pankreas produziert werden, sofort abgebaut und zerstört, sobald es mit ihnen in Berührung kommt. Der geniale Einfall von Banting und Best bestand nun darin, eine solche Möglichkeit zu vermuten und einen Ausweg zu finden. Die beiden Wissenschaftler banden bei den Tieren, aus deren Bauchspeicheldrüsen sie das gesuchte Hormon gewinnen

wollten, in einer Voroperation zunächst den Ausführungsgang der Bauchspeicheldrüse ab. Dadurch ging der Teil des Organs zugrunde, der die eiweißzerstörenden Fermente produzierte. Im übriggebliebenen Rest des Organs fand sich dann endlich das langgesuchte Insulin.
Die zweite große wissenschaftliche Entdeckung, welche die Behandlung der Zuckerkranken revolutionierte, war die 1955 in Deutschland erfolgte Entwicklung des Nadisan, dem sich kurze Zeit später noch das Artosin zugesellte. Es handelt sich dabei um Präparate, welche die Funktion des Insulins in jeder Hinsicht zu ersetzen vermögen, die sich aber im Gegensatz zum Hormon selbst, das in allen Fällen injiziert werden muß, in der Form gewöhnlicher Tabletten einnehmen lassen. Die Entwicklung dieser beiden sogenannten oralen Antidiabetika Nadisan und Artosin wird in Fachkreisen als der bedeutendste Beitrag angesehen, den die deutsche Medizin nach 1945 zum Fortschritt der medizinischen Behandlungsmöglichkeiten beigetragen hat. Beide ersetzen heute bei Millionen Zuckerkranken in aller Welt die bis dahin notwendigen täglichen Insulininjektionen.
Wie ist es nun möglich, daß der Diabetes trotz dieser Entdeckungen und der Tatsache, daß sich die ihm zugrundeliegende Stoffwechselstörung mit Insulin beziehungsweise Nadisan oder Artosin in jedem Fall therapeutisch beseitigen läßt, heute zu einem sozialmedizinischen Problem ersten Ranges, zu einer echten »Volkskrankheit« zu werden droht? Das Problem hat zwei Seiten, die wir getrennt betrachten müssen: Einmal besteht es in der alarmierenden Zunahme der Zahl der Zuckerkranken. Zum anderen ist die Frage zu beantworten, aus welchen Gründen diese Krankheit, trotz aller genannten Möglichkeiten einer optimalen Behandlung, in der Todesursachenstatistik inzwischen so weit vorgerückt ist.
Die alarmierende Zunahme der Zahl der Zuckerkranken ist zu einem Teil die Folge der unbestreitbaren Tatsache, daß die moderne Medizin dadurch, daß sie die Leiden des einzelnen vermindert, der Allgemeinheit mitunter erhebliche Probleme aufbürdet. Der Diabetes hat letztlich nämlich eine genetische, erbliche Grundlage. Vor der Insulinära nun starb ein Zuckerkranker in der Regel, ehe er Kinder haben und seine Anlage an sie weitervererben konnte. Mit Hilfe der modernen Behandlungsmöglichkeiten aber

führt auch ein Diabetiker ein Leben wie jeder Gesunde. Das ist ein begrüßenswerter Erfolg. Wir scheinen für ihn aber den Preis einer ständigen Zunahme der Zahl der Zuckerkranken zahlen zu müssen. Andererseits haben sozialmedizinische Untersuchungen und die Erfahrungen während des letzten Krieges einen eindeutigen Zusammenhang zwischen Zuckerkrankheit und Übergewicht ergeben. Die Art dieses Zusammenhangs ist heute noch keineswegs klar. Es hat den Anschein, als ob ein langjähriges Kalorienüberangebot zu einer Art Erschöpfung der Bauchspeicheldrüse mit daraus resultierendem Insulinmangel führen könnte. Es steht jedenfalls fest, daß chronische Überernährung einen Diabetes auslösen kann, und umgekehrt ebenso, daß der bei einem übergewichtigen Menschen auftretende Diabetes in vielen Fällen allein durch eine konsequente Diät wieder beseitigt werden kann. Dies ist der erste Punkt, an dem der einzelne angesichts der hier skizzierten Entwicklung aus eigener Initiative etwas zur Vorbeugung tun kann. Gefährdet ist nur der Übergewichtige. Wer auf sein Gewicht achtet, braucht sich über das Phänomen des Diabetes als einer Volkskrankheit persönlich keine Sorgen zu machen.

Die zweite Frage: Wie ist es möglich, daß eine Krankheit in der Todesursachenstatistik heute wieder auf dem dritten Platz rangiert, für die beste Behandlungsmöglichkeiten existieren? Die Erklärung für diesen Umstand bilden die sogenannten »diabetischen Spätschäden«. Seit es Insulin und die oralen Antidiabetika gibt, braucht kein Zuckerkranker mehr im Koma zu sterben, das früher das praktisch unausweichliche Ende herbeiführte. Dafür stirbt ein großer Teil von ihnen heute aber an Gefäßkomplikationen: einem Extremitätenbrand, Schrumpfnieren, Durchblutungsstörungen des Gehirns oder einem Herzinfarkt. Wie diese Gefäßkomplikationen mit der Stoffwechselstörung eigentlich zusammenhängen, ist bisher noch nicht geklärt. Bemerkenswerterweise lassen sie sich durch Insulin gar nicht beeinflussen. Eines aber hat sich inzwischen herausgestellt: Diese gefährlichen »Spätkomplikationen« treten dann nicht auf, wenn ein Diabetiker von Beginn seines Leidens an konsequent behandelt worden ist. Nur dann also, wenn diese Behandlung so früh wie möglich einsetzt, kann man ihn vor diesen Folgen bewahren. Diese Entdeckung ist der Grund für die seit einigen Jahren durchgeführten Aktionen zur »Früherfassung«

bisher unerkannter Diabetiker, die durch die tatkräftige Unterstützung großer pharmazeutischer Werke ermöglicht wurden. Die Beteiligung an einer dieser Aktionen oder aber eine freiwillige Vorsorgeuntersuchung beim Hausarzt, das ist die zweite Möglichkeit, von der der einzelne Gebrauch machen sollte, um sich vor den Folgen der »Volkskrankheit Diabetes« zu schützen.

(1967)

POLITIK · ÖKONOMIE · ÖKOLOGIE

Projekt »Pflugschar«

Die Doppelgesichtigkeit des Fortschritts

Wissenschaft und Technik als solche sind wertfrei, sie sind an sich weder gut noch schlecht. Der Mensch, der sie entwickelt und verwendet, ist beides zugleich. Vom Menschen hängt es daher ab, zu welchen Zwecken wissenschaftliche Einsichten und technische Möglichkeiten benutzt werden und welche Folgen sie nach sich ziehen, ob sie also zum Guten oder zum Bösen führen. Daß das eine Binsenwahrheit ist, sei gerne zugegeben, aber leider werden ja gerade Binsenwahrheiten nur zu oft vergessen.
Hierfür gibt es heutzutage zwei aktuelle Beispiele. Beide sind dadurch charakterisiert, daß bestimmte technische Möglichkeiten angesichts bisheriger Erfahrungen einseitig positiv oder einseitig negativ abgestempelt wurden. Die Folge davon ist, daß die jeweilige Alternative allzu lange übersehen wurde, zum Schaden für uns alle.
Das erste Beispiel betrifft die Atombombe. Ihr bloßer Name gilt heute für die ganze Menschheit als Symbol der Vernichtung schlechthin, so daß uns die Möglichkeit einer friedlichen Nutzanwendung in diesem Zusammenhang paradox, ja geradezu unvorstellbar erscheint. Wir sprechen, wohlgemerkt, nicht von der friedlichen Anwendung der Atomenergie zur Kraftstromerzeugung oder zur wissenschaftlichen Forschung, an die wir uns zu gewöhnen beginnen, sondern wir sprechen von der Bombe selbst. Aber die eingangs erwähnte Alternative gilt auch für sie, auch in der Superbombe liegen Möglichkeiten zur friedlichen, erstrebenswerten und lohnenden Nutzanwendung.
Mit diesen Möglichkeiten scheinen sich bislang nur amerikanische Wissenschaftler auseinandergesetzt zu haben, und zwar bereits in konkreten Experimenten, vor allem mit jener Versuchsreihe unterirdischer Atombombenexplosionen, der sie den beziehungsvollen Namen »Projekt Pflugschar« gaben. Beziehungsvoll ist dieser

Name in einem doppelten Sinne. Er bezieht sich nicht nur auf die naheliegende Möglichkeit, mit der gewaltigen Energie atomarer Bomben wie mit einer riesigen Pflugschar gezielte Erdbewegungen größten Ausmaßes durchführen zu können. Das ist nur eine von vielen Formen ihrer friedlichen Anwendung und sicher die einfachste. Doch der Name »Pflugschar« schließt alle anderen Möglichkeiten der friedlichen Anwendung ebenfalls ein, denn er spielt zugleich auf eine Stelle des Alten Testaments an, in der der Prophet Jesaja für die Zukunft eine Zeit des Friedens zwischen den Völkern verheißt, mit den Worten: »Da werden sie ihre Schwerter zu Pflugscharen machen und ihre Spieße zu Sicheln.«

Eine Übersicht über die Möglichkeiten, das atomare Schwert in eine Pflugschar zu verwandeln, gab der in Norwegen arbeitende Schweizer Physiker Theo Ginsburg jetzt in der »Naturwissenschaftlichen Rundschau« unter dem Titel »Die friedliche Verwendung von Nuklearbomben«.

Wenn man über das Problem nachdenkt, stößt man natürlich zuerst auf die ungeheuren Energiemengen, die bei einer nuklearen Explosion frei werden. Was bei einem solchen Ereignis innerhalb von tausendstel Sekunden im bösen Falle zur Zerstörung führt und im günstigsten Falle nutzlos verpufft, ist ungeheuerlich. Ginsburg bringt einen anschaulichen Vergleich: Die gesamte im Jahre 1957 in der ganzen Schweiz erzeugte elektrische Energie (also einschließlich Eisenbahn und Industrieverbrauch) betrug etwa sechzehn Millionen Megawattstunden. Die bei der Explosion einer einzigen Fünfzig-Megatonnen-Bombe freiwerdenden Kräfte würden ausreichen, um die viereinhalbfache Energie zu erzeugen oder um den Gesamtbedarf der Schweiz an elektrischem Strom für viereinhalb Jahre zu decken.

Die etwa 200 000 atomaren Sprengsätze, die es heute auf der Erde in den Waffenlagern von Ost und West gibt, stellen, so betrachtet, eine schon heute kaum zu erschöpfende Energiereserve dar; dieser Gesichtspunkt ist um so beachtenswerter, als die herkömmlichen Energiequellen Kohle und Öl bei dem augenblicklichen und stets wachsenden Bedarf in nicht allzu ferner Zukunft erschöpft sein dürften und das wirtschaftlich rentable Kernkraftwerk noch für lange Zeit ein Wunschtraum bleiben wird.

Grundsätzlich erhebt sich bei der Anwendung von Atombomben

zur Energiegewinnung das gleiche Problem wie bei der Konstruktion eines atomaren Kraftwerkes, nämlich das Problem, wie man den Energiefluß steuern soll. Bei der Anwendung einer nuklearen Bombe ist dieses Problem technisch sehr viel einfacher zu lösen.
Die Amerikaner experimentieren mit mindestens zwei verschiedenen Verfahren. In beiden Fällen wird die Atombombe – im allgemeinen ein »kleiner« Sprengsatz im Fünf-Kilotonnen-Bereich – etwa 400 Meter unter der Erdoberfläche gezündet. Wenn man hierfür eine geologisch geeignete Stelle – felsigen Untergrund – aussucht, dann erhebt sich an der Oberfläche allenfalls eine gewaltige Staubwolke infolge der mechanischen Wirkung der durch das feste Untergestein fortgeleiteten Stoßwelle, sonst verändert sich hier nichts. 400 Meter tiefer ist aber innerhalb von wenigen Sekundenbruchteilen eine »kleine Hölle« entstanden.
Bei der ersten Verfahrensweise wird die Bombe in einem Steinsalzlager gezündet. Die Explosion läßt hier einen kugelförmigen Hohlraum von etwa 60 Metern Durchmesser entstehen, in dem sich ein See aus geschmolzenem Salz bildet. Dieser Salzsee, der durch 400 Meter Felsgestein gegenüber der Erdoberfläche isoliert ist, bildet dann den eigentlichen, nutzbaren Energiespeicher. Noch nach Wochen, wenn die radioaktive Strahlung so weit abgeschwächt ist, daß man die Explosionshöhle erneut anbohren kann, hat das geschmolzene Salz nämlich eine Temperatur von etwa 800 Grad Celsius, und die in diesem Wärmespeicher enthaltene Energie kann dann durch Wärmeaustauscher an die Erdoberfläche transportiert und hier in elektrische Energie umgesetzt werden.
Aussichtsreicher und auch einfacher erscheint das zweite Verfahren. Dabei wird eine hinreichend tief unter der Erdoberfläche liegende natürliche Höhle angebohrt und zu drei Vierteln mit Wasser gefüllt. In diesem Wasser wird nun eine entsprechend dimensionierte Atombombe zur Explosion gebracht, wodurch sich das Wasser in der Höhle zu Wasserdampf verwandelt, der unter sehr hohem Druck steht und den man durch ein Bohrloch entnehmen und direkt einer Dampfturbine zuführen kann. Nach einer einzigen Explosion – die übrigens bei Bedarf in der gleichen Höhle wiederholt werden kann – steht genug Dampf zur Verfügung, um eine solche Turbine mehrere Wochen lang antreiben zu können.
Das mag alles nicht nur ungewohnt, sondern auch recht utopisch

klingen. Daß die potentiellen Interessenten diese Projekte aber sehr ernst nehmen, geht schon daraus hervor, daß bedeutende amerikanische Wirtschaftsunternehmen die Experimente mit großer Aufmerksamkeit verfolgen und ihrerseits laufend genau spezifizierte Patente anmelden.

Dies gilt auch für andere Versuche mit unterirdischen Atomexplosionen, die zu dem Zwecke durchgeführt werden, das Öl aus den bisher nicht nutzbaren riesigen Teersandlagern in Kanada buchstäblich herauszupressen, oder für den kühnen Gedanken, Braunkohle an Ort und Stelle, im Braunkohlenlager unter der Erde, durch eine atomare Explosion in Steinkohle oder gar Anthrazit zu verwandeln.

Es ist nicht nur, wie Ginsburg mit Recht betont, tröstlich, daß sich diese Möglichkeiten einer friedlichen Nutzung von Atombomben heute abzuzeichnen beginnen, sondern diese Entwicklung könnte vielleicht außerdem ganz konkrete Auswirkungen haben. Aus den ungeheuren Investitionen, die heute in den nuklearen Waffenarsenalen der Erde »eingefroren« sind, folgen nämlich verhängnisvolle Tendenzen zu ihrem »bestimmungsgemäßen Gebrauch«. Es kann nicht ohne Bedeutung sein, wenn neben die tödliche Einseitigkeit des bisherigen »bestimmungsgemäßen Gebrauchs« die Alternative tritt, Bomben auch zu sinnvollen, produktiven Zwecken anwenden zu können.

Bei unserem zweiten Beispiel für die Doppelgesichtigkeit wissenschaftlichen oder technischen Fortschritts liegen die Dinge gerade umgekehrt: Hier hält man sich so sehr an die Aussichten auf die positive und heilsame Anwendung, daß wir Gefahr laufen, die Kehrseite der Medaille zu übersehen. Das Thema klingt unverfänglich genug. Es wird von K. H. Simon unter dem Titel: »Die Bedeutung von Viren für die Krebsbildung« behandelt, ebenfalls in der »Naturwissenschaftlichen Rundschau«.

Noch vor wenigen Jahren standen sich hinsichtlich des Problems der Krebsentstehung zwei Theorien anscheinend unvereinbar gegenüber, wobei sich beide auf unbezweifelbare experimentelle Befunde berufen konnten, nämlich die Virustheorie und die genetische Theorie der Krebsentstehung. Von der Öffentlichkeit ist wenig beachtet worden, daß die außerordentlichen Entdeckungen der Genetiker in der jüngsten Zeit unter anderem zur Folge haben, daß dieser Widerspruch heute verschwunden ist. Wir glauben jetzt zu

wissen, daß *beide* Theorien stimmen und daß jede von ihnen nur einen jeweils anderen Aspekt des gleichen biologischen Vorgangs in den Vordergrund stellt.
Das Problem, wie eine Krebszelle entsteht, läßt sich kurz zusammengefaßt etwa folgendermaßen darstellen: Jede einzelne Zelle eines höheren Organismus enthält als Abkömmling der einen befruchteten Eizelle, aus der sie durch fortlaufende Teilungsprozesse hervorgegangen ist, in den Chromosomen ihres Kerns den vollständigen Satz von Erbanlagen, nach dessen »Programm« sich Gestalt und Veranlagung des betreffenden Lebewesens entwickeln. Daß sich trotzdem *verschiedene* Körperzellen entwickeln, daß als Folge des in allen Zellen gleichen Erbsatzes trotzdem an der einen Stelle des Körpers Leberzellen, an einer anderen Gehirnzellen, an einer weiteren Augenzellen usw. entstehen, läßt auf das Vorhandensein eines Steuermechanismus schließen.
Von diesem Steuermechanismus wissen wir bisher lediglich, daß er ebenfalls im Zellkern enthalten sein muß. Er entscheidet darüber, welchen Teil des Gesamtrepertoirs an Erbanlagen die einzelne Zelle jeweils »ablesen« muß, um den an dieser Stelle des Körpers jeweils benötigten speziellen Zelltyp hervorzubringen, und auch darüber, wie *lange* die Zelle diese genetische Teilinformation »ablesen« muß, damit der Teilungsvorgang eingestellt wird, sobald die vorgesehene Zahl von Zellen der jeweiligen Art erreicht ist, denn so wird die regelrechte Größe und Gestalt der einzelnen Teile des Organismus gewährleistet.
Krebs entsteht dadurch, daß sich irgendwo im Organismus vielleicht nur eine einzige Zelle diesem Steuermechanismus entzieht. Sie beginnt, sich ohne Rücksicht auf das »Gesamtprogramm« unaufhörlich zu teilen und zu vermehren, und bildet dadurch ein an Größe ständig zunehmendes Gewächs, das früher oder später einfach durch sein Wachstum die Gewebe der Umgebung zerstört und damit die Körperfunktionen an der Stelle seines Sitzes gefährdet. Aller Wahrscheinlichkeit nach ist es die Folge der Veränderung eines einzigen Gens, also einer sogenannten Mutation, die eine bis dahin »disziplinierte« Körperzelle der Kontrolle des erwähnten Steuermechanismus entgleiten lassen kann.
Wie läßt es sich mit dieser Erklärung der Krebsentstehung durch Mutation vereinbaren, daß auch manche Viren bei Tieren Krebs

hervorrufen, daß Krebs bei Tieren also auch durch »Ansteckung« erzeugt werden kann? Dieser scheinbare Widerspruch wurde durch die Entdeckung beseitigt, daß ein Virus der hier in Frage kommenden Art, bei der das ganze Virus praktisch aus einem einzigen Molekül besteht, eine große Ähnlichkeit mit einem einzelnen Gen haben kann. Wird eine Zelle nun von einem solchen Virus befallen, so kann es vorkommen, daß sie es mit einem Gen »verwechselt« und »versehentlich« als zusätzliches Gen in ein Chromosom ihres Kerns einbaut. Das aber hat dann natürlich den gleichen Effekt wie eine Mutation, ja, es *ist* eine Mutation! (Zur Vermeidung eines naheliegenden Mißverständnisses sei hier betont, daß aus Gründen, deren Auseinandersetzung uns zuviel Zeit kosten würde, trotzdem Krebs in keinem Falle durch gewöhnliche Ansteckung von einem Menschen auf den anderen übertragen werden kann!)

Nach den außerordentlichen Erfolgen, welche die Wissenschaft in den letzten Jahren bei der Erforschung der chemischen Zusammensetzung und des Aufbaus von Virusmolekülen errungen hat, erscheint es kaum noch zweifelhaft, daß wir früher oder später auch lernen werden, den Genbestand einer Zelle mit den bei diesen Untersuchungen entwickelten Methoden gezielt zu beeinflussen. Bei einigen Mikroorganismen ist die künstliche Veränderung ihrer erblichen Veranlagung mit allen sich daraus ergebenden Konsequenzen bereits heute im Laboratorium gelungen. Diese Arbeiten werden mit dem Ziele durchgeführt, eines Tages die Beherrschung des Krebses in die Hand zu bekommen, und sie berechtigen zu kühnen Hoffnungen.

Aber diese so begrüßenswerte Entwicklung hat auch ihre makabre Kehrseite, die wir rechtzeitig bedenken und berücksichtigen sollten. Denn in dem gleichen Augenblick, in dem wir über die Methoden verfügen, die Genstruktur des Zellkerns willkürlich zu beeinflussen, ist uns auch die Möglichkeit in die Hand gegeben, die Erbveranlagung einer Zelle insgesamt zu manipulieren. Der amerikanische Nobelpreisträger Melvin Calvin hat kürzlich in einem Vortrag über diese Aussicht gesprochen: Früher oder später werden wir wissen, sagte Calvin, wie man die erbliche Veranlagung des Menschen gelenkt verändern kann. Wir werden in der Lage sein, bestimmte menschliche Eigenschaften zu verstärken und andere auszumerzen. Wir werden sogar in der Lage sein, völlig neue menschliche Eigenschaften zu erzeugen, etwa dadurch, daß wir die Zahl der Gehirnzellen vergrößern. Mit diesen Möglichkeiten kommt aber die Frage auf uns zu, *wer* verändert werden soll und in welcher Richtung; und gleichzeitig die kaum zu beantwortende Frage danach, wer die Kontrolle über die Anwendung solcher Methoden ausüben soll.

(1964)

Die stets unterschätzte Fähigkeit zur Verdrängung

Über den Film »Das Versprechen von Nürnberg«

Ich habe diesen Film nun schon mehrmals gesehen, und trotzdem packt er mich jedesmal von neuem. Wie kommt das eigentlich? Man sieht nur Köpfe, man hört Menschen reden, es gibt keinerlei Handlung, ein Film also, der gegen alle elementaren Regeln der Filmkunst verstößt. Trotzdem aber geht eine Faszination von ihm aus, der man sich nicht entziehen kann. Wie läßt sich das erklären? Die Antwort, auf die ich gekommen bin, ist sehr einfach, und dabei im Grunde erschreckend: In diesem Film wird von *uns* geredet, von unserer Zukunft und bestimmten Gefahren, die unsere Zukunft bedrohen. Und zwar geschieht das in fast emotionsloser Sachlichkeit, in dem deutlichen Bemühen um faire Objektivität und mit absoluter Ehrlichkeit. Das aber sind wir, wie unsere Reaktion auf diesen Film in aller Deutlichkeit verrät, einfach nicht mehr gewohnt.

Gewöhnt haben wir alle uns vielmehr daran, daß vor der Realität unserer Situation ein Vorhang von schönfärberischem Vokabular, von Verdrängungen und konsequentem Schweigen errichtet wurde, an dessen Undurchdringlichkeit wir alle auf unsere Weise mitwirken. Dies ist die einzige Erklärung für den sonst absolut unerklärlichen Tatbestand, daß wir in einer Welt, die begonnen hat, den eigenen Selbstmord vorzubereiten, weiterhin so leben, als handele es sich immer noch um eine »normale« Welt.

Der Film, den wir eben gesehen haben, zieht diesen Vorhang für einen Augenblick zur Seite. Während der Zeit, die notwendig ist, bis unsere psychischen Verdrängungsmechanismen wieder zu wirken beginnen, geht uns eine Ahnung auf von unserer wirklichen Lage.

»Niemand will den Krieg« – diese (beruhigend gemeinte) Feststellung wollen wir gern glauben. Nur: Für »beruhigend« kann ich sie

beim besten Willen nicht halten. Denn: Wenn niemand den Krieg will, weder die Russen noch die Amerikaner, und wenn trotzdem der Eindruck unabweisbar ist, daß die Gefährdung von Jahr zu Jahr zunimmt, wenn trotzdem das Gefühl sich verstärkt, nicht mehr in einer Nachkriegs-, sondern bereits wieder in einer Vorkriegszeit zu leben, dann läßt das doch nur den Schluß zu, daß die ursächlichen Mechanismen der Gefährdung offenbar außer Kontrolle geraten sind. Wenn in den Hunderten von Abrüstungsverhandlungen, die seit dem Ende des letzten Krieges geführt worden sind, nichts herausgekommen ist, wenn sie alle, ausnahmslos, nur dazu geführt haben, daß nach dem Verhandlungsende mehr Waffen und noch furchtbarere Waffen aufgestellt wurden, als es vorher gegeben hatte, dann ist doch die Frage nicht voreilig zu nennen, ob wir gut beraten sind, wenn wir die Entscheidung über unsere Existenz oder Nichtexistenz auch weiterhin ausschließlich einer Handvoll von Politikern und Militärs überlassen.
Bundeskanzler Helmut Kohl sagte im Sommer vorigen Jahres auf dem CSU-Parteitag als Gastredner, es stelle für ihn eine »unerträgliche Arroganz« dar, wenn jemand behaupte, einen anderen Weg zum Frieden zu kennen als den von der Regierung offiziell vertretenen. Ich frage mich, ob der Bundeskanzler sich auch heute noch getrauen würde, das so zu sagen. Ganz abgesehen davon, daß wir heute längst wissen, daß dieser Weg nicht zu einem »Frieden mit weniger Waffen« geführt hat, daß er die Russen nicht zum Einlenken gebracht und damit die Möglichkeit für »ernsthafte Abrüstungsverhandlungen« eröffnet hat. Abgesehen auch davon, daß am Ende dieses Wegs vielmehr genau das auf uns gewartet hat, wovor Friedensbewegung und Grüne von Anfang an gewarnt hatten: Nämlich eine erneute Drehung der Aufrüstungsschraube in Gestalt einer russischen Nach-Nach-Rüstung – niemand gibt es heute zu, man schweigt lieber, aber genau so ist es doch –, ganz abgesehen von all diesen aktuellen, sozusagen brühwarmen Erfahrungen scheint mir der zitierte Ausspruch von Helmut Kohl erst dann sinnvoll zu werden, wenn man ihn auf den Kopf stellt: Ausdruck einer »unerträglichen Arroganz« wäre es doch vielmehr, wenn ein Politiker oder Militär darauf beharrte, daß er und seine Zunft allein den einzigen Weg kennten, der zum Frieden führt. Denn der Weg, den diese Experten als den einzigen betrachten und

auf den wir uns seit 1945 von ihnen haben führen lassen, genau dieser Weg ist es doch, der uns von der Niemals-wieder-Stimmung der ersten Nachkriegsjahre in die jetzige Situation gebracht hat, an deren wahres Gesicht der Film von Peter Krieg erinnert.

Neben Tatsachen, die wir alle nur allzu gern verdrängen, enthält der Film auch eine ganze Reihe wichtiger Gedanken. Lassen Sie mich jetzt einige davon aufgreifen. Anfangen möchte ich mit der scheinbar naiven, aber nur allzu berechtigten Frage des deutschen Politologen Ossip Flechtheim, ob den Politikern und Generalen eigentlich die Konsequenzen der Macht- und Drohmittel, die sie als politisches Instrumentarium akzeptiert haben und einsetzen, in ihrer ganzen Ungeheuerlichkeit wirklich bekannt sind. Es scheint im ersten Augenblick in der Tat schier unbegreiflich, daß geistesgesunde, ehrbare Männer, liebevolle Familienväter, die ganz sicher – von einzelnen als verrückt zu bezeichnenden Ausnahmen abgesehen – auch nicht kriegslüstern sind, Ausrottungsmittel globalen Ausmaßes mit einer Selbstverständlichkeit im politischen Geschäft einsetzen, als handele es sich um ganz normale Instrumente.

Die Erklärung besteht meiner Ansicht nach in der stets unterschätzten Fähigkeit des Menschen zur Verdrängung der Realität, soweit sie unerwünscht ist. Das gilt nicht nur für Generale und Politiker, es gilt für uns alle. Wir alle sind fortwährend daran beteiligt, das Ausmaß der Gefahr herunterzuspielen und damit die Wahrscheinlichkeit ihres Eintretens zu erhöhen.

Unsere Sprache verrät uns: Da ist selten von »Krieg« die Rede, sondern meist vom »Ernstfall«. Da wird – wenn bezeichnenderweise auch in einem geradezu lächerlich unzureichenden Ausmaß – »Zivilschutz« organisiert – als ob bei einer nuklearen Auseinandersetzung die Unterscheidung zwischen Kombattanten und den nur passiv leidenden Zivilpersonen, die schon im letzten Kriege kaum noch gelang, nicht endgültig zur Farce würde. Da gibt es Verwaltungsbehörden, die Kulturdenkmäler als »schützenswert« auswählen und die reale Plaketten entwerfen und herstellen lassen, mit denen diese schützenswerten Kirchen oder Museen gekennzeichnet werden sollen. Als ob es dann, wenn es gelänge, den Schutz durch derartigen Unfug wirksam werden zu lassen, noch Menschen gäbe, diese Kulturdenkmäler zu betrachten. Da werden Atombunker – auch für den genügend betuchten Privatmann –

entworfen und gebaut, als ob es keine Rolle spielte, ob für die, die in einem solchen Bunker wirklich überleben sollten, hinterher auch noch eine Welt existiert, in die es sich Wochen oder Monate später wieder hinauszukriechen lohnt. Da wird Katastrophenmedizin organisiert und vorbereitet, als ob Kliniken, Ärzte und Pflegepersonal die atomare Katastrophe unbehelligt überstehen könnten.

Alles das trägt in Wahrheit nur zur Vergrößerung der Gefahr bei. Daher sind, zugespitzt gesagt, Bunkerbau, Katastrophenplanung und andere »Vorbereitungen« auf den »Ernstfall« in Wahrheit Mitursachen, ihn herbeizuführen, insofern, als sie in totaler Verdrängung der Realität den tödlichen Irrtum verbreiten und wie ein Narkotikum bestärken, daß es nach einem Atomschlag noch etwas zu schützen gebe, noch Menschen, denen geholfen werden könne, und Helfer, die über die Mittel verfügten, Hilfe zu bringen. Damit wird die selbstmörderische Illusion am Leben erhalten, daß auch dieser nukleare Krieg sich auf irgendeine Weise bewältigen und überstehen lassen werde, wenn wir uns nur konsequent genug auf ihn vorbereiteten. Eine Einstellung, wie gesagt, die den Eintritt der Katastrophe nur um so wahrscheinlicher machen kann.

Wie sehr wir die Realität verdrängen, ergibt sich allein daraus, daß wir auch angesichts der nuklearen Katastrophe vom »Atom*krieg*« reden. Wenn es doch wirklich nur ein Krieg wäre! Kriege sind furchtbar genug, aber sie gehen irgendwann zu Ende, man kann sie durch Kapitulation jederzeit beenden, wenn der Schrecken nicht mehr zu ertragen ist. Nach einem »Krieg« schließen die kriegführenden Parteien »Frieden« und eröffnen damit die Möglichkeit, die Lebensumstände wieder zu normalisieren.

Das alles gilt jedoch für einen »Atomkrieg« gerade nicht: Seine Folgen sind auch durch eine Kapitulation nicht wieder rückgängig zu machen, und noch so gute Absichten der kriegführenden Parteien werden nach seinem Ende nicht imstande sein, für die Überlebenden und deren Nachfolgegenerationen wieder Lebensumstände zu schaffen, die wir als »normal« bezeichnen würden. Allein dadurch, daß wir immer noch bloß von einem »Krieg« reden, verharmlosen wir fahrlässig das, was uns bedroht. Bevor wir den Politikern und Generalen Leichtfertigkeit vorwerfen, müssen wir mit dem Umdenken bei uns selbst anfangen.

Ein weiterer mir besonders wichtig erscheinender Punkt ist die in dem Film ebenfalls angesprochene »Verselbständigung des militärisch-industriellen Komplexes«. Ich habe den Verdacht, daß wir mit dieser Verselbständigung – die einen entscheidenden Motor des aberwitzigen Rüstungswettlaufs bildet – niemals werden fertig werden können, wenn wir das Problem weiterhin so vereinfacht und moralisierend betrachten, wie es meist geschieht: Eine an ihren Profiten orientierte Industrie, so etwa läßt sich die übliche Auffassung verkürzt beschreiben, liefere auf Anforderung der Militärs bedenkenlos jede gewünschte Waffe. Wenn es doch so einfach wäre! Wenn es doch namhaft zu machende Missetäter gäbe, die sich – wenigstens prinzipiell – von der Majorität ihrer unschuldigen Mitbürger trennen und unschädlich machen ließen!
Die Wirklichkeit sieht auch hier wieder anders aus. Wer sich in einer der unzähligen Elektronikfirmen im berühmten Silicon Valley in Kalifornien, das eine der fruchtbarsten Brutstätten der amerikanischen Aufrüstung bildet, einmal umgesehen hat, sieht schnell ein, daß das in entscheidenden Punkten ganz anders läuft. Da hokken Hunderte, ja Tausende junger, ehrgeiziger und hochintelligenter Wissenschaftler und Ingenieure auf engstem Raum nebeneinander und machen sich gegenseitig Konkurrenz, ganz persönlich. Da ist von Umbringen, Krieg und Vernichtung gar nicht die Rede. Da erfährt der eine während der Mittagspause in der Cafeteria, daß der Kollege im Nachbarlabor es fertiggebracht hat, die Genauigkeit einer bestimmten Laser-Meßapparatur durch einen elektronischen Trick zu erhöhen. Wochen später hat er das Resultat des Konkurrenten noch überboten. Und unversehens ist bei diesem intellektuellen Wettkampf dann plötzlich eine Zielapparatur herausgekommen, die einer Rakete eine bisher unvorstellbare Treffgenauigkeit verschafft.
Die Firmen in Kalifornien (und ebenso in anderen Rüstungsgebieten) stellen dann dicke, bunt auf Kunstdruck illustrierte Kataloge zusammen, in denen die von ihnen hergestellten Systeme in allen Einzelheiten beschrieben werden: Preis, Wartungskosten, Leistungsgrenzen, Vorzüge gegenüber bisherigen oder Konkurrenzprodukten, spezielle Einsatzmöglichkeiten, Vergleich mit entsprechenden Waffensystemen der »anderen Seite« und so weiter und so weiter. Das Ganze hat große Ähnlichkeit mit einem Necker-

mannkatalog und ist, wie ich aus eigener Anschauung versichern kann, mindestens ebenso attraktiv aufgemacht.
Diese Angebotskataloge werden dann an das Pentagon und alle möglichen Stäbe verschickt und wandern dort von Schreibtisch zu Schreibtisch. Und den General möchte ich sehen, der, wenn er in einem dieser Kataloge zum Beispiel eine Lenkautomatik entdeckt, die der in seiner Truppe bisher verwendeten überlegen ist, nicht auf deren Beschaffung besteht.
Auch in diesem Falle also, darauf will ich hinaus, ist das primäre Antriebsmoment nicht Kriegslüsternheit oder Skrupellosigkeit, sondern die intellektuelle Konkurrenz ehrgeiziger Wissenschaftler, die über fast unbegrenzte Geldmittel verfügen dürfen. Die Gefahr entsteht aus dieser Richtung also, jedenfalls meiner Ansicht nach, nicht infolge einer unersättlichen Gier von Militärs nach immer wirksameren Tötungsinstrumenten. Sie scheint mir vielmehr die Folge davon zu sein, daß die Gesellschaft diesem industriellen Sektor unverhältnismäßig große Geldmittel zur Verfügung stellt, ohne Rechenschaft darüber zu verlangen, was mit ihnen geschieht. Daß in der Regel Waffensysteme dabei herauskommen, dürfte den sehr einfachen Grund haben, daß, jedenfalls in den USA, das Militär der finanzkräftigste Kunde ist und überdies ein Kunde, den der Gesichtspunkt der Rentabilität als einzigen von allen Abnehmern überhaupt nicht interessiert.
Hier erzeugt die freiheitlich konkurrierende Marktwirtschaft daher möglicher-, wenn nicht wahrscheinlicherweise den Keim des eigenen Untergangs und des Untergangs unserer ganzen Zivilisation. Es liegt nahe, Überlegungen darüber anzustellen, wie unser Wirtschaftssystem so geändert werden könnte, daß diese Gefahr ausgeschlossen wird. Dies zu tun, ist in unserer Gesellschaft bisher jedoch noch verpönt.
Ein anderer Punkt: In dem Film wird die Standardantwort aller Rüstungsbefürworter auf die Frage nach dem Sinn der fortwährenden Aufrüstung zitiert. Sie lautet, abgekürzt: Raketen dienen dem Frieden. Selten fehlt der weitere Hinweis darauf, daß die atomare Abschreckung uns immerhin fast vier Jahrzehnte Frieden in Europa verschafft habe.
Dazu wäre zweierlei zu sagen. Erstens: Der Schutz, den das sogenannte »Gleichgewicht des Schreckens« verschafft, gleicht dem

Schutz, den eine Staumauer gewährt, die keinen Abfluß hat. Da sich die Flutwelle hinter ihr immer höher auftürmt, müssen wir die Mauerkrone immer weiter aufstocken. Das aber geht nicht beliebig lange.

Durch die laufende Erhöhung der Mauer – sprich: die permanente Fortsetzung des Wettrüstens – werden wir, wenn die Katastrophe eines Tages dann doch eintritt, nur dafür gesorgt haben, daß sie dann wirklich tödlich ausfällt. Denn wir dürfen nicht verdrängen, daß Hochrüstung noch niemals in der menschlichen Geschichte einen Krieg verhütet hat. Sie hat die Auseinandersetzung immer nur hinausschieben können und sie früher oder später sogar ausgelöst. Der »Frieden«, den das Gleichgewicht des Schreckens uns angeblich verschafft, ist daher in Wirklichkeit nur eine Galgenfrist. Wenn wir sie nicht in der Gestalt eines radikalen Umlernprozesses nutzen, wird das Todesurteil früher oder später unweigerlich vollstreckt.

Der zweite Einwand gegen das bis zum Überdruß wiedergekäute Argument »Unsere Rüstung sichert den Frieden«: Ein Zustand des Nichtkriegs, der nur dadurch aufrechterhalten werden kann, daß jede Seite der anderen mit einer in jedem Augenblick exekutierbaren Ausrottungsdrohung paroli bietet, ist nicht das, was Menschen ursprünglich einmal unter »Frieden« verstanden haben. Schlimm genug, eigentlich erschreckend, daß man heute schon daran erinnern muß, daß da ein Unterschied besteht. Erschreckend in erster Linie nicht einmal unter moralischen Aspekten, sondern aus ganz und gar konkreten Gründen. Denn daß Menschen heute schon bereit sind, einen Zustand als »Frieden« zu akzeptieren, bei dem sich zwei bis auf die Zähne bewaffnete Todfeinde nur deshalb nicht an die Gurgel gehen, weil sie Angst voreinander haben, ist ein Symptom jener unausbleiblichen psychischen Verrohung, der im Laufe der Zeit jeder unterliegt, der gezwungen ist, sein Leben unter dem Schutzdach des atomaren Schreckens zu führen.

Auf Anzeichen dieser Verrohung stößt man überall. Die Maßeinheit »Megatod« ist ein Beispiel. Sie faßt die Zahl von einer Million Leichen in einem handlichen Begriff zusammen und hat sich daher im nuklearstrategischen Sprachgebrauch, in dem niedrige Verlustziffern praktisch nicht vorkommen, rasch eingebürgert. Wer von der Möglichkeit, ja Wünschbarkeit einer »Begrenzung des nuklearen Schlagabtausches« redet – um wenigstens eine Globalisierung der Katastrophe zu verhindern, wenn die Sicherungen einmal, ein einziges Mal, versagen sollten –, unterschlägt stillschweigend, daß es sich dabei allen Expertenschätzungen nach um eine Begrenzung auf eine Zahl von Opfern handeln würde, welche die Zahl der Toten des letzten Kriegs um rund das Zehnfache übersteigt. Auch die Bereitwilligkeit, mit der so mancher Mitbürger bei uns die Aussicht auf eine »Begrenzung« einer nuklearen Auseinandersetzung als Anlaß zur Erleichterung mißzuverstehen scheint, ist nur durch eine wahrhaft unüberbietbare Abstumpfung gegenüber der bestehenden Gefahr zu erklären. Denn wie eng die Grenzen der Vernichtung auch immer gezogen würden – wenn es überhaupt gelänge, sie zu begrenzen –, für uns in Mitteleuropa wäre es bedeutungslos, uns würde es dann ohnehin nicht mehr geben.

Der »Frieden« unter dem atomaren Schutzschild, der in Wirklichkeit kein Frieden ist, hat daher noch eine weitere fatale Konsequenz: Er vernichtet die moralische Substanz der Menschen, die unter ihm zu leben gezwungen sind. Niemand will heute den Krieg – noch dürfen wir dieser Behauptung glauben. Jedoch läßt die Gefahr sich nicht mehr übersehen, daß wir uns unter dem nuklearen Schirm psychisch in einer Weise verändern können, die den Menschen eines Tages das Opfer von 200 oder auch 300 Megatoten in einer bestimmten Krisensituation als vertretbaren, rationalen Einsatz erscheinen lassen mag.

Ganz kurz noch ein letzter Gedanke. In dem Film von Peter Krieg wurde unter anderem ein Zusammenhang zwischen der Vernichtung der Juden im Dritten Reich und dem atomaren Holocaust hergestellt. Ich möchte als letztes noch darauf hinweisen, daß ein solcher Zusammenhang über das im Film Gesagte hinaus auch noch in folgender Hinsicht besteht: Vielen Menschen fällt es zweifellos auch deshalb schwer, den Gedanken an eine nukleare Katastrophe ernst zu nehmen, weil sie sich eine Ausrottung der Menschheit, und sei es »nur« in Mitteleuropa, nicht vorstellen können.

Die Warnungen der Friedensbewegung und der Grünen vor dieser Gefahr klingen für viele Ohren ganz sicher auch deshalb übertrieben, weil das Ausmaß und die Konsequenzen des Ereignisses, wenn es stattfinden sollte, die menschliche Vorstellungskraft wohl tatsächlich überfordern.

Da ist es nun hilfreich, sich daran zu erinnern, daß auch Auschwitz ganz sicher »unvorstellbar« war. Und daran, daß eben diese Unvorstellbarkeit eine der Mitursachen dafür gewesen ist, daß Auschwitz geschehen konnte. Wir sollten die Lehre daraus ziehen.

(1984)

Ökonomischer Wohlstand oder menschliches Glück?

Über das Wachstumsdogma

»Ökonomischer Wohlstand oder menschliches Glück« suggeriert das Vorliegen einer exklusiven Alternative – gleichsam im Sinne des bekannten Bibelworts, nach dem eher ein Kamel ein Nadelöhr würde passieren können als ein Reicher die Pforte zum Himmel. Also: Entweder man ist wohlhabend, oder man ist glücklich. Das aber wäre offenkundiger Unsinn und ist sicher auch nicht gemeint. Ich erinnere mich meiner preußischen Kindheitserziehung, da hieß es auch: »Geld ist völlig unwichtig, entscheidend ist allein die Persönlichkeit.« So kann man nur reden, wenn man über das angeblich so unwichtige Geld in einem die Mindesterfordernisse der Existenz sicherstellenden Umfang verfügt. Alles andere ist pure Heuchelei. Das hat Bert Brecht deutlich gesehen und in einer oft mißverstandenen drastischen Formel ausgedrückt: »Erst kommt das Fressen und dann die Moral.« Was natürlich nicht heißen soll, daß die Befriedigung leiblicher Bedürfnisse von höherem Rang sei als die Einhaltung sittlicher Normen. Brecht formuliert hier nur eine in gewissen Kreisen allzu gern verdrängte Einsicht, die für den, der die biologische Hälfte unseres Wesens nicht vergißt, letztlich eine Binsenwahrheit darstellt: Freiheit, menschliche Würde und die Fähigkeit zu sittlichem Verhalten haben die Befriedigung materieller Grundbedürfnisse zur Voraussetzung.

Andererseits ist der Titel ausgezeichnet geeignet, den Blick dafür zu schärfen, daß unsere Gesellschaft heute weitgehend dem Mißverständnis zum Opfer gefallen ist, beide Begriffe – Wohlstand und Glück – seien mehr oder weniger identisch. Konkret: Es läßt sich meines Erachtens nicht übersehen, daß zum Beispiel das Bruttosozialprodukt von den verantwortlichen Politikern (aber keineswegs nur von ihnen) als Wohlstandsindikator angesehen wird. Es gibt bei uns viele, viel zu viele, die wirklich glauben, daß, was

für Mercedes gut sei, immer und in jedem Falle auch für die Bürger unserer Republik gut sei.
Ganz abgesehen davon: Eine Eisenbahnkatastrophe trägt vermittels der aus ihr resultierenden finanziellen Konsequenzen ebenfalls zur Steigerung des Bruttosozialprodukts bei – zumindest in diesem Falle bedarf es keiner Erläuterung, daß ihre Ursache mit einer Steigerung individuellen Wohlbefindens nichts zu tun hat. Aber die nicht mehr zu übersehende Abkoppelung der Entwicklung auf dem Arbeitsmarkt von dem augenblicklich wieder einmal zu konstatierenden wirtschaftlichen Aufschwung demonstriert das gleiche auf sehr viel allgemeingültigere Weise.
Damit bin ich schon beim nächsten Punkt: dem unsere Gesellschaft nicht nur in der offiziellen Politik, sondern sehr wohl auch im Verständnis des einzelnen Bürgers, jedenfalls der meisten von ihnen, noch immer beherrschenden Wachstumsdogma. Dieses ist deshalb so verheerend, bis hin zu bereits erkennbaren unsere Existenz bedrohenden ökologischen Konsequenzen, weil es genau so hirnrissig ist, wie Dogmen es nun einmal zu sein pflegen.
Um Mißverständnissen vorzubeugen: Niemand bestreitet, niemand kann bestreiten, daß unser im weltweiten Vergleich nach wie vor exzeptioneller Wohlstand das Resultat eines stürmischen wirtschaftlichen Wachstumsprozesses während der Jahre des Wiederaufbaus nach dem letzten Krieg darstellt. Aber das waren eben auch Zeiten eines extremen Nachholbedarfs in allen gesellschaftlichen Bereichen. Man muß mit Blindheit geschlagen sein oder mit ideologischen Scheuklappen – was auf dasselbe hinausläuft –, wenn man deshalb auch heute noch, wie es tatsächlich geschieht, Politik an der Forderung nach permanentem Wachstum orientiert, wie sie durch das 1966 verabschiedete »Gesetz zur Förderung der Stabilität und des Wachstums der Wirtschaft« formell sogar zur gesellschaftlichen Pflicht erhoben worden ist. Hier ist allein schon durch den Namen des Gesetzes ein Denkfehler kodifiziert worden, dessen Folgen inzwischen längst zu einer Bedrohung geworden sind: Stabilität und Wachstum sind nämlich nicht zugleich zu haben, sie schließen einander vielmehr aus.
Als Naturwissenschaftler liegt es mir nahe, Sie daran zu erinnern, daß es permanentes, unaufhörliches Wachstum in der ganzen Natur aus guten Gründen nicht gibt – von der einzigen und bezeich-

nenden Ausnahme des ungebremsten Wachstums einer Krebszelle einmal abgesehen. Unter diesen Umständen macht es mich ratlos, wenn Wachstumsprozente des Bruttosozialprodukts öffentlich immer noch wie Siegesmeldungen verkündet und als Zielvorgaben für politische Entscheidungen propagiert werden. Das ist um so unverständlicher, als sich doch längst erwiesen hat, daß weiteres wirtschaftliches Wachstum die zentralen Probleme unserer heutigen gesellschaftlichen Situation überhaupt nicht zu lösen vermag, daß es sie im Gegenteil zu immer größeren Problemgebirgen auftürmt.

Daß Wachstum allein infolge der rapiden Entwicklung der Produktionstechniken das zentrale Problem der Massenarbeitslosigkeit nicht lösen kann, beginnt sich langsam herumzusprechen. Darüber hinaus würde nun aber ein kontinuierliches weiteres Wachstum die heute schon spürbar gewordene ökologische Bedrohung krisenhaft verstärken: durch einen alle irdischen Ressourcen und natürlichen Regenerationsvorgänge endgültig überfordernden Anstieg des Verbrauchs, durch eine alle Lebensqualität erstickende Verdichtung von Bebauung und Verkehr und durch eine unser aller Gesundheit gefährdende Vergiftung von Luft, Boden und Wasser über das heute schon besorgniserregende Maß hinaus.

Unter diesen Umständen ist es in meinen Augen schlicht unverantwortlich, wenn gewisse Kreise in der Öffentlichkeit den Eindruck zu erwecken versuchen, daß der nach Jahren einer weltweiten Rezession im Augenblick wieder einmal zu konstatierende Rückschlag des konjunkturellen Pendels die Annahme widerlege, unsere Wirtschaftsordnung bedürfe einer grundsätzlichen Strukturreform, die sie unter anderem eben vom Wachstumszwang befreit. Gewiß, wir könnten uns noch einige Jahre, zwei oder vielleicht auch drei Legislaturperioden, an unserer Verantwortung vorbeimogeln, ohne daß die Folgen einer derartigen fahrlässigen Untätigkeit uns selbst bereits wieder mit voller Wucht träfen. Es gibt bekanntlich politische Kräfte in unserer Republik, die genau das weiterhin zu tun beabsichtigen und die sich dementsprechend mit kosmetischen Korrekturen und verbalen Kraftakten begnügen. Da der Mensch in seiner Schwäche dazu neigt, am Gewohnten festzuhalten, und da seine Scheu groß ist, neue Wege zu beschreiten, war

eine derartige Politik des Nichtstuns, für die das Motto »Bloß keine Experimente!« auf Kosten der eigentlich dringend notwendigen Konzentration auf die wahrhaft existentiellen Zukunftsaufgaben unserer Gesellschaft das Markenzeichen darstellt, für den Wähler fraglos lange Zeit attraktiv.
Die Einsicht verbreitet sich, daß wir durch weitere Untätigkeit die Probleme bis zu unbeherrschbaren Proportionen anwachsen lassen würden. Und daß wir zunehmende Schuld auf uns laden, solange wir uns weigern, unser Verhalten von Grund auf zu ändern. Denn die Kosten der nachteiligen Konsequenzen unseres ökologisch unverantwortlichen Verhaltens könnten wir nur noch dadurch für eine vorübergehende Zeit von uns fernhalten, daß wir sie auf die Zukunft abwälzen, auf die uns nachfolgenden Generationen unserer Kinder und Enkel. Sie nämlich werden von den Trinkwasserreservoiren abhängig sein, die wir heute zunehmend vergiften, und von den Böden, mit denen wir ebenso leichtfertig umspringen, und von dem wichtigsten natürlichen Filter unserer Atemluft, den Wäldern, die unsere Industriegesellschaft auszurotten begonnen hat. Wir haben daher, wie es ein französischer Biologe bitter und treffend ausgedrückt hat, längst angefangen, unsere Enkel zu ermorden.
Soviel zum Wachstumsdogma. Es geht im Augenblick ja nur darum, Ausgangspunkte für eine Diskussion zu setzen, in deren Verlauf dann je nach dem aktuellen Interesse bestimmte Details noch ausführlicher zur Sprache kommen können.
Daher jetzt zum nächsten Aspekt: dem von mir »ökonomistisch« genannten Charakter unserer Gesellschaft. Er erscheint mir deshalb wichtig, weil er eines der Haupthemmnisse darstellt, auch angesichts der inzwischen mehr oder weniger deutlich erkannten Gefahren – die andererseits sehr viel größer sind, als die meisten Menschen sich das noch immer klarmachen –, an den Strukturen unserer Gesellschaft die dringend notwendigen Korrekturen vorzunehmen.
Am Beispiel der Qualifizierung »militaristisch« – die formal ein präzises Analogon darstellt – will ich kurz erläutern, was ich unter »ökonomistisch« verstehe. Was also meinen wir, wenn wir zum Beispiel von einer militaristischen Gesellschaft sprechen? Wir meinen damit nicht die Tatsache, daß die derart kritisierte Gesellschaft

Soldaten hat, daß sie über eine organisierte Armee verfügt, um verteidigungsfähig zu sein. Das alles ist nicht kritikwürdig, sondern legitim in der Welt, wie sie nun einmal ist. Wir meinen, wenn wir es genau nehmen, mit diesem Wort auch nicht eine aggressive, nach Expansion drängende Gesellschaft, zu deren kritischer Bezeichnung treffendere Vokabeln existieren. Nein, als militaristisch sehen wir eine Gesellschaft an, in deren arbeitsteiliger Gliederung sich der militärische »Dienstleistungssektor« über seinen spezifischen Aufgabenbereich hinaus mit seinen Prioritäten, Entscheidungsstrukturen und Wertmaßstäben in allen anderen gesellschaftlichen Bereichen durchgesetzt hat und auch dort das Denken und das Selbstverständnis beherrscht.

Genau dieser Zusammenhang scheint mir nun aber auch für das Verhältnis zwischen unserer modernen Wirtschaft und unserer Gesellschaft zu gelten. Es geht dabei keineswegs nur – allerdings auch – um den enormen Einfluß realer industrieller Machtkonzentration, an dem die Kritik meist ausschließlich ansetzt. Da ist noch sehr viel mehr geschehen: Die unser aller zivilisatorische Existenz mit zunehmender Ausschließlichkeit prägenden und bestimmenden wirtschaftlichen Abläufe haben längst begonnen, auch unser Lebens- und Selbstverständnis einseitig zu durchtränken.

Ein einziges aktuelles Beispiel soll diesen Umstand, an den wir uns längst in erschreckendem Ausmaß gewöhnt haben, ins Bewußtsein rücken. Nach der Katastrophe von Tschernobyl warb eine Hamburger Anlageberatungsfirma für Weizentermingeschäfte mit dem Argument: »Wir hatten einen schönen kleinen Reaktorunfall mitten in der Kornkammer des Ostens.« Daraus lasse sich eine Stange Geld machen. In einer ökonomistischen Gesellschaft wie der unseren kann man mit einem solchen Argument erfolgreich werben. Die genannte Firma vermochte ihren Kundenkreis jedenfalls um 25 Prozent aufzustocken. Selbst in einer sich immer noch als »christlich« verstehenden Gesellschaft erschrickt kaum noch jemand über die Unsittlichkeit einer solchen Mentalität.

Aber auch im alltäglichen Bereich, unmerklich, aber allgegenwärtig, korrumpiert diese »ökonomistische« Grundeinstellung unserer Gesellschaft die Lebenseinstellung ihrer Bürger. Nichtmaterielle Werte werden mit allen wissenschaftlich perfektionierten Mitteln in den Hintergrund gedrängt. Das neue, größere Auto erscheint den meisten Zeitgenossen wichtiger als andere Ziele und Ideale, die nur noch in Festtagsreden rein ornamentale Funktion haben. Der Begriff des »Fortschritts« wird pervertiert. Die »ökonomistische« Vergiftung der Gemüter ist in Wahrheit doch schon so weit fortgeschritten, daß alle Welt das für gänzlich normal hält, daß sich dem Verdacht nostalgischer Naivität aussetzt, wer daran noch Anstoß nimmt.

Jedoch hat die Geschichte eben nicht nur einen moralischen Aspekt (mit moralischen Argumenten kann man in dieser »christlichen« Gesellschaft ohnehin keinen Hund mehr hinter dem Ofen hervorlocken). Sie hat auch einen ganz konkreten Bedrohungsaspekt. Denn hinter der hier kurz skizzierten Mentalität verbirgt sich ja der Einfluß alles beherrschender wirtschaftlicher Macht. Diese Macht aber ist, wie jede Macht in jeder Form, sowohl arrogant als auch – eines geht mit dem anderen Hand in Hand – lernunfähig. Das aber läßt sie inzwischen zu einer der größten, unsere Existenz bedrohenden Gefahren werden.

Wieder zur Vermeidung von Mißverständnissen: Niemand von uns dürfte Lust verspüren, in die Höhlen der Steinzeit zurückzukehren. Deshalb scheidet ein Ausstieg aus der Industriegesellschaft für jeden geistesgesunden Mitmenschen auch aus. Aber: Wir könnten uns in diesen Höhlen in nicht allzu ferner Zukunft auch dann ganz unversehens wiederfinden, wenn wir es unterlassen sollten, an unserer Gesellschaft entschlossen und bald die eingreifenden strukturellen Veränderungen vorzunehmen, die der sehr realen Gefahr eines lebensbedrohenden Umweltkollapses wirklich Rechnung tragen.

Dem aber steht der Koloß einer den eigenen Trägheitsgesetzen unterworfenen gesellschaftlich institutionalisierten Wirtschaftsmacht im Wege, die jeden kritischen Appell unbeirrt mit dem Hinweis auf ihre bisherigen (und ja auch unbestreitbaren) Erfolge zurückweist. Sozial äußert sich das in der stereotypen Regelmäßigkeit, mit der jeder wirklich bis an die Wurzeln gehende Kritiker den Vorwurf zu hören bekommt, er sei ein »Systemgegner«, ein »Feind unserer freiheitlichen Marktwirtschaft«. Und konkret äußert sich diese gleiche, nur ihren eigenen Gesetzen gehorchende Macht zum Beispiel in der (bis zu der jetzigen, durch die Katastrophe von Tschernobyl ausgelösten Diskussion praktisch unbemerkt gebliebenen) Selbstverständlichkeit, mit welcher ein überschaubares Konsortium von Kraftwerksbetreibern die Energiepolitik und damit die Entscheidung über einen wesentlichen Faktor für den weiteren Kurs unserer Republik längst in die eigenen Hände genommen hat.

(1986)

Todesursache: Mangel an Phantasie

Warum es schwer ist, Menschen zum Überleben zu überreden

Die größten Risiken gehen stets von den Gefahren aus, die niemand wahrhaben will. Dies scheint mir der sehr einfache Grund für die besondere Qualität der Bedrohung zu sein, der wir uns bei allen Formen der ökologischen Krise gegenübersehen. Denn auf keinem anderen gesellschaftlichen Feld funktioniert die dem Menschen angeborene Verdrängungsbegabung mit solch verderblicher Perfektion wie im Bereich der galoppierenden Umweltzerstörung. Auch die Katastrophe von Tschernobyl ist, wie uns soeben noch einmal in Erinnerung gerufen wurde, nicht zuletzt deshalb möglich geworden, weil alle Welt sie für unmöglich gehalten hatte.

Die Folgen dieser Verdrängung kommen auf seltsam verquere Weise selbst noch in den gutgemeinten – und höchst angebrachten! – Appellen der vielen Naturschützer und Tierfreunde zum Ausdruck, die uns mahnen, doch bitte Rücksicht zu nehmen auf die Natur und auf die Lebensrechte anderer Kreaturen. Selbstverständlich ist diese Forderung ebenso notwendig wie legitim. Allein schon aus moralischen Gründen duldet sie nicht die geringsten Abstriche. Aber auch hinter diesen Appellen an unser Mitleid verbirgt sich noch immer eine erstaunliche Verkennung unserer Situation. Denn in Wahrheit ist es ja gar nicht die Natur, die auf unser Mitleid angewiesen wäre.

So furchtbar die Wunden auch sind, die wir ihr bei unserem eigensüchtigen Wüten zufügen unter bedenkenloser Ausnutzung aller uns zugewachsenen wirtschaftlich und technisch perfektionierten Methoden zu ihrer Ausbeutung (im prinzipiell als unbegrenzt vorgestellten Eigeninteresse), umbringen werden wir sie dennoch niemals. Dazu ist unsere Rolle – als der von Produkten dieser uns unendlich überlegenen Natur – gottlob denn doch zu klein.

Aber wir würden die Biosphäre, wenn wir so weitermachten wie bisher, früher oder später unweigerlich in einen Extremzustand treiben, in dem uns die Lebensgrundlagen entzogen wären. Eine von uns über jedes verantwortbare Maß hinaus gequälte Natur würde uns auf diese Weise in einer Art Selbstheilungsprozeß ausspeien, nüchterner gesagt: aussterben lassen, um sich anschließend, nachdem der Störenfried beseitigt wurde und daher endlich wirklich Friede herrscht auf der Erde, im Laufe der Jahrhunderte erneut wieder zur vollen Blüte der ihr eigenen Möglichkeiten zu entfalten. Deshalb erscheint mir der Gedanke an die Möglichkeit, daß wir die Weiterexistenz der Natur ernstlich in Frage stellen könnten, als besonders kühne Variante anthropozentrischer Hybris. Nein: Wir selbst sind es, deren Existenz auf dem Spiel steht, wenn wir nicht sehr bald zur Besinnung kommen.

Von dieser überlebensnotwendigen Einsicht ist unsere Gesellschaft in ihrer Majorität heute aber immer noch meilenweit entfernt. Noch immer überwiegt in beängstigendem Ausmaß die Zahl derer, die jeden Versuch, die Augen der Menschen für das wahre Ausmaß der uns drohenden, selbstverschuldeten Gefahr zu öffnen, als übertrieben beurteilen und als »Panikmache« ablehnen. Vorerst geben in den Regierungen und bei den zuständigen Behörden, und nicht weniger bei den industriellen Produzenten, ungeachtet billiger Lippenbekenntnisse nach wie vor die überzeugten »Abwiegler« und ökologischen Bremser den Ton an.

Ein nicht ganz unbekannter Journalist fragte mich kürzlich in einer öffentlichen Diskussion ironisch, was sich denn in den zurückliegenden Jahren in unserer Gesellschaft eigentlich so grundlegend geändert habe, daß ich daraus allen Ernstes den Schluß zöge, wir schwebten nunmehr plötzlich in Gefahr. Hören wollte er von mir natürlich das Eingeständnis: Nichts, nichts Grundlegendes habe sich verändert, womit er mich in Verlegenheit zu bringen gedachte. Trotz seiner überdurchschnittlichen journalistischen Erfahrung hatte auch dieser Mann also noch nicht verstanden, daß es gerade dieses Nichts ist, eben das Ausbleiben einer grundlegenden Veränderung (des gesellschaftlichen Kurses zum Beispiel), das die Gefahr ständig größer werden läßt. Denn ungeachtet der allen Prognosen unvermeidlich anhaftenden Unsicherheit läßt eine Voraussage sich mit absoluter, mit buchstäblich tödlicher Sicherheit machen: Wir alle, unsere ganze Gesellschaft, wären zum Untergang verurteilt, wenn wir uns weiterhin blind stellen sollten angesichts der von Jahr zu Jahr an Zahl zunehmenden Alarmsignale und unbelehrbar so weitermachten wie bisher. Auch der Zusammenbruch der menschlichen Zivilisation könnte gerade deshalb möglich werden, weil es noch immer viel zu viele Menschen gibt, die ihn für unmöglich halten.

Wenn mir vor dreißig Jahren, 1957, in einer Zeit also, an die sich die Älteren von uns sehr gut erinnern, wenn mir damals jemand gesagt hätte, daß eine Zukunft vor mir liege, in der unsere Flüsse und Seen so sehr mit toxischen Substanzen und Abwässern verschmutzt sein würden, daß man in ihnen nicht mehr würde baden können, in der das Trinkwasser in mehr als der Hälfte der deutschen Haushalte als »für Babys ungenießbar« betrachtet werden müsse, in der die Schadstoffbelastung der Luft für Menschen und Bäume schon das bloße Atemholen zum Gesundheitsrisiko machen werde – wenn jemand mir das damals gesagt hätte, ich hätte es ihm nicht geglaubt. Und wenn ich es ihm geglaubt hätte, dann hätte ich ihm ganz gewiß voller Entsetzen versichert, daß ich in einer solchen Zukunft und auf einer solchen Erde nicht würde leben wollen.

Aber schon heute, nur dreißig Jahre später, leben wir alle in einer solchen Zeit und auf einer derart zugerichteten Erde. Und soweit ist es nicht zuletzt deshalb gekommen, weil niemand von uns, als noch Zeit zur Umkehr gewesen wäre, daran glauben wollte, daß es jemals soweit würde kommen können. Aber trotzdem finden nun auch heute noch die allermeisten Menschen die Situation eigentlich recht gemütlich. Sie sehen nach wie vor nicht den geringsten Grund, am bisherigen Kurs unserer Gesellschaft – der ja in der Vergangenheit unbestreitbar höchst erfolgreich gewesen ist – irgendwelche, geschweige denn radikale Korrekturen vorzunehmen. Fürwahr, wenn die menschliche Gesellschaft eines nicht allzu fernen Tages dem ökologischen Kollaps zum Opfer fiele, wäre als Todesursache ein lebensbedrohlicher Mangel an Phantasie, an Vorstellungskraft, anzuführen.

Was läßt sich tun, um diesem Ausgang der Geschichte noch beizeiten einen Riegel vorzuschieben? Die Antwort liegt auf der Hand (und sie klingt zunächst auch höchst banal): Aufklärung tut not. Was nichts anderes heißt, als daß der Versuch dringlich ist, der besorgniserregend unterentwickelten menschlichen Vorstellungskraft auf die Sprünge zu helfen. Es gilt, ihre Besitzer ausreichend zu motivieren, die drohende Gefahr mit Hilfe der Phantasie vorwegzunehmen. Dies hat so anschaulich zu geschehen, daß die dabei gewonnene Erfahrung den Entschluß auslöst, wirksame Gegenmaßnahmen zu ergreifen, bevor die Katastrophe unwiderruflich eingetreten ist.

Das Rezept ist weiß Gott nicht neu. Das Schlimme ist nur, daß es, seines einleuchtenden Charakters ungeachtet, im Bewußtsein der Menschen bisher noch immer viel zuwenig in Bewegung gesetzt hat. Wer sich ökologisch engagiert, macht im Laufe der Zeit unweigerlich eine frustrierende Erfahrung, über die sich schon Bertrand Russell resigniert beklagte: Er gewinnt den Eindruck, daß es unerwartet schwierig zu sein scheint, die Menschen dazu zu überreden, dem eigenen Überleben zuzustimmen. Woran liegt das?

Spätestens an diesem Punkt kommt in aller Regel die Rede auf den von bestimmten Interessengruppen ausgehenden massiven, mit allen Mitteln moderner PR-Strategien geleisteten Widerstand. Ohne jeden Zweifel gibt es in der Industriegesellschaft die bekannten, mächtigen Gruppierungen, die in unbeirrtem Egoismus den eigenen Vorteil mehr oder weniger ungeniert dem Allgemeinwohl überordnen. Aber genügt diese Feststellung allein wirklich, um die generelle ökologische Lernunfähigkeit unserer Gesellschaft zu erklären? Bliebe dann etwa nicht immer noch unerklärt, um nur ein einziges Beispiel zu nennen, warum die Repräsentanten dieser Gruppen eigentlich so erfolgreich jeden Gedanken daran zu verdrängen vermögen, daß die Welt, die sie ihres kurzfristigen Vorteils wegen zu ruinieren im Begriff sind, schließlich die gleiche Welt ist, in der auch sie selbst und ihre Kinder werden überleben müssen?

Ich glaube daher, daß der beklagenswerten Wirkungslosigkeit der meisten Bemühungen um ökologische Aufklärung auch eine Besonderheit der menschlichen Psyche zugrunde liegt: Die Wahrnehmungswelt des Menschen ist ganz offensichtlich so strukturiert, daß abstrakte Argumente und verbale Informationen jene Tiefenregion unserer Psyche gar nicht erreichen, in der das Fundament unserer grundsätzlichen Einstellungen und Wertmaßstäbe gelegen ist. Auch diese Vermutung ist keineswegs neu. In dem überindividuellen Wissensbestand unserer sprachlichen Tradition hat sie längst ihren Niederschlag gefunden. Im Volksmund etwa in Gestalt der bekannten Redewendung, die besagt, daß das, was zu dem einen Ohr hereinkommt, den Kopf im allgemeinen auf dem kürzesten Wege, nämlich dem durch das andere Ohr, umgehend wieder zu verlassen pflegt.

Hinsichtlich dieser Eigentümlichkeit des menschlichen Rezipienten fällt nun aller nicht sprachlich, sondern optisch dargebotenen, aller bildlichen Information also, unbestreitbar eine Sonderrolle zu. Was mit Hilfe der Augen erst einmal Eingang in den menschlichen Kopf gefunden hat, verläßt diesen so bald nicht wieder. Es ist dies, wie ich hier nicht mehr im einzelnen begründen kann, auf jene Besonderheit der menschlichen Konstitution zurückzuführen, die ein naturwissenschaftlicher Anthropologe meint, wenn er davon spricht, daß der Mensch ein »Augentier« sei.

Dies gilt insbesondere für jedwede Simulation der Wirklichkeit mit bewegten Bildern, mit den Mitteln des Films also. Er läßt auf der Fläche einer Leinwand oder eines Bildschirms eine Wirklichkeit entstehen, deren virtuellen Charakter unsere Ratio zwar zu durchschauen vermag, die von unserer Vorstellung jedoch bereitwillig quasi als die bare Münze eigenständiger Realität akzeptiert wird. Aus diesem Grunde stellt in der beschriebenen Situation der Film die Ultima ratio der ökologischen Aufklärung dar, das letzte Mittel, an das sich die Hoffnung knüpfen läßt, die Köpfe der Zeitgenossen vielleicht doch noch rechtzeitig, in letzter Stunde, zum Nachdenken anstiften zu können.

(1987)

Falsches Mitleid am richtigen Ort?

Ein Zwiegespräch zwischen Hoimar v. Ditfurth und Prälat Leopold Ungar (Graz)

Hoimar v. Ditfurth: Ich möchte zuerst bemerken, daß in der Öffentlichkeit inzwischen eine gewisse Müdigkeit eingetreten ist im Hinblick auf die Entwicklungshilfe-Problematik. Das gilt übrigens genauso für die Problematik der Friedensbewegung. Bei der Ökologie ist es noch nicht so. Aber es ist meine Überzeugung, daß drei große Gefahren wie apokalyptische Reiter auf uns zukommen. Erstens die Gefahr der nuklearen oder auch mit Nervengasen erfolgten, also sagen wir: der *kriegerischen Selbstauslöschung.*
Die menschliche Geschichte war bisher, 2000 Jahre lang, eine einzige Kette von kriegerischen Auseinandersetzungen, unterbrochen von Erschöpfungspausen, die man euphemistisch Frieden nennt und hinsichtlich deren man auch im Rückblick Mühe hat, festzustellen, wann jeweils die Nachkriegszeit aufgehört und die nächste Vorkriegszeit wieder eingesetzt hat. Und wir müssen heute lernen, daß die kriegführenden Parteien erstmals im Besitz von Ausrottungsinstrumenten sind – sie Waffen zu nennen, ist eine »Verbiederung«, um auf eine Formulierung von Günther Anders zurückzugreifen –, Ausrottungsinstrumente also, die uns zwingen, innerhalb einer einzigen Generation die Konsequenz aus der Einsicht zu ziehen, daß das, was bisher konstitutiver Bestandteil der menschlichen Geschichte gewesen ist, sich nicht ein einziges Mal mehr wiederholen darf. Weil sonst diese Geschichte zu Ende wäre. Das ist die eine Gefahr. Die zweite Gefahr ist jene des *ökologischen, des biosphärischen Zusammenbruchs,* der ja längst eingesetzt hat, wie die Aussterbezahlen zeigen. Wenn man sich darüber mit einem Zoologen oder Botaniker oder mit einem Paläontologen unterhält, dann bekommt man graue Haare. Der Zusammenbruch der Biosphäre ist ja im Gange, das Verschwinden bestimmter Mollusken, das Verschwinden bestimmter Grasarten, das Verschwin-

den bestimmter Vögel, Schmetterlinge ... ein hochrangiger Staatsphilosoph sagte zu mir: »Das sind doch nur sentimentale Verluste, die bedauerlich sind, die wir aber in Kauf nehmen müssen, wenn wir diesen Preis zu bezahlen haben, um die Zivilisation und unsere Wirtschaft am Leben zu erhalten.« So kann nur reden, wer von biologischen Zusammenhängen keine Ahnung hat. Denn daß ein Massenaussterben im Gange ist, infolge dessen die Erde in den nächsten fünfzehn, zwanzig Jahren ein Fünftel der heute noch bestehenden Tier- und Pflanzenarten verlieren wird, zeigt, daß die Biosphäre bereits beginnt, ihre Fähigkeit, Leben in der bisherigen Vielfalt zu tragen, zu verlieren. Wir sind nicht die ersten, die davon betroffen sind, wir werden aber auch nicht die letzten sein. Wenn das so weitergeht, kommen früher oder später auch wir dran. Das ist die zweite Gefahr.

Und jetzt zur Frage der *Entwicklungshilfe.* Es sterben heute jährlich an Hunger oder Folgen des Hungers weltweit Millionen von Menschen. In jedem Jahr. Im letzten Weltkrieg sind vom Pazifik bis zu dem Kriegsschauplatz bei uns, unter kräftiger Mitwirkung von Hitler und Stalin, in sechs Jahren 55 Millionen Menschen umgekommen. Mit anderen Worten, das, was augenblicklich an Toten auf der ganzen Welt, ich benutze absichtlich den harten Ausdruck, »produziert« wird, übersteigt alles, was noch so verbrecherische Massenaktionen der Menschen bisher aktiv wollend angerichtet haben. Nur ermordet die niemand, die verhungern eben. Und die Frage ist, inwieweit wir daran schuld haben. Moralisch verantwortlich sind wir, selbst wenn man einmal davon absieht, daß wir uns als christliche Gesellschaft definieren, selbstverständlich. Denn man muß kein Christ sein, man braucht nur »Mensch« zu sein, eben im einigermaßen anspruchsvollen Sinn des Wortes, um sich klar darüber zu sein, daß man diese Berge von Toten, von täglichem Verhungern – während ich hier rede, sind schon wieder einige hundert Kinder verhungert – nicht passiv hinnehmen kann. Ich habe in einer Mischung aus ohnmächtigem Zorn und Verzweiflung vor anderthalb Jahren im »Spiegel« einen Essay geschrieben, einen ganz kurzen Artikel, indem ich die übliche Spendenpraxis sehr scharf attackiert habe. Ich habe auf die Gefahr hingewiesen, daß diese Werbung mit süßen Kindergesichtern, mit großen, flehenden Augen, womöglich noch mit einer Träne auf der

Backe, dazu benutzt wird, um uns dazu zu stimulieren, Geld zu spenden. Es gibt ja auch Organisationen, die Patenschaften vermitteln. Inzwischen ist da in einigen Fällen recherchiert worden, nachdem ich diesen Artikel geschrieben habe. Ich will nicht behaupten deswegen, aber nachdem ich das geschrieben habe. Da hat sich nun in einigen Fällen ergeben – das gilt für weltliche, kommerzielle Organisationen –, daß die betreffenden Patenschaften in großer Zahl den einzelnen Spendern angedreht worden sind und daß die Beträge zu siebzig und achtzig Prozent in der »Verwaltung« dieser Organisationen hängengeblieben sind.
Das ist aber gar nicht das, was ich attackiert habe. Attackiert habe ich folgendes: Es besteht meiner Ansicht nach die unübersehbare Gefahr, daß hier in einer unheiligen Interessenverbindung bestimmte Organisationen den Spendern das Gefühl erleichtern, daß sie sich von diesen Bergen, ich habe roh und provozierend absichtlich geschrieben »von menschlichem Aas«, daß sie sich von dem Verdacht einer Mitverantwortung dafür loskaufen können, wenn sie mal hier 50 Mark, da 200 Mark oder auch ein bißchen mehr spenden. Selbstverständlich bedeutet das nicht, daß wir aufhören sollten, die Hungernden zu ernähren. Nur, wenn wir uns darauf beschränken, machen wir uns erst recht schuldig. Nämlich deshalb, weil für jedes Kind, das durch unsere Spende vor dem Verhungern gerettet wird, dann, wenn sich sonst nichts ändert, berechenbar und voraussehbar in der nächsten Generation fünf, sechs, sieben Kinder dastehen werden, ebenfalls vom Hunger bedroht, und das gibt dann eine Lawine, mit der keine noch so große und massierte Anstrengung der entwickelten Länder fertig werden wird.
Mit anderen Worten, wenn die Meinung weiter anhält, daß wir bloß zu spenden haben und sonst keine Aufgabe oder Veränderung von Wirtschaftsstrukturen durchzuführen brauchen, besteht die Gefahr, daß wir unser Gewissen damit beruhigen. Daß wir sagen, wir spenden Geld, und mehr können wir ja doch nicht tun. Wir können sehr viel mehr tun, und wir müssen sehr viel mehr tun, wenn wir unserer Verantwortung gerecht werden wollen, unsere Schuld mindern wollen, und zweitens, wenn wir verhindern wollen, daß unsere aktuelle Spende heute das Elend der Gegenwart mildert auf Kosten der Tatsache, daß unsere Kinder als potentielle

Spender mit einem vielfachen Elend in Zukunft konfrontiert sein werden.
Das ist der eine kritische Punkt. Ein zweiter kritischer Punkt ist der, daß ich, soweit ich mich nach Kräften um Information bemüht habe, zu der Meinung gekommen bin, daß unsere Wirtschaftsstruktur die Dritte Welt ausbeutet. Ich habe diese Formulierung jahrelang nicht hören können, ohne einen roten Kopf vor Zorn zu bekommen, weil das ja so ein herrlicher Gegenstand der Entrüstung in der jungen Generation und gerade in linken Kreisen ist. Und das erschien mir immer etwas zu flach und zu naiv. Das ist es in gewissem Sinne auch. Es ist ja nicht einfach so, daß hier Wirtschaftshaifische säßen, die darüber nachgrübelten, wie man am wirksamsten die armen Negerkinder ausbeuten könnte, auch wenn sie dann verhungern. Es spielt sich ganz anders ab. Und spielt sich, was die Folgen angeht, noch hoffnungsloser, noch wirkungsvoller und damit noch schlimmer, noch unmenschlicher ab.
Man kann verkürzt sagen, daß der Erfolg unseres kapitalistischen Wirtschaftssystems, in das schon sehr viele humane Bremsen eingebaut sind, die Tatsache einschließt, daß es keinen absoluten Kapitalismus gibt, daß der Schwache in Grenzen geschützt wird. Es darf nicht jeder jeden übers Ohr hauen. Aber immerhin, der unbestreitbare Erfolg, die Vitalität unseres Wirtschaftssystems, liegt darin, daß hier eine Mentalität herrscht, die auf Externalisierung der eigenen Kosten aus ist. Ein guter Manager ist ein Manager, der es fertigbringt, den Preis seines Produktes möglichst niedrig zu halten, was seine Konkurrenzfähigkeit verbessert dadurch, daß er es fertigbringt, einen möglichst großen Teil der Kosten, die bei der Erzeugung dieses Produktes anfallen, verschwinden zu lassen.
Das geschieht durch Abwälzung, durch Externalisierung, wie die Wirtschaftswissenschaftler sagen, zum Beispiel dadurch, das ist das bekannteste Beispiel, daß man die Gefahr auf die Natur abwälzt, weil sie vogelfrei ist, niemandes Besitz, weil sie sich nicht wehren kann und weil man damit vermeintlich niemandem schadet. Lange Zeit herrschte diese naive Auffassung vor. Inzwischen haben wir gemerkt, daß diese Natur so vogelfrei nicht behandelt werden darf. Denn der wirtschaftende Kaufmann oder Unternehmer, der so handelt, kommt um die Einsicht auf die Dauer nicht herum, daß er die Kosten doch konkreten Menschen aufbürdet.

Denn alle müssen die Luft, die er verpestet, atmen, seine eigenen Kinder übrigens auch. Und deswegen redet man bei uns in der Bundesrepublik Deutschland inzwischen vom Verursacherprinzip. Das heißt, man sagt, es sind dies keine realistischen Kosten, wenn dieses oder jenes Waschmittel nur soviel pro Kilo kostet, der echte Preis muß so beschaffen sein, daß auch die Beseitigung der Abwässer ohne finanzielle Belastung der Allgemeinheit möglich ist.
Diese Kostenexternalisierung wirkt sich nun gegenüber einer Wirtschaft, die nicht annähernd die Vitalität und Gesundheit und Kraft hat wie unsere eigene, verheerend aus. Ein wesentlicher Teil unseres Lebensstandards beruht darauf, daß wir die Dritte Welt anonym und automatisch durch das Prinzip unseres Wirtschaftssystems ausbeuten.
Ein Beispiel: Jeder von uns hat in seiner Wohnung einen Tisch, eine Tür, einen Schrank, eine Decke, ein Wandpaneel aus irgendeinem Tropenholz, Teak, Mahagoni oder was auch immer. Das geht deswegen, weil dieses Holz in Niedriglohnländern geschlagen wird. Dem Preis wird lediglich dieser Billiglohn und der Transport zugrunde gelegt, nur deswegen können wir uns diese Hölzer leisten. Und dieser Preis, das läßt sich objektiv belegen, ist zu niedrig. Und damit bedeutet die Ausfuhr dieses Rohstoffes Holz aus dem betreffenden Land eine Ausbeutung. Denn der echte Preis ließe sich nur kalkulieren unter Berücksichtigung der Tatsache, daß der Erlös für diesen Baum groß genug sein muß, um in dem Land, in dem die Entnahme stattfindet, eine Wiederaufforstung zu ermöglichen, die zumindest die Entnahme ausgleicht – und dies zu Kosten, die dem, der den Wald da drüben verwaltet, Forstaufseher oder der Staat, wer auch immer, sogar noch einen gewissen Profit in Aussicht stellt, denn sonst hat er den Anreiz gar nicht, die Aufforstung in Gang zu bringen. Mit anderen Worten, damit würden tropische Edelhölzer für uns wahrscheinlich unerschwinglich – und die tropischen Wälder blieben erhalten!
Ich glaube, daß man die kritische Frage (die Milch ist verschüttet, es ist passiert) trotzdem durchdenken soll: ob nicht kirchlich mit der Missionierung in der Dritten Welt vielleicht mehr Schaden als Nutzen angerichtet wurde. Ich weiß, daß das für einen Theologen eine sehr provozierende Frage ist. Was ich meine, liegt auf der

Hand. Dort sind ja vor der Kolonisierung Menschen nicht in dieser Zahl verhungert. Die örtlichen Kulturen und Traditionen und Religionen wurden zerstört, die gesellschaftlichen Strukturen weitgehend zugrunde gerichtet. Überall wurde das Wunschmodell unserer westlichen Zivilisation als beherzigenswertes Vorbild eingeführt. Säuglingshygiene, Hygiene überhaupt, Wochenbettpflege und ähnliches wurde eingeführt, was zu einem Explodieren der Bevölkerungszahlen führte, weil die Geburtenraten bis heute hoch geblieben sind, ohne gleichzeitig die Möglichkeiten vorgeben zu können zu einer beginnenden Industrialisierung und zu einem Anheben des Lebensstandards, die bei uns im vorigen Jahrhundert automatisch auch wieder zu einem Absinken der Geburtenraten geführt haben.
Meine These ist Familienplanung. Und ich unterstreiche dreimal, ich rede nicht von Abtreibung, ich rede von Empfängnisverhütung. Dies löst zwar die Entwicklungsprobleme, die Probleme der Dritten Welt nicht. Aber umgekehrt sind die Probleme dieser Länder nicht zu lösen ohne konsequente Familienplanung. Es genügt, darauf hinzuweisen, daß aufgrund der explodierenden Bevölkerungszahlen, daß trotz aller Anstrengungen, die weltweit unter enormem Einsatz gemacht werden, die bebaubaren Flächen in den letzten Jahren relativ zurückgegangen sind, weil einfach die Zahl der hungrigen Münder schneller wächst als die Fläche der Äcker.

Leopold Ungar: Es ist keine kirchliche Position, daß es keine Geburtenplanung geben soll. Es gibt keine kirchliche Autorität, die sagt, daß Empfängnisverhütung verboten ist, sondern es sind gewisse Methoden der Verhütung durch die Enzyklika Humanae vitae verurteilt worden. Das ist ein fehlbares Dokument, ein offizielles, aber fehlbares Dokument des Papstes, und in der Interpretation solcher Dokumente wird natürlich die Gewissensentscheidung des einzelnen sagen, unter welchen Umständen man das als Sünde betrachtet, was dort als Sünde hingestellt ist, und unter welchen Umständen man sich davon dispensiert fühlen wird. Aber diese Frage ist eine, die nur auf der Grundlage einer positiven Einstellung zur kirchlichen Autorität der katholischen Kirche diskutiert werden kann. Die Frage der Effizienz der Empfängnisverhütung in der Dritten Welt ist eine ganz andere. Es wäre absolut erfolglos und ist es auch in den meisten Fällen, außer interessanterweise in bereits katholischen Ländern. In Mexiko ist es gelungen, die Empfängnisverhütung einigermaßen zu intensivieren und damit tatsächlich die Geburtenziffern zu senken. Es ist auch in nichtchristlichen Ländern, zum Beispiel in Ägypten einigermaßen erfolgreich geschehen. Aber ich bin vorsichtig, denn wenn europäische Christen oder amerikanische Christen, also Weiße inklusive weißer Missionare, Empfängnisverhütung in irgendeinem Land der Dritten Welt propagieren würden, dann würde es in vielen Ländern als eine Form des boshaften Kolonialismus angesehen werden, wenn das nicht von den eigenen Leuten propagiert würde. Sie sagen, ihr wollt uns des einzigen Schatzes berauben, den wir noch haben. Außerdem ist die Kinderzahl eine Form der Sozialversicherung, der Altersversicherung in vielen Ländern, zumindest der Dritten Welt. Drittens gehört es zu den Nachteilen gewisser Stämme in der Dritten Welt, daß sie nicht wie wir theoretisch bejahen, daß wir die ganze Menschheit lieben, jeden Menschen, ja jeden Menschen gleich. Ihre Loyalität hört in der Regel an der Stammesgrenze auf. Aber innerhalb der Stammesgrenze fühlen sie sich verantwortlich, nicht nur für die eigenen Kinder und die eigenen Eltern, sondern, und da kann man auch von vielen Fehlern sprechen, die die Weißen in solchen Ländern begehen, es ist selbstverständlich, daß jeder, der dem Stamm angehört, ein Recht auf Hilfe durch den Stamm hat. So daß es nicht Nepotismus im üblen Sinn ist, wenn einer, der etwa eine Position erreicht hat, sofort allen Angehörigen, Neffen, Großneffen, Söhnen und Töchtern von Cousins und Cousinen Posten oder Arbeit verschaffen muß. Das ist das soziale System, in dem diese Menschen leben. Fehler wurden genug gemacht im Lauf der Jahrtausende. Mission wurde eben nicht nur betrieben als das Verkünden der Wahrheit, an die wir glauben, sondern zugleich als so etwas wie ein Aufdrängen einer alleinseligmachenden Zivilisation. Wir haben also die Kleidung moralisiert und die Nacktheit als Sünde dorthin gestellt, wo sie in Wirklichkeit das Gemäße ist, dem klimatischen Zustand entsprechend. Und wir sehen, daß wir mit dieser durch Mission, aber auch durch Kolonisation erreichten Tätigkeit etwas bewirkt haben, was zweifellos schädlich ist, aber

nicht rückgängig zu machen. Ein kompletter Sieg der amerikanisch-europäischen Weltanschauung.
Wenn ich in Afrika Kollegen aufsuche, so sehe ich, daß die Leute dort, falls sie das Geld dazu haben, einen Pullover aus Italien oder manchmal auch aus Österreich tragen, der einige tausend Schilling kostet. Schon um es zu machen, wie man im Englischen sagt: »To keep up with the Jonses.« Denn das Erstaunliche ist, wie stark sich die Ideale, die sozialen Leitfiguren an denen des jeweiligen Kolonialsystems assimiliert haben, und zum Teil, wo der kirchliche Einfluß sehr stark ist – etwa der des irischen Katholizismus oder des französischen Katholizismus –, so sehr, daß sie meinen, das ist das einzig Richtige. Man sieht in Indien Offiziere nur mit dem Stock gehen, weil das halt in der britischen Tradition war. Ich habe einmal einen indischen Kardinal, der einen portugiesischen Namen hat, ganz naiv gefragt: »Was ist Ihre Muttersprache, Englisch oder Portugiesisch?« Da er einen portugiesischen Namen hatte und er aus Goa stammte, wäre es durchaus möglich gewesen, daß Portugiesisch seine Muttersprache war, aber er hat es schon als eine Art Geringschätzung aufgefaßt und hat mir geantwortet: »English of course!« Das war eine ganz naive Äußerung. Jetzt aber, wenn wir die Naivität von uns allen zugeben, und ich möchte zu den naiven Leuten auch die rechnen, die mit Sicherheit irgend etwas voraussagen, was in zehn oder fünfzehn oder zwanzig Jahren stattfinden soll. Wenn wir zu den Fehlern der Christen und insbesondere der Kirche die Überschätzung der Sünde im Vergleich mit der Unterschätzung der Dummheit rechnen, dann würde eine ganz andere und eine etwas sanftere Beurteilung der begangenen Fehler, die zum Teil aus großem Idealismus und unter Aufopferung des eigenen persönlichen Glücks begangen wurden, herausschauen. Denn daß diese Missionare Ideale hatten, daß sie im besten Glauben meinten, kurze Röcke sind unkeusch oder Dekolletés sind schon unkeusch und Nacktheit ist geradezu eine Todsünde, ist zu konzedieren. Nun, ich glaube also, die Frage ist insofern akademisch, da Empfängnisverhütung nicht ohne weiteres erfolgreich durchgesetzt werden kann.
Das zweite, die geringe Kinderzahl, ist aus einem noch unerforschten Grund ein Produkt eines gehobenen wirtschaftlichen Status. Ob das nun zusammenhängt mit dem Gebrauch von heißem Was-

ser zum Waschen, wie manche behaupten – man sagt, in Finnland ist die männliche Fruchtbarkeit durch die Sauna reduziert –, oder ob es durch die Lebenshaltung der Europäer und der Amerikaner dazu gekommen ist, Tatsache ist, je besser es den Leuten geht, desto mehr sinkt im großen und ganzen die Kinderzahl.
Wenn wir ernsthaft jetzt die wirklichen Greuel und die wirklichen Schrecklichkeiten ansprechen, für die alle mitverantwortlich sind, ohne daß ich das Wort Schuld generell dafür gebrauchen würde, da müssen wir doch unterscheiden zwischen solchen Dingen, die man beseitigen kann, und solchen, die man nicht beseitigen kann. Nun erinnere ich mich an die wissenschaftliche Voraussage des »Club of Rome«, der vor vierzehn Jahren vorhersagte, daß praktisch alle Ressourcen in der Ersten Welt erschöpft sind, daß es einen Stillstand geben wird müssen, ein Sich-Einschränken auf die Produktion, die damals etwa erreicht war. Wenn nicht, so kommt es zu entsetzlichen Krisen. Ich erinnere mich an ein wissenschaftliches Buch von zwei amerikanischen Professoren – es ist etwa vor zehn oder zwölf Jahren erschienen –, darin stand wörtlich, man wird sich die Länder aussuchen müssen, die man verhungern läßt und die man ernährt. Weil praktisch die Lebensmittelvorräte innerhalb der nächsten fünfzehn Jahre so reduziert sein werden, daß Verhungern notwendig sein wird und nur ein begrenzter Teil der Bevölkerung ernährbar sein wird. Wir wissen heute, daß die sogenannte Krise der Ersten Welt darin besteht, daß immer weniger Leute nicht nur auf dem Sektor der Industrie, sondern auch auf dem Sektor der Landwirtschaft mehr erzeugen, als überhaupt gebraucht wird. Und es ist also nicht wahr, daß wir eine Entschuldigung dafür haben, daß derzeit tatsächlich diese Millionenzahl von Leuten verhungern. Und nur in diesem Sinn und nur aus diesem Grund halte ich es für eine himmelschreiende Sünde der Ersten Welt, ob christlich oder postchristlich oder sogar antichristlich, aber humanistisch, wenn sie diese Sache mit dem Achselzucken zur Kenntnis nimmt, mit dem man halt sagt, es gibt eine Gelsenplage, wo es feucht ist im Sommer. Und das zu einem Zeitpunkt, zu dem eben die menschliche Verantwortung in einem Maß gewachsen ist, im gleichen Maß wie die wissenschaftliche und technische Vervollkommnung, die unsere Zivilisation charakterisiert. Mit einem Bruchteil der Mittel für die Rüstung könnten wir, we-

nigstens heute und jedenfalls noch bis zum Ende dieses Jahrhunderts und vielleicht ungefähr bis zum Anfang des nächsten, den Hunger beseitigen.
Statistiken und Vorschauen, die sehr solide und sehr unideologisch sind, sagen, daß die Weltbevölkerung vermutlich etwa im Jahre 2015 so zwölf Milliarden erreicht haben wird und daß sie, wenn sie vierzehn Milliarden erreicht hat, unbedingt zum Stillstand kommen muß. Bis dahin haben wir keine Entschuldigung, sowohl Transportflugzeuge wie Abfangjäger wie Bombenflugzeuge wie ungeheure Flotten zu finanzieren. Ich rede mit wir, da meine ich nicht Österreich. Und ich halte das österreichische Problem für relativ nebensächlich, ob wir die Abfangjäger haben oder nicht. Aber ich meine im Weltmaßstab, wenn man sich die Zahlen anschaut, dessen, was ausgegeben wird für Rüstung; und wenn auch nur ein Zehntel dieses Betrages für eine richtige Hilfe in der Dritten Welt zur Verfügung stünde, so könnten wir jedenfalls entdramatisieren, was hier vor uns wie ein lebendiges Schreckensgespenst steht. Denn zu den schrecklichen Dingen gehört es ja, während die Atombombe vorderhand nur eine Drohung ist, so ist das Verhungern eine Tatsache. Und wenn jemand auf der Straße einen Unfall hat, niedergefahren wird, so kann ich natürlich über das Problem nachdenken, warum es keine Geschwindigkeitsbeschränkungen gibt. Warum dürfen junge Leute, wenn sie noch gar nicht gut fahren, überhaupt so schnell fahren? Warum gibt es nicht eine Reduzierung dieser ganzen Sachen? Warum zwingt man die Leute, die nicht bestimmte notwendige Berufe haben, nicht dazu, andere Verkehrsmittel zu verwenden? Ich kann über die Justiz nachdenken, über die Art, wie solche Verkehrsdelikte, wenn sie aus leichtfertigem Alkoholismus oder gar aus Gleichgültigkeit zustande kommen, bestraft werden. Ich kann, und das alles können wir alle und tun wir ununterbrochen, Konferenzen halten. Ich kann Symposien abhalten über das Problem. Ich kann Protestmärsche veranstalten. Es enthebt mich trotzdem nicht der Verpflichtung im Moment des Unfalls, wenn ich vorbeigehe oder -fahre, auszusteigen und, wenn ich kann, zu verbinden und jemanden zu holen, der pflegt. Nur in diesem Sinne verstehe ich diese Abhilfe des Hungers als eine selbstverständliche Verpflichtung, die mich aber nicht der Bemühung enthebt, zu bewirken, daß die tieferen Ursachen und

die zum Teil sicherlich auch durch Schuld – und in dem Fall wirklich Schuld, durch Egoismus – verursacht, bekämpft werden mit den geeigneten Mitteln. Alle vernünftigen Leute haben nach dem Ersten Weltkrieg gehofft, daß in der Sowjetunion etwas heranwächst, nicht gerade ein Paradies, aber eine gerechte Gesellschaftsordnung. Wie der Reihe nach Tyranneien, die gestürzt wurden, nur den Vorteil hatten, daß jetzt andere Leute drankommen, aber in der Regel abgelöst wurden von neuen Gewaltregimes, wobei je nach Ideologie die einen die Rechten für ärger halten, die anderen die Linken für ärger halten. Das hängt auch mit dem Geheimnis der Dummheit zusammen, daß wir imstande sind, uns zu enthusiasmieren für politische, theoretische Vorstellungen, die ja von den Leuten, die sich auf sie berufen, in Wirklichkeit gar nicht realisiert werden. Wenn sie mit einem vernünftigen Kommunisten sprechen, so wird er ja nicht behaupten, daß sie den Sozialismus verwirklicht haben oder gar den Kommunismus. Nein, das ist ein Traum. Aber ein ähnlicher Unsinn wäre, wenn wir behaupten würden, weil wir Christen sind, das heißt nicht aus der Kirche ausgetreten sind und noch Kirchenbeiträge bezahlen, daß wir deshalb das Christentum verwirklicht haben. Zur Verwirklichung des Christentums, zum realen Leben des Christentums gehört zweifellos, daß man auf menschliche Not nicht mit parteipolitischen Idealen reagiert und mit Demonstrationen für diese Ideale, sondern mit tätiger, selbstverständlicher, nicht als Großtat empfundener Hilfe. Sie kennen die Parabel von dem barmherzigen Samariter. In der Gegend von Jericho ist einer überfallen worden. Es kommen bezeichnenderweise der Priester und der Levit, wir würden heute sagen der Diakon, vorbei, und die haben etwas viel Wichtigeres zu tun, als sich um den einzelnen Fall zu kümmern. Sie haben doch Gottesdienst, nicht. So wie der reiche Mann in einer Daumier-Karikatur, zu dem einer kommt und eine Spende will, der einer Wohlfahrtsorganisation angehört, sagt: »Ich habe mit dem Problem en gros so viel zu tun, daß ich mich mit einem Einzelfall nicht abgeben kann.« So mußten die also auch vorbeigehen. Und wer hat ihn aufgeklaubt? Der Samariter. Was war der Samariter? Das war, um einen Vergleich zu bringen, wenn wir noch so fanatisch katholisch wären, so wäre es heute der Häretiker. Aber wir müßten als heutiges Beispiel sagen, der Sowjetmensch war es, der die christlichen Geistlichen da beschämt hat, indem er da geholfen hat. Hätte man etwas tun sollen zur Abschaffung des Verbrecherwesens dort in der Gegend, damit man dort von Banditen nicht überfallen wird? Hätte man nicht die Justiz verschärfen müssen? Das alles kann man sich fragen.

Nun, was mit Recht an der Entwicklungshilfe kritisiert werden muß: Die Leute, die sie begründet haben, das waren große Idealisten und intelligente Menschen und gute Politiker zum Teil. Die erkennen jetzt immer mehr, was falsch war. Sie hatten ebenfalls eine unrealistische Hoffnung, wie die letzten Kolonien abgelöst wurden und selbständige Staaten wurden. Sie haben gemeint, daß es an sich Schwierigkeiten geben wird, aber jedenfalls eine Intention, daß die dortige Staatsführung ihrem Land soweit auf die Beine hilft, daß es von jeder Abhängigkeit frei wird und es sich selbst helfen kann. Was ist geschehen? Wieviel Demokratien – wenn man glaubt, die Demokratie ist die Lösung aller Probleme –, wieviel Demokratien gibt es in den Ländern der Dritten Welt? So ungefähr mit den Fingern der beiden Hände kann man sie zählen, und dabei sind sie oft keine Demokratien, sondern sind Plutokratien, wo die Stimmen für die demokratischen Entscheidungen gekauft werden von den jeweiligen reichen Leuten oder von den jeweiligen starken Leuten, die knapp vor der Wahl kommen und etwas verteilen und noch mehr versprechen, als sie verteilen, und dann gewählt werden.

Wir leben nicht in der idealsten der Welten. Das enthebt uns nicht von der Verpflichtung, Katastrophenhilfe als das zu betrachten, was sie ist. Was jeder vernünftig empfindende Mensch, ob religiös oder nichtreligiös, praktiziert, wenn er irgendwo einen armen Teufel auf der Straße liegen sieht oder sonstwo. Ihm zu Hilfe zu kommen, ihn verbinden, ihm das zu geben, was er momentan braucht, enthebt uns nicht von der Verpflichtung, eine Gesellschaft zu schaffen, in der nach Möglichkeit dergleichen nicht stattfindet. Die Entwicklungshilfe hat insofern gefehlt, Fehler begangen, als sie von Staat zu Staat erfolgt ist und mit der Fiktion, daß die führenden Persönlichkeiten des Landes der Dritten Welt mindestens in dem Maß wie bei uns planen. Daß sie, wenn sie etwa Gesundheitsminister sind, die Volksgesundheit fördern, wenn sie Justizminister sind, Gerechtigkeit schaffen und dergleichen mehr.

Ich erinnere mich noch an Zeiten, wo in einem der heute ärmsten Länder Afrikas nur drei Ärzte gewesen waren. Einer war der Gesundheitsminister, der andere hat die französischen Fremdenlegionäre zu kurieren versucht von der Syphilis oder dem Tripper oder was sie sich sonst an Geschlechtskrankheiten zugezogen haben, und der dritte war im Gefängnis wegen Drogenhandels, Rauschgifthandels oder so etwas. Heute sind es sicher viel mehr, aber man findet ein allgemeines Charakteristikum in den Ländern, daß die guten Ärzte fast alle in den Städten sind oder auswandern nach England – in England gibt es mehr indische Ärzte als in Indien – und daß also die Hilfe, die Gesundheitshilfe, wenn sie dem Minister in Form von Geld gegeben wird, wahrscheinlich dazu führt, daß es ein Patrimonium in weiß ich wo, in Liechtenstein oder in der Schweiz, noch aufbessert oder daß er sich in Miami einkauft, für den Fall, daß seine Ministerzeit zu Ende ist und dergleichen mehr. Mit einem Wort, es gibt Korruptionen, es gibt kein wirkliches Interesse. Als einziges Plädoyer für kirchliche Stellen, aber nicht nur kirchliche, auch für private Organisationen, wie etwa das »Oxford femine relief committee« und ähnliche, kann man anbringen, die Kirchen haben tatsächlich auf die Mission ungeheure materielle Mittel und Anstrengungen angewendet, im vergangenen Jahrhundert, insbesondere so seit Ende des 18. Jahrhunderts, und eine Infrastruktur geschaffen, die, wenn wir wirkliche Christen wären und uns nicht nur solche nennen, eine Infrastruktur böten, um das allerärgste Verhungern zu bremsen. Falls es uns gelänge, systematisch diese Stationen wenigstens mit dem zu versorgen, was in der unmittelbaren Umgebung jeweils gebraucht wird. Hilfe, Hungerhilfe, ist eine Katastrophe für die Entwicklungshilfe, wenn sie länger fortgesetzt wird, als die Katastrophe dauert. Und das möchte ich auch noch unterstreichen, aus dem einfachen Grund, weil die Mehrzahl der Bevölkerung in den Entwicklungsländern eben entweder Fischer oder Bauern sind. Wenn die Katastrophe vorüber ist, ob das nun eine politische Katastrophe ist oder eine klimatische, und wir das fortsetzen, diese Nahrungsmittelhilfe, dann wird bewirkt, daß diese Bauern das, was sie jetzt haben könnten, wenn sie ihr Land kultivieren, oder die Fischer, wenn sie Fische fischen, daß sie das nicht anbringen, weil es bequemer ist, geschenkte oder subventionierte Lebensmittel von der Ersten Welt zu kaufen oder geschenkt zu bekommen, und die dortigen Regimes, die sind gar nicht interessiert an der Mehrheit der Bevölkerung, die auf dem Land lebt. Aber sie sind einigermaßen interessiert, daß die Millionen Proleten, die in den Städten leben, nicht zu unzufrieden werden. Und sie sorgen dafür, daß denen die billigen Lebensmittel, die vom Ausland gespendet, von Regierungen aus Überschußgütern zur Verfügung gestellt werden, dort billig sind, und bewirken aber damit, daß sich auch, wenn die Naturkatastrophe vorüber ist, die Bauern nicht fangen können, sich nicht erholen können und nicht in die Situation kommen, normal zu leben.

Hoimar v. Ditfurth: Ich hoffe, Sie empfinden es nicht als provozierend, wenn ich behaupte, daß Sie die Gefahr des Bevölkerungswachstums in der Dritten Welt unterschätzen. Sehen Sie mal, es verrät sich ein bißchen an gewissen inneren Widersprüchen Ihrer Aussagen. Sie legen auf der einen Seite Wert darauf, zu betonen, die Kirche sei kein Hindernis bei einer Aufklärung, die zur Verminderung der Geburtenzahlen führt. Und auf der anderen Seite sagen Sie gleichzeitig, daß Sie von Prognosen gehört haben, daß man elf, zwölf, ja sogar vierzehn Milliarden Menschen ernähren könnte. Womit Sie ja implizit sagen, im Grunde genommen ist die Verringerung des Geburtenüberschusses gar nicht so wichtig. Ein ähnlicher Widerspruch ist es, wenn Sie sagen, die Kirche ist ja auch für Empfängnisverhütung, es sind nur bestimmte Methoden, und wenn Sie dann gleich im nächsten Satz hinzufügen, daß es sich um ein grundsätzlich fehlbares Dokument handelt, wobei Sie doch auch wieder implizit die Möglichkeit einräumen, daß die Beschränkung auf die sogenannten natürlichen Methoden ein Fehler sein könnte.
Ich will mich kurz fassen, deswegen will ich nicht auf den Effektivitätsvergleich, den es ja gibt zwischen den Methoden, eingehen, ich will nur folgendes sagen: Mir ist nie verständlich gewesen, warum so hartnäckig unterschieden wird zwischen natürlichen und künstlichen Methoden. Begründet wird das mit dem Eingriff in die menschliche Intimsphäre, ein schützenswertes Gut ohne Zweifel. Nur, meiner Ansicht nach, wenn ein eheliches Paar den Wunsch verspürt, sich geschlechtlich zu umarmen, empfinde ich es

als einen mindestens so starken Eingriff in die Intimsphäre, wenn dann erst Temperaturmessungen vorgenommen werden müssen oder zur Vornahme eines Abstriches eine Art gynäkologischer Eingriff bei der Frau. Also da finde ich, sind andere Methoden, die nun von der Kirche als künstlich verdammt werden, sehr viel schonender, in bezug auf die Störung der Spontaneität dieses Aktes. Das ist das eine, was ich sagen wollte. Der zweite Punkt bezieht sich auf die Menschenzahlen, die ich eben mit einer Gänsehaut gehört habe. Hier wird von denen, die sie ausrechnen – und ich kenne diese Zahlen auch, daß man auch vierzehn Milliarden Menschen ernähren könnte, sie gehen aber nur auf dem Papier auf –, der von mir anfangs ganz bewußt betonte Zusammenhang mit dem Überleben der Biosphäre übersehen. Bereits heute, wo wir »nur« 4,6 Milliarden Menschen zu ernähren haben, gehen bei dem Versuch, das zu tun, weltweit die Böden an Erosion, an Versalzung durch Überdüngung und an ähnlichen Folgen einer zu extensiven Landwirtschaft zugrunde. Die Steigerung des Agrarertrages nach dem Krieg in den USA, von 1945 bis 1962, betrug vierzig Prozent. Eine ungeheure Leistung. Wir können sie der Dritten Welt zur Nachahmung dennoch nicht empfehlen, weil gleichzeitig nämlich der Kunstdüngereinsatz und damit die Kosten für den Energieeinsatz sich versiebenfachten, um diese vierzig Prozent rauszuholen. Das nur zur Frage dieser Zahlen. Und dann ein letztes Wort, warum es nicht geht, es ist ja nicht nur eine Frage der Ernährung. Es wird im Jahre 2000, in fünfzehn Jahren also, mit Sicherheit über sechs Milliarden Menschen geben. Das sind Zahlen, die von der UNESCO bereits vorgelegt worden sind. Und wenn wir den zusätzlichen Menschenmassen bis dahin weltweit auch nur die Chance zu einem menschenwürdigen Dasein einräumen wollen, brauchten wir bis dahin zum Beispiel 800 Millionen neue Arbeitsplätze weltweit. Und ein Arbeitsplatz ist nicht bloß ein Tisch und ein Stuhl, da wird Energie eingesetzt zur Verarbeitung eines Rohstoffes, da wird ein Produkt hergestellt, das irgendwann als Abfall endet. Schon heute verkraftet die Erde das nicht, was wir an Energie verbrauchen, an Rohstoffen nehmen und an Abfall erzeugen. Wir brauchten, um die Menschen, die wir in fünfzehn Jahren haben, menschenwürdig leben zu lassen, 800 Millionen neue Arbeitsplätze. Das ist viertausendmal mehr, als die 200 000

Arbeitsplätze für Jugendliche, die wir in der Bundesrepublik Deutschland, einem der reichsten Länder der Erde, nicht zustande bringen. Und, nehmen Sie es mir nicht übel, das geht nicht gegen Sie, sondern gegen diese Prognostiker, die Ihnen so überzeugend erscheinen. Jemand, der unter diesen Umständen sagt, wir werden auch mit zehn, zwölf Milliarden Menschen fertig, das halte ich für unverantwortlich und fahrlässig, solange uns bisher noch niemand sagen kann, wie wir eigentlich mit den 1,5 Milliarden Menschen fertig werden sollen, die wir bis zum Jahre 2000 mit Sicherheit zusätzlich zu erwarten haben. Das waren die beiden kritischen Einwände, die mir hier angebracht erschienen.

Leopold Ungar: Darauf nur eine kurze Replik. Wie wollen wir denn mit dem Problem fertig werden, daß körperliche Arbeit überflüssig wird in der Ersten Welt und sogenannte dumme geistige Arbeit, Sekretäre, Schreibereien ebenfalls überflüssig werden, ja, wir werden eben die Eigentumsordnung ändern müssen. Die Betriebe werden auch was erzeugen, wenn sie kein Personal haben – oder fast keines. Daß das wie eine Phantasie, wie ein Traum wirkt, ändert nichts daran, daß das eine fällige Aufgabe der Menschheit wird und daß das in spätestens fünfzehn bis zwanzig Jahren bei uns ernst genommen wird. Arbeitsplätze sind nicht so wichtig, wie daß genug da ist von dem, was man braucht. Es hat Zivilisationen gegeben, und gerade da wird die Dritte Welt auf eigene Traditionen zurückgreifen können, wo im großen und ganzen vieles allen gehört hat. Und sie werden es weniger schwer finden als wir, die wir seit dem 18. Jahrhundert in Kategorien des Individuellen, des Individualismus, des Privateigentums denken. Und leider, durch eine Verirrung in der katholischen Soziallehre des vorigen Jahrhunderts, hat man ständig von der Heiligkeit dieses Eigentums gesprochen, aber vergessen, daß es primär ja eigentlich allen gehört. Solange eine Frage ist, ob man überlebt, ist es doch ziemlich selbstverständlich, daß der Anspruch, nicht zu verhungern, Vorrang hat vor der zufälligen Verteilung der Güter dieser Welt. Das dazu.
Die Statistik, die ich gelesen habe, verdanke ich einem Mann, den ich ernst nehme, damit wollte ich nicht sagen, daß ich sie glaube. Aber immerhin ist der Erfindungsgabe der Menschheit vorder-

hand noch keine Grenze gesetzt. Wir können nicht behaupten, daß wir sämtliche möglichen Erfindungen, die es noch geben kann, bereits vorhersehen. Es ist halt so, die Landwirtschaft hat es auch nicht immer gegeben, und wenn in einer Welt, in der es Jäger und Beerenpflücker gegeben hat, einer erfahren hätte, daß in einer Gegend, wo zwanzig Großfamilien leben können, 10 000 oder 100 000 Menschen heute leben, hätte er empfunden: Utopie, Unsinn, vollständiger Blödsinn. Aber genauso etwas Ähnliches könnte sich ereignen. Wer sagt denn, daß wir mit den Schädigungen der Umwelt nicht durch einen Glücksfall der Natur oder der Erfindungsgabe ebenso versuchen fertig zu werden oder das Ärgste zu mildern?

(1986)

Quellenverzeichnis

Das Zeitquant: Erstveröffentlichung, 1947; *Die universale Krise:* Deutsche Rundschau, Nr. 10/1948; *Der Tod als Grenzsituation:* Erstveröffentlichung, 1949/50; *Selbstzerstörerische Instinkte:* Vittorio Klostermann (Hg.), Natur und Geist, Frankfurt am Main 1964, Originaltitel: Die Ambivalenz der Naturwissenschaften; *Das Notfallsyndrom:* Rundfunkvortrag (Saarländischer Rundfunk), 1966; *Naturwissenschaft und Religion:* Erstveröffentlichung, 1977; *Wir leben in zwei Welten zugleich:* Vortrag an der Universität Hamburg, 1977; *Kunst nach dem Sündenfall:* Einleitung in: Adolf Luther, Licht und Materie, Recklinghausen 1978; *Die Wissenschaft als Hure:* Festrede zum zweihundertjährigen Bestehen des Verlags Hoffmann und Campe, Hamburg 1981, Originaltitel: Weltbilder sind Handlungsanleitungen; *Materie und Geist:* Vortrag in der Nervenklinik Würzburg, 1982; *Die Sterne leuchten, auch wenn wir sie nicht sehen:* Rundfunkvortrag (Deutschlandfunk), 1983, und: Herbert A. Gornik (Hg.), Das Jenseits, Erfahrungen mit einer anderen Wirklichkeit, Freiburg 1985; *Warum wir Farben sehen:* Rundfunkvortrag (Westdeutscher Rundfunk), 1964; *Der Sonnenkompaß erklärt nicht alles:* Rundfunkvortrag (Westdeutscher Rundfunk), 1964; *Das »missing link« sind wir:* Rundfunkvortrag (Westdeutscher Rundfunk), 1964; *Angeborenes Verhalten und angeborenes Erkennen:* Rundfunkvortrag (Westdeutscher Rundfunk), 1964; *Anfänge der Wahrnehmung:* Rundfunkvortrag (Saarländischer Rundfunk), 1966; *Ein übernatürlicher Vorgang?:* Rundfunkvortrag (Saarländischer Rundfunk), 1966; *Die Urform des Lebens:* Rundfunkvortrag (Saarländischer Rundfunk), 1967; *Marionetten der Gene?:* Geo, Nr. 5/1983, Originaltitel: Die Marionetten der Gene?; *Links und rechts:* Rundfunkvortrag (Westdeutscher Rundfunk), 1963; *Die Evolution der Automaten:* Die Zeit, Nr. 18/1963; *Ein Stern unter unzähligen Sternen:* Rundfunkvortrag (Westdeutscher Rundfunk), 1963; *Mehr als Science-fiction:* Rundfunkvortrag (Saarländischer Rundfunk), 1965; *Was gibt es auf dem Mars zu holen?:* Rundfunkvortrag (Sender Freies Berlin), 1965; *Der Anfang der Geschichte:* Leif Geiges, Die Regio-Landschaft am Oberrhein, Köln 1986; *Die Intelligenz der Evolution:* Vortrag bei der Firma Nixdorf, Paderborn, 1988; *Affen empfinden keine Langeweile:* Habilitationsvortrag, Würzburg 1958, Originaltitel: Über die Zeit und Störungen des Zeiterlebens bei psychischen Erkrankungen; *Das Dilemma der Seelenärzte:* Die Zeit, Nr. 23/1961; *Es verschwinden alle aggressiven Reaktionen:* Vortrag, 1962; *Mord soll Mord genannt werden:* Die Zeit, Nr. 30/1962; *Das Thymusrätsel:* Rundfunkvortrag (Westdeutscher Rundfunk), 1963; *Künstliche Organe:* Rundfunkvortrag (Saarländischer Rundfunk), 1965; *Das Dasein des Hypochonders:* Rundfunkvortrag (Saarländischer Rundfunk), 1965, Originaltitel: Mensch und Bakterium; *Lederbergs Stempelversuch:* Rundfunkvortrag (Sender Freies Berlin), 1966; *In der Todesursachenstatistik nach vorne gerückt:* Rundfunkvortrag (Sender Freies Berlin), 1967; *Projekt »Pflugschar«:* Rundfunkvortrag (Westdeutscher Rundfunk), 1964; *Die stets unterschätzte Fähigkeit zur Verdrängung:* Vortrag, 1984; *Ökonomischer Wohlstand oder menschliches Glück?:* Vortrag, 1986; *Todesursache: Mangel an Phantasie:* Ansprache auf der Schlußveranstaltung der »Internationalen Tage des ökologischen Films«, Freiburg i.Br., 20.9. 1987; *Falsches Mitleid am richtigen Ort?:* Harald Seuter (Hg.), Religion – Anstiftung zu Frieden oder Unfrieden? Graz 1987